OUTER
SPACE

Die Ausstellung steht unter der Schirmherrschaft
von Bundeskanzlerin Dr. Angela Merkel

OUTER SPACE

Faszination Weltraum

3. Oktober 2014 bis 22. Februar 2015
Kunst- und Ausstellungshalle der Bundesrepublik Deutschland, Bonn

BUNDESKUNSTHALLE

nicolai

IMPRESSUM

Diese Publikation erscheint anlässlich der Ausstellung

OUTER SPACE. Faszination Weltraum
vom 3. Oktober 2014 bis 22. Februar 2015
in der Kunst- und Ausstellungshalle der Bundesrepublik Deutschland.

Die Ausstellung steht unter der Schirmherrschaft
von Bundeskanzlerin Dr. Angela Merkel

Eine Kooperation mit dem Deutschen Zentrum
für Luft- und Raumfahrt, Köln
Sabine Hoffmann, Andreas Schütz, Michael Müller, Fiona Lenz

Stephan Andreae, Claudia Dichter
Kuratoren

Wilfried Kühn mit Mira Schröder und Thomas Güthler
Ausstellungsarchitektur

Kunst- und Ausstellungshalle der Bundesrepublik Deutschland

Rein Wolfs
Intendant

Bernhard Spies
Kaufmännischer Geschäftsführer

Stephan Andreae mit Tanja von Stegmann und Angelica Francke
Ausstellungsleitung

www.bundeskunsthalle.de

Die Kunst- und Ausstellungshalle der Bundesrepublik Deutschland
GmbH, Bonn, ist eine Einrichtung des Bundes und der Länder
und wird gefördert durch

Die Beauftragte der Bundesregierung
für Kultur und Medien

aufgrund eines Beschlusses des Deutschen Bundestages

Katalog

Herausgeber Kunst- und Ausstellungshalle der Bundesrepublik Deutschland GmbH, Bonn
Konzept Claudia Dichter, Stephan Andreae
Katalogkoordination Jutta Frings
Recherche, Bild- und Textauswahl Tanja von Stegmann
Redaktion Lexikon Uta Hasekamp
Lektorat Helga Willinghöfer
Übersetzung aus dem Englischen Wolfgang Himmelberg
Bildbestellung und Rechteklärung Eva Assenmacher

Abkürzungen der Autorennamen
StA Stephan Andreae
CD Claudia Dichter
UH Uta Hasekamp
FL Fiona Lenz
DLR Deutsches Zentrum für Luft- und Raumfahrt, Köln
TvS Tanja von Stegmann

Der lexikalische Teil des Kataloges entstand in Kooperation mit Wikimedia Deutschland e.V.

Umschlag alle Abbildungen siehe Quellennachweis S. 279, Abbildung Umschlagvorderseite: Ed White beim ersten amerikanischen Weltraumspaziergang, Mission Gemini 4, 3. Juni 1965, Umschlagrückseite: Chris Hadfield spielt Gitarre in der Cupola der ISS, 25. Dezember 2012

nicolai *Der Hauptstadtverlag*

Nicolaische Verlagsbuchhandlung GmbH, Berlin

Gestaltung: Julie August
Herstellung: Christine Noack
Printed in the EU

Die Deutsche Nationalbibliothek verzeichnet diese Publikation in der Deutschen Nationalbibliografie; detaillierte bibliografische Daten sind im Internet über http://dnb.d-nb.de abrufbar.

ISBN 978-3-89479-876-5 (Museumsausgabe)
ISBN 978-3-89479-873-4 (Buchhandelsausgabe)

INHALT

LEIHGEBER

Wir danken unseren Leihgebern

Axel Wupper, Bad Münstereifel
Universitätsbibliothek Basel
Matthias Birkholz, Berlin
Deutsches Historisches Museum, Berlin
Galerie Guido W. Baudach, Berlin
Galerie Kuckei + Kuckei, Berlin
Galerie Nordenhake, Berlin
Herbert Grönemeyer, Berlin
Katie Paterson, Berlin
Kewenig Galerie/warehouse, Berlin
Agnes Meyer-Brandis, Berlin
Museum für Naturkunde, Institut für Mineralogie der Humboldt Universität, Berlin
Sven Reile, Berlin
Sammlung Andreas Schütz, Berlin
Staatliche Museen zu Berlin – Stiftung Preußischer Kulturbesitz – Neue Nationalgalerie, Berlin
Ivo Wessel, Berlin
Argelander-Institut für Astronomie der Universität Bonn
Deutsches Zentrum für Luft- und Raumfahrt, Bonn
Sammlung zeitgenössischer Kunst der Bundesrepublik Deutschland, Bonn
Stiftung Haus der Geschichte der Bundesrepublik Deutschland, Bonn
Universitäts- und Landesbibliothek Bonn
Tanja von Stegmann, Bonn
Airbus Defence and Space, Bremen
Max Ernst Museum Brühl des LVR, Brühl
Derby Museum and Art Gallery, Derby
Staatliche Kunstsammlungen Dresden
Museum DKM, Duisburg
Privatsammlung Gil Bronner, Düsseldorf
Thomas Ruff, Düsseldorf
Ward Shelley, Easton
Engelverein Engelskirchen e.V.
Musée de la Régence, Ensisheim
Hermann-Oberth-Raumfahrt-Museum e.V., Feucht
Institut für Grenzgebiete der Psychologie und Psychohygiene IGPP, Freiburg i. Br.
Landesmuseum für Vorgeschichte Sachsen-Anhalt, Halle
Galerie Sfeir-Semler, Hamburg
Museum of Finnish Architecture, Helsinki
Kansas Cosmosphere & Space Center, Hutchinson, Kansas
Deutsches Zentrum für Luft- und Raumfahrt, Köln
European Astronaut Center, Köln
Luftwaffe der Bundeswehr, Köln
Galerie Susanne Zander/Delmes & Zander, Köln
Galerie Thomas Zander, Köln
Kölnisches Stadtmuseum
Thomas Rehbein Galerie, Köln
Universitäts- und Stadtbibliothek, Köln
Wallraf-Richartz-Museum & Fondation Corboud, Köln
Adolf Luther Stiftung, Krefeld
Collection de l'Art Brut, Lausanne
Museum Morsbroich, Leverkusen
Museo Nacional del Prado, Madrid
Orionmuseum, Merzenich-Golzheim
Musée des Beaux-Arts de Montréal
Galina Balaschowa, Moskau
GLAZ gallery/Iwan Michailow, Moskau
Bayerische Staatsgemäldesammlung, München
Bureau Mirko Borsche, München
Deutsches Museum, München
Deutsche Raumfahrtausstellung Morgenröthe-Rautenkranz e.V., Muldenhammer
Yale Center for British Art, New Haven
Ricco Maresca Gallery, New York
Sammlung Peter Dubois, New York
Kent Fine Art, New York
KZ-Gedenkstätte Mittelbau-Dora, Nordhausen
Claude de Flers/chez Loevenbruck, Paris
Hervé Loevenbruck, Paris
Musée du Louvre, Paris
Société astronomique de France, Paris
Musée National d'Art Moderne Centre Georges Pompidou, Paris
Historisch-Technisches Museum Peenemünde GmbH
Fondation Beyeler, Riehen
Space Consult, Riedstadt
Galerie Thaddaeus Ropac, Salzburg
Norton Collection, Santa Monica
Société ScienceFictionArchives.com, Serris
Kinetikon Pictures, Michael Benson, Somerville
Technik Museum, Speyer
Kungliga biblioteket, Stockholm
Moderna Museet, Stockholm
Sammlung Südhausbau
Eberhard Karls Universität, Tübingen
National Air and Space Agency (NASA), Washington
Schlossmuseum Hubertusburg / Karl Hans Janke-Sammlung, Wermsdorf
Fotomuseum WestLicht, Wien
Migros Museum für Gegenwartskunst, Zürich

DANK

Neben allen Leihgebern, Ratgebern und weiteren hilfreichen Geistern danken wir insbesondere

Gürsan Acar, Lucy Bamford, Stéphane Bayard, Jens Beiküfner, Inka Beil, Roland Berger, Eugen Blume, Elena Bortolotti, Raphael Bouvier, Daniel Brandau, Michael Breugst, Magdalena Broska, Ralf Bülow, Anne-Marie Chevrier, Emilie Christen, Jennifer Crozier, Gerhard Daum, Sabine Deckelmann, Markus Dekiert, Gillean Dickie, Fernando Doblas, Wolfram Dolz, Thomas Donga-Durach, Thomas Edelmann, Valentine Edelmann, Deborah Edwards Barnhart, Patrick Eisend, Natalie Epler, Thomas Ernsting, Reinhold Ewald, Andreas Fischer, Barbara Fischer, Lutz Fritsch, Monika Frömbgen, Carlos Fuentes, Alexander Gerst, Patrice Girod, Lutz Göbelsmann, Anna Graf, Jules Grandsire, Ansgar Greshake, Arnaud Grunberg, Anna-Lena Gugger, Thomas Hallet, Henrik Hanstein, Corinna Harfouch, Markus Harmann, Gerhard Hartl, Thomas Hauschild, Ulrike Heidelbach, Elke Heinemann, Margareta Helleberg, Fabian Herder, Michael Herkenhoff, Stefan Hess, Torsten Heß, Josef Hilger, Gwen Hill, Konrad Hirsch, Hunter Hollins, Dick Holowell, Anna Höök, Helmut Hornung, Barbara Huttrop, Barbara Imhof, Res Ingold, Sigmund Jähn, Florence Jama, Dirk Junker, Diethelm Kaiser, Claudia Kaloff, Stefan Keim, Hendrik Knaust, Mathias Knopp, Uta Kopp, Anna-Sophie Korn, Gerhard Kowalski, Klaus Kowatsch, Volker Krahn, Wolfgang Krause Zwieback, Matthias Kremin, Martina Kupper, Ulf Küster, Angela Lampe, Alexander Lazutkin, Johanna Lemke, Sönke Lentz, Harald Lesch, Kirsten Leung, Cathleen S. Lewis, Sigrid Limprecht, Siobhan Maguire, Eugenie Martera, Tamara Masewitsch, Peter Materna, Marc Mattallah, Lothar Mattner, Edgar Mayer, Charlotte Ménard, Maria Menendez, Nanne Meyer, Natalja Miller, Meredith Miller, Elisabeth Mittelbach, Marek Möckel, Achim Mohné, Jan Mokre, Frank Montag, Romy Mothes, Christian Mühldorfer-Vogt, Bettina Müller, Heike Mund, Sévérine Muteau, Jacqueline Myrrhe, Andrea Niehaus, Jürgen Nimptsch, Christine Noack, Sarah Jane Pell, Dietmar Preißler, Stella Prudont, Jim Remar, Marie Röbl, Matthias Röschner, Tim Otto Roth, Ralf Rother, Dietmar Röttler, Harry Schäfer, Andreas Schepers, Rosa Schmidt-Neubauer, Cornelia Schmitz, Hilmar Schmundt, Dieter Scholz, Heinrich Schulze-Altcappenberg, Karsten Schwanke, Ernst Seidl, Bernd Siering, Dorothee Siering-Brouwers, Martin Sippel, Wendy Slater, Annie Sorlin, Nils Sparwasser, Raimond Spekking, Mathias Spude, Konrad Stahl, Elina Standertskjöld, Nicole Thalhofer, Linda Tompkins Carioni, Isabel Trueb, Alejandro Vergara, Francois Vescia, Pjotr Winogradow, Olga Winogradowa, Marie-Louise von Plessen, Xaver von Treyer, Dieter Vorsteher, Helene Wagner, Ulrich Walter, Tristan Weddigen, Armin Wedler, Andreas Wegener, Scott Wilcox, Klaus-Peter Willsch, Axel Wirths, Nico Wohlschlegel, Moritz Wullen, Ranga Yogeshwar, Kyllikki Zacharias, Susanne Zander, Thomas Zander und den armen Teufeln, die wir hier unvermeidlicherweise vergessen haben, wofür wir uns von Herzen entschuldigen.

GRUSSWORT

Der Weltraum hat die Menschheit wohl zu allen Zeiten und in allen Regionen fasziniert. Ein Blick in den sternenklaren Nachthimmel genügt, um sich in die unvorstellbare Weite des Alls zu verlieren und in Gedanken über unser Woher und Wohin zu versinken. Schon immer haben wir Menschen versucht, den Lauf der Gestirne und ihren Einfluss auf den Weltenlauf zu ergründen. Kopernikus und Galilei revolutionierten das Weltbild, als sie zu verstehen gaben, dass sich die Erde um die Sonne dreht und nicht umgekehrt. Ihr Beispiel war und ist ein Plädoyer für eine unvoreingenommene, vorurteilsfreie Haltung, um neue Wege für Forschung und Fortschritt zu erschließen.

Heute arbeiten namhafte Wissenschaftlerinnen und Wissenschaftler aus verschiedenen Nationen gemeinsam daran, die Rätsel zu lösen, die uns der Weltraum aufgibt. Von den gewonnenen Erkenntnissen aus Raumfahrt und Weltraumforschung profitieren wir täglich – ob es um Wettervorhersagen, Navigationssysteme, Fernsehübertragungen, Telekommunikation und vieles andere mehr geht.

Neben Naturwissenschaftlern widmeten seit jeher auch Philosophen, Literaten, Filmemacher und bildende Künstler ihr Interesse den Weiten des Weltalls. Die menschliche Vorstellungskraft eroberte den Weltraum, lange bevor es technisch gelang, die Schwerkraft zu überwinden und die Erdatmosphäre zu verlassen. Vielfach haben sich Wissenschaft und Kunst gegenseitig inspiriert.

Die Ausstellung *Outer Space. Faszination Weltraum* bringt beide Sphären zusammen. Sie veranschaulicht wissenschaftliche Zusammenhänge, zeigt Objekte aus der Raumfahrt und präsentiert gleichermaßen Kunst und Science-Fiction. Dieses außergewöhnliche Ausstellungsprojekt haben wir zwei Partnern zu verdanken, die auf ihren Gebieten jeweils Beispielhaftes leisten: der Kunst- und Ausstellungshalle der Bundesrepublik Deutschland – einem einzigartigen Schaufenster der Kunst, Kultur und Wissenschaft aller Zeitalter – und dem Deutschen Zentrum für Luft- und Raumfahrt – einem Aushängeschild deutscher Spitzenforschung.

Während die Ausstellung ihre Pforten öffnet, kreist der deutsche Astronaut Alexander Gerst noch in der Internationalen Raumstation ISS um die Erde. Nach einem halben Jahr anspruchsvoller Forschung wird er im November 2014 zurückkehren – als Botschafter des Weltraums, begleitet von einer Botschafterin der Bundeskunsthalle. In seinem Gepäck befindet sich eine in Kunstharz eingegossene Biene, die vom Dachgarten der Bundeskunsthalle stammt. Für dieses letzte noch fehlende Exponat ist in der Ausstellung ein Ehrenplatz reserviert.

Als Schirmherrin wünsche ich allen Besucherinnen und Besuchern auf ihrer Entdeckungsreise durch die faszinierende Ausstellung *Outer Space* spannende und lehrreiche Sternstunden.

Bundeskanzlerin Dr. Angela Merkel
Schirmherrin der Ausstellung

GRUSSWORT

»Das Schönste, was wir erfahren können, ist das Mysteriöse. Es ist der Quell aller wahren Kunst und Wissenschaft.«

Albert Einstein

Was haben Kunst und Wissenschaft eigentlich miteinander zu tun? Nur auf den ersten Blick nichts, auf den zweiten sehr viel! Beiden Formen der menschlichen Ausdrucksweise ist es eigen, zu gestalten, zu formen, sich etwas auszudenken – beide, Wissenschaft und Kunst, erweitern in kreativen Prozessen den Horizont des Menschen. Somit werden sie Bestandteil der menschlichen Kultur.

Die Natur des Menschen ist bemerkenswert. Angetrieben von Neugier, dem Verlangen nach immer neuem Wissen; Grenzen zu erfahren, diese gar zu überschreiten. Unser Wissen ist uns nie genug. Der Zustand geistiger Sättigung wurde dem Menschen nicht auf seinen Weg durch die Evolution gegeben. Erkenntnisse, die Wissen für morgen schaffen, machen immer Lust auf mehr. Der moderne Mensch, eine Art »homo astronauticus«, behauptet sich durch sein gezieltes Einwirken auf seine Umwelt, eine sich immer wieder erneuernde kulturelle Weiterentwicklung sowie das ihm eigene historische Bewusstsein, das ihn zum Entwurf von Zukunftsvisionen befähigt – resultierend aus dem über Generationen entstandenen Wissen und der Fähigkeit, seine Zukunft zu gestalten. Ergo: Uns Menschen zeichnen Kreativität und Selbstreflexion aus.

Dass der Mensch Wissen schafft, liegt in seiner Natur. Wissenschaftlicher Ehrgeiz ist auch der Antrieb des »homo astronauticus«, der danach strebt, die Geheimnisse und Möglichkeiten der scheinbar letzten unbekannten Welt zu erkunden: das Weltall, unendliche Weiten. Jahrhundertelang wurde über das Wesen des Alls philosophiert, doch erst seit dem 12. April 1961 agiert der Mensch dort physisch.

Raumfahrt eröffnet unserer Gesellschaft eine Vielzahl von gänzlich neuen oder deutlich verbesserten Anwendungen. Sie eröffnet uns Möglichkeiten wie keiner Generation zuvor, auch wenn wir als Menschen auf dem Planet Erde schon immer mit einem »Raumschiff« durch unser Sonnensystem reisen. Ein wichtiger Teil der Raumfahrt beschäftigt sich mit für uns elementaren Fragen:

Wie entstand das Leben?
Wie entwickelte sich unsere Erde?
Wie entwickelt sich die Erde in der nahen und fernen Zukunft?
Was ist die Beschaffenheit des Universums?
Was ist dort draußen?

Raumfahrt übt auch mehr als 50 Jahre nach Sputnik 1 und Juri Gagarin eine große Faszination aus, egal ob als Kunst, als Wissenschaft oder Technik und Technologie. Sie begeistert uns, Raumfahrt zeigt, was möglich ist. Sie fordert unseren Mut, unsere Neugier und die Lust nach Neuem heraus. So bietet Raumfahrt unserer und künftigen Generationen ein weites Feld bislang ungehobener Schätze.

Raumfahrt ist und bleibt eine der bedeutendsten Entdeckungsreisen unserer Zeit, vergleichbar mit den großen Expeditionen eines Christoph Kolumbus, Ferdinand Magellan oder James Cook, auch wenn heutzutage gern allein nach dem unmittelbaren irdischen Nutzen der Raumfahrt in Anwendungen wie Navigation und Kommunikation gefragt wird. Raumfahrt erweitert unser Wissen über die uns umgebende Welt auf fundamentale Weise und eröffnet vielfältigen Nutzen für unser tägliches Leben. Sie ist eine der großen Leistungen und Chancen unserer Zeit und bietet an, an Grenzen zu gehen, gar darüber hinaus.

Neue Horizonte in Kultur und Wissenschaft zu erreichen, gelingt auch durch den kommunikativen Charakter beider Ausdrucksformen – sich mitteilen und austauschen zu wollen.

Zum Schluss stellt sich die Frage: Wer beeinflusst eigentlich wen? In den frühen Jahren waren es visionäre Gedanken, auch von Künstlern, die Eingang in die Wissenschaft fanden – das Erdachte zu ermöglichen. Später dann war es die Kunst, die auf eine andere Art und Weise die Ergebnisse der Wissenschaft darstellte und visualisierte. Beides ist in der Ausstellung *Outer Space* der Bonner Kunst- und Ausstellungshalle zu finden.

Lassen Sie Ihren Gedanken freien Lauf, suchen Sie nach Anregungen, finden Sie Antworten auf Ihre Fragen.

Prof. Dr.-Ing. Johann-Dietrich Wörner
Vorstandsvorsitzender des DLR

VORWORT

Der Weltraum ist Sehnsuchtsort künstlerischer Utopien und der forschenden Wissenschaft gleichermaßen. Auf kaum einem anderen Gebiet erscheinen jene Felder so eng miteinander verbunden, gelangen Künstler und Forscher, Literaten, Filmemacher, Philosophen und Physiker zu einer so weitreichenden Verschränkung ihrer Ebenen.

Das erste Foto von der Erde aus der distanzbietenden Perspektive des Weltalls wurde vor 65 Jahren aufgenommen. Ungebrochen ist die Faszination, die dieser Anblick auf uns ausübt, und immer präziser und aufschlussreicher werden die Bilder, die seitdem vom Kosmos aus aufgenommen wurden. Eine blau-weiß leuchtende Kugel vor nachtschwarzem Hintergrund – keine Überraschung in der Beschreibung, ihrer ansichtig beginnt man jedoch zu verstehen, welcher Erkenntnisgewinn in dieser Perspektive liegt. Wie dünn die uns schützende Erdatmosphäre tatsächlich ist, wie finster das Weltall und wie leuchtend die Erde, ganz zu schweigen von der populärphilosophischen Feststellung, wie winzig der Mensch im Kontext all dessen erscheint. Hier verschränken sich wissenschaftliche Befunde mit Hypothesen über noch nicht zu deutende Bilder mit der Faszination erhabener Schönheit und philosophischen Reflexionen.

Es ist die Distanz – zeitlich wie räumlich –, die uns erlaubt, die Fakten sorgsam zu ordnen und auszuwerten. Die Ausstellung *Outer Space. Faszination Weltraum* nutzt diese Distanz, um einen weiten Blick auf das Thema zu werfen. Mit einem gewissen Abstand können wir mittlerweile auf die Geschichte von Raumfahrt und Weltraumforschung blicken. Über 60 Jahre ist es her, dass Juri Gagarin als erster Mensch ins Weltall flog, und vor genau 45 Jahren konnte Neil Armstrong als erster Mann den Mond betreten. Viel älter aber ist die Faszination, die der Weltraum auf die Menschheit ausübt. Er ist Projektionsfläche von Sehnsüchten wie auch Ängsten, seitdem von seiner Existenz eine vage Ahnung existiert. Künstlerische Darstellungen, literarische Utopien, filmische Abenteuer – kein Genre, das sich nicht auch dem Thema Weltraum und seinen gesellschaftlichen, kulturellen oder wissenschaftlichen Implikationen zugewandt hätte.

Eine Ausstellung zu konzipieren, die sich der Wissenschaft, der Kunst und der Kulturgeschichte gleichermaßen widmet, bedeutet eine große Herausforderung, die zu meistern wir der hervorragenden Zusammenarbeit mit unseren Partnern verdanken. Hier ist an erster Stelle das Deutsche Zentrum für Luft- und Raumfahrt zu nennen, das die Ausstellung gemeinsam mit uns verwirklicht hat. Danken möchte ich außerdem unseren Ratgebern von der European Space Agency (ESA) und Airbus sowie den Mitarbeitern des Argelander-Instituts für Astronomie in Bonn, deren Wissen und Hilfe für uns von unschätzbarem Wert waren. Die großartigen Exponate aus aller Welt verdanken wir zahlreichen Leihgebern, ohne deren Großzügigkeit die Ausstellung in dieser Form nicht möglich gewesen wäre. Einen besonderen Dank möchte ich zudem der Bundeskanzlerin Dr. Angela Merkel aussprechen, die die Schirmherrschaft für unsere Ausstellung übernommen hat.

Dem Bonner Oberbürgermeister, Herrn Dr. Jürgen Nimptsch, danke ich für seine Hilfe, uns die nahegelegene Insel im Kreisverkehr als zusätzliche Ausstellungsfläche zu gewinnen, außerdem danke ich Dr. Stephan Berg für seine Kooperation, durch die wir die Fotografien von Trevor Paglen als »Außenstation« unserer Ausstellung im Kunstmuseum Bonn zeigen können.

Den Kuratoren der Ausstellung, Claudia Dichter und Stephan Andreae, danke ich für ihr großes Geschick, die so verschiedenartigen Fäden der Ausstellung zu einem spannungsreichen Netz zu verknüpfen und uns mit der Auswahl der Themen und Exponate eine Vielzahl von Perspektiven auf den großen Kosmos zu eröffnen. Ein großer Dank geht in diesem Zusammenhang auch an Tanja von Stegmann, deren Elan und Engagement beträchtlich zum Gelingen des Projekts beigetragen hat, und außerdem ein Dank an Dr. Angelica Francke, die die organisatorische Umsetzung der Ausstellung zusätzlich unterstützt hat. Allen involvierten Mitarbeitern der Bundeskunsthalle sei außerdem für den engagierten Einsatz gedankt, der für ein solch ambitioniertes Ausstellungsprojekt unerlässlich ist. Ganz besonders möchte ich außerdem Dr. Wilfried Kühn danken, dessen äußerst gelungenes Gestaltungskonzept und Design der Ausstellung ein ganz besonderes Gesicht gegeben hat.

Rein Wolfs
Intendant der Kunst- und Ausstellungshalle
der Bundesrepublik Deutschland

FAST FORWARD – ECHO DES URKNALLS

»Er vermeinte, in reine Himmelsbläue zu schwimmen«

Victor Hugo, *Die Elenden*, 1862

Wir befanden uns auf Raumfahrt! Es herrschte Stau auf der Autobahn zwischen Westfalen und Köln. Raum und Zeit dehnten sich. Jetzt schwerelos werden … ein frommer Wunsch, aber immerhin einer, der Früchte trug. Zwischen Claudia Dichter und mir entspann sich eine Verflechtung unserer gemeinsamen seit langem brodelnden Visionen von einer Weltraum-Ausstellung und der Notwendigkeit, einen solchen wissenschaftlichen Ausstellungstypus wieder einmal in das Programm der Bundeskunsthalle pflanzen zu müssen. Die Dialektik der Schwerkraft einerseits als Grundbedingung unserer Kultur und andererseits als abzuschüttelnde Last schien uns ein fruchtbarer Acker, den es zu bearbeiten galt.

Von Beginn an war uns klar: Kein Wissensmarathon oder quälende Belehrung sollten das Ziel sein, sondern eine emotionale Annäherung an einen Stoff, der größer nicht sein kann, weshalb wir mit Vergnügen die Ausstellung mit den kleinsten Objekten beginnen, nämlich einer Biene und einer Walnuss.

Es gilt als Konsens, dass wir vom Universum allenfalls 1 Prozent wissen, möglicherweise sehr viel weniger. Von diesem einen Prozent stehen wir Laien zu weiteren 99 Prozent vor einem völligen Rätsel: Urknall, waberndes Plasma, Antimaterie, Dunkle Energie, Raum-Zeit-Stauchungen sind nur wenige von vielen enigmatischen Begriffen, denen wir begegneten. Kürzlich wurde von den erstmals entdeckten Gravitationswellen berichtet, die Einstein bereits vermutet hatte. Eine der Schlagzeilen der Presse lautete »Echo des Urknalls« – wie auch immer man sich ein akustisches Ereignis im luftleeren Raum vorstellen mag, eine solche Frage gab unser einstiger Physikunterricht noch her und schien unmöglich. Als Kuratoren dieses Unternehmens sind wir eben selbst nur darüber Staunende gleich den Hunden dieser Welt, die in der Dämmerung den Mond anbellen. Und über das Staunen kommt die Kunst ins Spiel und daraus hat sich unsere Entwurfslinie entwickelt.

Zwölf Räume wie Stunden sollten es sein, denn auch die Uhr ist ein Planetarium, geschuldet unserer ständigen Drehung um irgendetwas bei gleichzeitigem Umdrehtwerden. Neben der Schwere sollte auch das Sehen als Generalthema den roten Faden spinnen, denn hier geht es objektiv um die wissenschaftliche Näherung und subjektiv um die Phantastik. Die Ausstellung zeigt das Innere und

Max Ernst/Paul Eluard, *A l'intérieur de la vue*, Paris 1947

Äußere der Sicht, diese Anleihe bei den Surrealisten Paul Eluard und Max Ernst mag erlaubt sein. Wenn dies gelingt (ich schreibe diese Sätze weit vor Ausstellungsbeginn), handelt es sich um eine Regiearbeit zum vorgegebenen Thema und gebiert im Idealfall so etwas wie eine Kammeroper des Schwebens.

Es sollte also eine Ausstellung über eine Entdeckungsgeschichte sein, wiederum unter zwei Aspekten: nämlich der Entdeckung des Uni/Multiversums (wir kleinen Würmchen sollten nicht von *Eroberung* sprechen) und unser persönlicher Entdeckungsweg in eine weitestgehend unbekannte Thematik. Bis vor kurzem hatten wir noch nie mit einem Astronauten gesprochen … einem wortwörtlichen Sternenmatrosen, denn alle Fliegerei-Idiome sind der guten alten Seefahrt entlehnt, ein durchaus vergleichbares Metier auf ebenso unfestem Untergrund.

Welche Gültigkeit haben eigentlich *Fest*stellungen im Bereich der Schwerelosigkeit? »Die Welt ist alles, was der Fall ist.« (Ludwig Wittgenstein), aber was kann der Fall sein, wenn nichts fällt? Da werden wir uns unserer Winzigkeit bewusst, aber da helfen uns die Kunst und andere Weltentwürfe, eine der besten Erfindungen der Humanoiden!

Erst seit kurzem schießen wir uns Menschen in die Welt der Schwerelosigkeit, mal aus Gründen der Machtaneignung, vor allem aber aus Neugier (mag ich mal positiv denken). Welch eine ungeheure Rechen- und Ingenieursleistung steckt dahinter, wenn am 11. November 2014 das Raumschiff Rosetta mit seinem Landefahrzeug Philae nach zehnjähriger Reise auf dem Kometen 67P Tschurjumow-Gerasimenko niedergehen wird!! Nichts in dieser Mission soll dem Zufall überlassen werden. Und schon wieder begegnen wir diesem Fall-Wort und mögen uns erneut darüber klar werden, dass die Mathematik eine Disziplin der Philosophie ist, die glücklicherweise auch Meta-Ebenen toleriert, die das Fallen, wenn überhaupt, sanfter erscheinen lassen.

Der Horizont bezeichnet den imaginären Ort, an dem sich Aggregatzustände verwandeln. So auch die Linie des Zeichners, die die Welt in die Übergänge des Faktischen und Transfaktischen teilt. Diese Geschwister sind unzertrennlich.

Darüber komponieren wir unsere bestenfalls eigenartige Ausstellungsmusik.

»Wer auf dem Kopf geht, meine Damen und Herren, – wer auf dem Kopf geht, der hat den Himmel als Abgrund unter sich.«

(Paul Celan, *Der Meridian*)

Stephan Andreae
Kurator der Ausstellung, Juli 2014

EINLEITUNG

»Sieht man dann plötzlich nach oben in die Höh, so steht man überwältigt vor der Offenbarung einer anderen, gleichfalls wunderbaren Welt. Die Bedeutung von Sonnen, Monden, Sternbildern, Nebelflecken, Galaxien und der ganze Weltraum außerhalb der Erdzone haben sich im letzten Jahrhundert in das menschliche Bewusstsein und auch in mein Werk mehr und mehr eingenistet.«

Max Ernst

Mit seiner Faszination für den Weltraum, der Max Ernst in dem Film *Maximiliana – Die widerrechtliche Ausübung der Astronomie* (1967) Ausdruck verlieh, steht der Künstler nicht allein da. Diese Faszination ist eine anthropologische Konstante. Seit Menschengedenken ist der Weltraum Sehnsuchtsort, Projektionsfläche und Gegenstand der forschenden Neugierde gleichermaßen. Wie ist das Universum entstanden? Welche Rolle spielen wir darin? Gibt es andere intelligente Zivilisationen? Könnten wir mit ihnen in Kontakt treten? Solche existenziellen Fragen und das Streben nach Erkenntnis beschäftigen Philosophen und Naturwissenschaftler, Künstler, Literaten und Filmemacher, geistige Führer, Spinner und Visionäre. Dabei haben Phantasie, Utopien und Träume den wissenschaftlichen Fortschritt genauso vorangetrieben, wie sich neue Technologien und Forschung in der Kultur niedergeschlagen haben. Die Ausstellung *Outer Space. Faszination Weltraum* geht diesen Schnittstellen nach und zeigt in zwölf Kapiteln Berührungspunkte von Kunst und Wissenschaft auf. Denn die Kulturgeschichte des Weltraums ist eine Geschichte voller Wechselwirkungen zwischen Utopie und Realität.

Eines der frühesten kulturhistorischen Artefakte ist die »Himmelsscheibe von Nebra«, die bislang älteste bekannte Darstellung des Sternenhimmels. Ein einzigartiges Zeugnis der Menschheitsgeschichte, geschaffen vor über 3600 Jahren. Die 32 Zentimeter große Bronzescheibe, die erst 1999 von Grabräubern im heutigen Sachsen-Anhalt gefunden wurde, vereint Elemente des Tag- und Nachthimmels. Astronomische Untersuchungen zeigen, dass die Scheibe nach präzisen Himmelsbeobachtungen gefertigt sein muss und als Sonnen- und Mondkalender diente. Archäoastronomen gehen davon aus, dass schon in der Steinzeit Menschen den Nachthimmel beobachteten, um sich am Lauf der Gestirne zu orientieren. Später bekamen Sonne, Mond und Planeten Namen, Sternengruppen wurden zu Sternbildern zusammengefasst, und so funktionierte der Himmel zum einen als praktischer Taktgeber für das tägliche Leben, zum anderen als perfekte Projektionsfläche für mythologische und religiöse Vorstellungen.

Um sich den Himmel vertraut zu machen, haben Menschen nicht nur Götter, Engel, Fabelwesen und Sternbilder erfunden. Bei der Inbesitznahme des Weltraums spielt die Utopie eine tragende Rolle. Seit der Antike existieren phantastische Erzählungen von Reisen ins All – Lukian von Samosata (um 120 – nach 180 n. Chr.) ließ bereits im 2. Jahrhundert ein Schiff durch einen gewaltigen Sturm auf dem Mond landen. Johannes Kepler wollte im 16. Jahrhundert mit Hilfe von Opiaten zum Mond reisen, Francis Godwin setzte auf die Hilfe von Gänsen, Cyrano de Bergerac auf Morgentau. Erst Jules Verne entwickelte 1865 die Idee, für seine Reise *Von der Erde zum Mond* eine Kanone einzusetzen, die ein Geschoss samt Passagier zu dem Erdtrabanten befördert. Dabei stützte er sich auf wissenschaftliche Erkenntnisse seiner Zeit und fand Inspiration für seine Schilderungen vom Mond in den ersten Mondfotografien von Lewis Morris Rutherford. Jules Vernes Science-Fiction-Roman wiederum hat nicht nur Details der realen Raumfahrt vorweggenommen, er inspirierte Georges Méliès zum ersten Science-Fiction-Film der Geschichte: *Le voyage dans la lune* (1902) und beeinflusste darüber hinaus den Raketenpionier Hermann Oberth, der als Elfjähriger die phantastischen Romane von Jules Verne verschlang. Oberth entwickelte die Idee der mit Flüssigtreibstoff angetriebenen Raketen. Sein 1923 erschienenes Buch *Die Rakete zu den Planetenräumen* galt zunächst als zu utopisch, heute ist es ein Meilenstein der Raumfahrtgeschichte. UFA-Regisseur Fritz Lang erkannte das Potenzial des Technikvisionärs und engagierte Oberth 1928 als wissenschaftlichen Berater für seinen Science-Fiction-Film *Frau im Mond*. Ein Film, für den Hermann

Oberth die Mondrakete »Friede« entwarf, die, wie die spätere beim amerikanischen Apollo-Programm eingesetzte Saturn-V-Rakete, aus mehreren Stufen bestand. Der Film wurde enthusiastisch gefeiert, 1937 von den Nazis aber wegen der zu realistischen Darstellung modernster Raketentechnologie verboten. *Frau im Mond* zeigte auf der Leinwand, was 1969 mit der Mondlandung Wirklichkeit werden sollte. Aber der Film prägt die Raumfahrt bis heute, denn Fritz Lang hat den Countdown für den Raketenstart erfunden. Genau dieses dramaturgische Element hat die amerikanische Weltraumbehörde NASA für ihre Raumflüge übernommen, und bis heute begleitet das Ritual des »3, 2, 1, Zero, Lift Off« jeden Raketenstart in der westlichen Welt.

Durch den technischen Fortschritt rückte der Himmel nicht nur durch die bemannte Raumfahrt ein Stück näher. Mit Hilfe von Teleskopen, Kameras und Sonden ist er kartografiert und bis in unvorstellbar weite räumliche und zeitliche Entfernungen fotografiert. Seit Wissenschaftler und Künstler Anfang des 17. Jahrhunderts erstmals durch Teleskope auf Sterne und Planeten blickten, haben sich die Erkenntnisse über unser Sonnensystem radikal verändert. Epochal ist Galileo Galileis 1610 erschienenes Werk *Sidereus Nuncius* (*Der Sternenbote*), das die erste Abhandlung über astronomische Beobachtungen enthält, die mit einem Fernrohr gemacht wurden. Galileis Beobachtung der Jupitermonde, der Milchstraße und der Mondoberfläche mit Kratern und Erhebungen sowie seine Rückschlüsse, die das heliozentrische Weltbild des Nikolaus Kopernikus untermauerten, trugen maßgeblich dazu bei, das geozentrische Weltbild der Antike endgültig zu ersetzen, auch wenn Galilei selbst unter dem Druck der Inquisition 1633 seine These widerrufen musste, dass die Erde um die Sonne kreist.

Der in Rom lebende, gebürtige Frankfurter Künstler Adam Elsheimer blickte im Sommer des Jahres 1609 ebenfalls durch eines der damals gerade erfundenen Teleskope und malte unter diesem Eindruck den ersten naturwahren Sternenhimmel und Mond der Kunstgeschichte. Auf einer kleinen Kupfertafel, die sich heute in der Alten Pinakothek München befindet, sind neben dem Mond mit seinen Kratern über 1200 Einzelsterne der Milchstraße zu sehen. Ohne die Erfindung des Teleskops wäre das nicht möglich gewesen. Ist das Bild heute Forschungsgegenstand für Kunsthistoriker und Astronomen, faszinierte es damals Künstler wie Peter Paul Rubens, der trotz der neusten wissenschaftlichen Erkenntnisse in seiner 1636/37 gemalten *Entstehung der Milchstraße* auf die klassische Mythologie zurückgriff und in Szene setzte, wie die Göttermutter Juno Herkules stillt, ihre Milch aus der entblößten Brust an den Nachthimmel spritzt und das funkelnde Band der Milchstraße bildet.

Seit dem 20. Jahrhundert liefern Hochleistungsapparaturen wie das Hubble-Weltraumteleskop, das als Verlängerung des menschlichen Auges im All agiert, atemberaubende Bilder von Objekten, die bis zu mehrere Milliarden Lichtjahre von der Erde entfernt sind. Sie bezeugen dramatische Prozesse wie Geburt, Entwicklung und den Tod von Sternen, die sich permanent im Universum abspielen. Die schottische Künstlerin Katie Paterson kooperierte unter anderem mit Astronomen und Astrophysikern des Londoner University College und sammelte Daten über rund 27 000 tote Sterne, deren Licht uns zwar heute erst erreicht, die aber selbst längst erloschen sind. Aus dem Datenmaterial fertigte Paterson eine Karte der verstorbenen Sterne an und entwickelte 2011 das Projekt »The Dying Star Letters«. Wann immer sie durch ein Netzwerk von astronomischen Instituten vom Tod eines Sterns erfuhr, schrieb sie einen Kondolenzbrief: »I'm sorry to inform you of the death of the star, SN 2011kd.«

Neben Teleskopen und Forschungssonden sind verschieden genutzte Satelliten in den Himmel, die einstige Sphäre von Engeln und Göttern, eingedrungen. Sie agieren heute anstatt der himmlischen Mittler, ermöglichen Erkenntnis, Kommunikation und Überwachung gleichermaßen. Mittlerweile kreisen sie in einer solchen Fülle um unseren Planeten, dass die Erde als einziger Körper im Universum dabei ist, sich einen eigenen Ring zu schaffen. Etwa 1000 aktive Satelliten rotieren im Orbit, die übrigen 6500 Tonnen Material – Reste von Raketenstufen, ausgediente Satelliten, Werkzeuge von Weltraumspaziergängen – sind Weltraumschrott. Davon haben etwa 30 000 Objekte einen Durchmesser von mehr als zehn Zentimetern, über 150 Millionen Objekte sind größer als ein Millimeter. Der amerikanische Künstler Trevor Paglen macht diesen Weltraumschrott, ebenso wie geheime Spionagesatelliten, sichtbar. Seine Fotografien erzählen auf den ersten Blick von der erhabenen Schönheit des nächtlichen Himmels, auf den zweiten Blick entwickeln sie Störgeräusche. Wie kleine Kratzer und irritierende Leuchtpunkte unterwandern die von Menschen gemachten Objekte das romantische Bild des unschuldigen Nachthimmels. Der Umgang mit diesem Weltraummüll – Space Debris genannt –, seine Beobachtung, Entsorgung und künftige Vermeidung stellt heute eine der größten Herausforderungen für die Raumfahrtnationen dar.

Dabei drang das erste von Menschen geschaffene Objekt erst vor 72 Jahren in den Weltraum vor. Am 3. Oktober 1942 stieß die von Wernher von Braun und Hermann Oberth für die Nationalsozialisten entwickelte A4-Rakete an den Rand des Weltraums. Sie ist unter dem Propagandanamen V2 – Vergeltungswaffe 2 – als Massenvernichtungswaffe in die Geschichte eingegangen.

Fünfzehn Jahre später, am 4. Oktober 1957, brachten die Russen mit dem Satelliten Sputnik 1 das erste Objekt in die Umlaufbahn der Erde. Der Sputnik-Schock erschütterte die Welt, und der Space Race zwischen Russen und Amerikanern, bei dem es gleichzeitig um die Überlegenheit des jeweiligen politischen Systems ging, begann. Der Wettlauf um die Vormachtstellung im All hat ganze Generationen nachhaltig beeinflusst, und die Bilder, die dabei entstanden, haben unsere Weltsicht verändert. Die »Space

First«-Hündin Laika; Juri Gagarin, der als erster Mensch die Erde umkreiste; Walentina Tereschkowa – die erste Frau im Weltraum; Alexander Leonow – der Erste, der bei einem Außenbordeinsatz im Weltraum schwebte, und schließlich Neil Armstrong, der am 21. Juli 1969 um 3.56 MEZ als erster Mensch den Fuß auf den Boden des Mondes setzte – sie alle haben Raumfahrtgeschichte geschrieben. Das Space Age wirkte sich unmittelbar auf die verschiedensten Bereiche der Kultur aus. Künstler, Designer, Musiker, Filmemacher haben die Ästhetik dieser Zeit mitgeprägt und für den Einzug des Weltraums in die Popkultur der 1960er und 1970er Jahre gesorgt.

Inspiriert von Stanley Kubricks epochalem Science-Fiction-Film *2001: Odyssee im Weltraum* (1968) landete David Bowie pünktlich zur Mondlandung mit *Space Oddity* seinen ersten großen Hit und ließ Major Tom singen: »Here am I sitting in a tin can/Far above the world/Planet earth is blue/And there's nothing I can do.« Auf die Golden Records der beiden interstellaren Raumsonden Voyager 1 und Voyager 2 hat es Major Tom nicht geschafft. 1977 schickte die NASA die beiden Sonden auf eine einzigartige Mission zur Erforschung des äußeren Planetensystems und des interstellaren Raumes. Mittlerweile hat Voyager 1 den Randbereich unseres Sonnensystems erreicht. An Bord: eine mit Gold überzogene Kupferschallplatte, ein Geschenk an mögliche außerirdische Zivilisationen. Darauf verewigt sind neben Grüßen an die Außerirdischen in 56 verschiedenen Sprachen und 115 Bildern auch 90 Minuten Musik von Johann Sebastian Bach über Louis Armstrong bis Chuck Berry. Immer wieder hat die NASA Botschaften ins All geschickt, 2008 den Beatles-Song *Across the Universe*, der mit rund 300 000 Kilometern pro Sekunde zum 413 Lichtjahre entfernten Polarstern gesandt wurde. Umgekehrt suchen seit den 1960er Jahren Wissenschaftler der weltweit angesiedelten SETI-Projekte (Search for Extra-Terrestrial Intelligence) nach außerirdischen Radio- und optischen Signalen. Der amerikanische Künstler Ken Grimes setzt sich seit Beginn der 1970er Jahre in seinen schwarz-weißen, textbasierten Arbeiten mit diesen Kommunikationsversuchen auseinander. Sein Werk kreist um Aliens, UFOs, SETI und Möglichkeiten interstellarer Kommunikation, aktuelle Themen der extraterrestrischen Forschung fließen in seine künstlerischen Recherchen ein.

Die Ausstellung *Outer Space* spürt anhand von über 300 Exponaten aus unterschiedlichsten Kontexten, von Artefakten aus der Raumfahrt, wissenschaftlichen Exponaten, Science-Fiction-Objekten und künstlerischen Werken aus Vergangenheit und Gegenwart, der Faszination für den Weltraum nach und entwirft eine eigene, assoziative Erzählung der technokulturellen Weltraumgeschichte. Die Begegnung von solch heterogenen Werken eröffnet Denk- und Wahrnehmungsräume. Auf der Suche nach sinnlicher Erkenntnis taucht der Besucher der Bundeskunsthalle in ein modulares Höhlensystem ab, das wie eine Raumstation im Orbit zu schweben scheint und gleichermaßen schützt, informiert und inspiriert. Auch wenn Menschen auf dem Mond gelandet sind und mit der Internationalen Raumstation ISS ein Außenposten im All existiert, auch wenn Wissenschaftler in der Lage sind, eine Raumsonde 7,1 Milliarden Kilometer weit durchs Sonnensystem zu schicken, um auf einem Kometen zu landen, sind das Staunen und der Drang nach Erkenntnis ungebrochen. Denn wir wollen wissen, wie wir zu dem wurden, was wir sind.

Claudia Dichter
Kuratorin der Ausstellung

DER WELTRAUM von A–Z

A

Abendstern und Morgenstern Beide Begriffe bezeichnen die → Venus, die als (vom Mond abgesehen) hellstes Objekt am Dämmerungs- oder Sternenhimmel und manchmal auch tagsüber zu sehen ist. Dass sie über Monate vor Sonnenaufgang und über Monate nach Sonnenuntergang erscheint, erklärt sich dadurch, dass die Venus auf ihrer im Vergleich zur Erde näher an der Sonne gelegenen und deshalb kürzeren Umlaufbahn weniger lang benötigt, die Sonne zu umrunden, die Erde also »überholt«. Wenn sie sich der Erde nähert, ist sie in einem Zyklus von 19 Monaten etwa 7 Monate lang als Morgenstern westlich der Sonne zu sehen, hat sie die Erde überholt, erscheint sie für etwa 9 Monate als Abendstern östlich der Sonne. *UH*

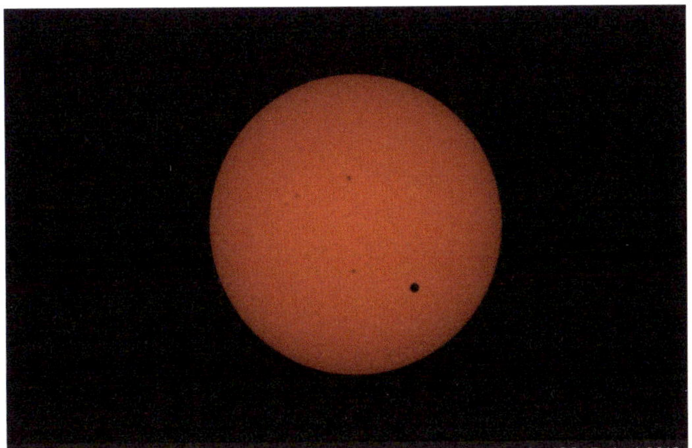

Passage der Venus vor der Sonne, fotografiert von der ISS, 5. Juni 2012

Miss Able und Miss Baker Die beiden Affen gehörten zu den zahlreichen von der US-Raumfahrt ins Weltall geschickten Tieren – und sie waren die ersten, die überlebten. Der Rhesusaffe Miss Able und das Totenkopfäffchen Miss Baker (benannt nach den ersten Buchstaben im Buchstabieralphabet von Armee und Marine) wurden 1959 mit einer Jupiter-Höhenforschungsrakete von → Cape Canaveral ins All geschossen und landeten 15 Minuten später im Meer in der Nähe der Insel Antigua. Mit Hilfe dieser ersten beiden Tierastronauten testete die → NASA die Auswirkungen der Schwerelosigkeit auf Lebewesen. Miss Able überlebte ihren Flug ins All nicht lange; Miss Baker verstarb (als ältestes Totenkopfäffchen überhaupt) erst 1984. In ihren letzten Lebensjahren begeisterte sie Museumsbesucher im U.S. Space & Rocket Center in Huntsville, Alabama, wo sie säckeweise Fanpost erhielt. *UH*

Das Totenkopfäffchen Miss Baker, 1959

Aelita Alexei Tolstoi, Auszug aus *Aelita*

Die Erde

Die diamantenen Felder waren die Durchgangsspuren eines im Weltenraum umherirrenden Kometen. Lange Zeit mußte sich der Apparat, der in die Sphäre seiner Anziehungskraft geraten war, zwischen den himmlischen Steinen hindurchzwängen. Seine Geschwindigkeit vergrößerte sich ständig, jetzt wirkten nur noch die absoluten Gesetze der Mathematik – ganz allmählich änderte sich die Flugrichtung des Eies und der Meteoriten: es bildete sich ein immer breiter werdender Winkel. Der golden glänzende Nebelfleck, der Kopf des unbekannten Kometen und sein Schweif, die wirbelnden Massen der Meteoriten, rasten in der Hyperbel – der hoffnungslosen Kurve – weiter, um, nachdem sie die Biegung um die Sonne vollbracht hatten, für immer im Weltall zu verschwinden. Die Flugkurve des Apparats näherte sich jetzt immer mehr der Ellipse.

Die fast nicht mehr realisierbare Hoffnung einer Rückkehr auf die Erde erweckte Losj und Gussew zu neuem Leben. Sie blieben nun ununterbrochen an den Ausgucken und beobachteten den Himmel. Die Sonne erwärmte den Apparat so stark auf der einen Seite, daß sie gezwungen waren, einen Teil der Kleidung abzuwerfen.

Jetzt waren die diamantenen Felder weit unter ihnen zurückgeblieben: sie erschienen nur noch als Fünkchen, wurden dann zu einem weißlichen Nebelfleck und verschwanden. Und da entdeckten sie in einer ungeheuren Entfernung den Saturn mit regenbogenfarbig schillernden Ringen, umgeben von seinen Trabanten.

Das Ei, das in das Schwerefeld eines Kometen geraten war, kehrte in das Sonnensystem zurück.

Eine Zeitlang wurde das Dunkel von einer leuchtenden Linie durchschnitten. Doch bald verblaßte auch diese und erlosch. Es handelte sich um die Asteroiden – unzählige kleine Planeten, die in Schwärmen rings um die Sonne wanderten. Ihre große Anziehungskraft wirkte sich noch stärker auf die Krümmung der Flugkurve des Eies aus. Schließlich erblickte Losj durch einen der oberen Ausgucke eine merkwürdige schmale, die Augen blendende Sichel – das war die Venus. Fast zur gleichen Zeit begann Gussew, der seinen Beobachtungsposten an einem anderen Ausguck hatte, fürchterlich zu schnaufen: schwitzend und rot im Gesicht drehte er sich um.

»Sie ist es, bei Gott, sie! ...«

In der schwarzen Finsternis strahlte warm eine silbern-bläuliche Kugel. Daneben leuchtete in noch hellerem Licht eine andere, winzig kleine Kugel, nicht größer als eine Johannisbeere. Der Apparat raste in einer Richtung, die ein wenig seitlich an diesen beiden Kugeln vorbeiging. Da beschloß Losj, ein gefährliches Manöver anzuwenden, nämlich die Drehung des Apparathalses, um einen Ausschlag der Führungsachse zu bewirken und dadurch eine Abweichung von der Trajektorie des Fluges herbeizuführen. Die

A B C D E F G H I J K L M N O P Q R S T U V W X Y Z

Drehung gelang. Die Richtung begann sich zu ändern. Die warme Kugel stand nach einiger Zeit im Zenit.

Der Raum und die Zeit flogen und flogen immerfort dahin. Losj und Gussew preßten sich bald mit dem Gesicht zur Beobachtung des Firmaments gegen die Gläser der Okulare, bald lagen sie auf den Fellen und Decken, die unordentlich umherlagen.

Die letzten Kräfte schwanden ihnen. Durst quälte sie; der ganze Wasservorrat war ausgetrunken.

Und da – in einem halbohnmächtigen Zustand – sah Losj, wie die Felle, die Decken und die Säcke an den Wänden entlangkrochen. Der Körper Gussews hing, nackt bis zum Gürtel, in der Luft. All das glich einer Fieberphantasie. Es stellte sich heraus, daß Gussew vor einem der Ausgucke lag, mit dem Gesicht nach unten am Okular. Jetzt erhob er sich ein wenig, faßte sich an die Brust, schüttelte seinen zotteligen Kopf, das Gesicht war tränenüberströmt, der Schnurrbart hing herunter.

»Sie, die liebe, teure – die Heimat …«

Mit seinem getrübten Bewußtsein begriff Losj immerhin, daß der Apparat sich umgedreht hatte und mit dem Hals voran flog, angezogen von der Schwerkraft der Erde. Er kroch zu den Rheostaten und schaltete sie um – das Ei erzitterte unter Donnergetöse. Er beugte sich über das Okular.

In der Finsternis hing eine von Sonnenlicht überflutete ungeheure wässrige Kugel. Die Ozeane darauf erschienen himmelblau, die Umrisse der Inseln grünlich, einer der Kontinente war von Wolkenfeldern verhüllt. Die feuchte Kugel drehte sich langsam um sich selbst. Tränen verdeckten Losj den Blick. Mit Tränen der Liebe flog das Herz dem blaufeuchten Pfeiler des Alls entgegen. Heimat der Menschheit! Samenkorn des Lebens! Herz der Welt!

Die Erdkugel verdeckte jetzt den halben Himmel. Losj dreht an den Schaltern der Rheostate, bis es nicht mehr weiter ging. Trotzdem war der Flug des Apparats noch sehr ungestüm; die Außenhülle war glühend heiß, die zweite Innenhülle aus Gummi begann zu sieden, die Innenverkleidung aus Leder rauchte. Mit letzter Kraftanstrengung öffnete Gussew ein wenig den Deckel einer Luke. Durch den Spalt drang heulend ein eisiger Wind. Die Erde öffnete ihre Arme und empfing die verlorenen Söhne.

Der Aufschlag war heftig. Die äußere Verschalung platzte. Das Ei hatte sich mit seinem Hals tief in eine grasbewachsene Anhöhe gebohrt.

Afronaut Afronaut ist der Spitzname von Mark Shuttleworth (*1973), einem südafrikanischen Unternehmer, der vor allem als zweiter Weltraumtourist (nach dem US-Amerikaner Dennis Tito) und als erster Afrikaner im Weltall bekannt geworden ist. Shuttleworth absolvierte im russischen → Sternenstädtchen ein siebenmonatiges Vorbereitungstraining und brach im April 2002 mit der russischen Sojus-Mission TM-34 zur Internationalen → Raumstation → ISS auf, wo er Mitglied der dritten Gastmannschaft war. Während sich die vierte ISS-Langzeitbesatzung von Dezember 2001 bis Juni 2002 an Bord der Raumstation aufhielt, dauerte der Besuch der Gastmannschaft nur etwa zehn Tage, und Shuttleworth kehrte Anfang Mai wieder zur Erde zurück. Sein Ausflug ins Weltall hatte ihn 20 Millionen US-Dollar gekostet; zudem hatte er fünf Experimente gesponsert, die während seines ISS-Aufenthalts durchgeführt wurden. *FL/UH*

Aggregat-4-Rakete (A4-Rakete) → V2

Airbus Defence and Space Airbus Defence and Space ist eine Division der Airbus Group (bis Dezember 2013 EADS – European Aeronautic Defence and Space Company), die nicht nur der zweitgrößte europäische Rüstungs-, sondern auch Europas größter Luft- und Raumfahrtkonzern ist. Airbus Defence and Space ist auf zivile und militärische Raumfahrtsysteme spezialisiert. Für die Raumfahrt von Bedeutung ist insbesondere die Abteilung Space Systems mit den Hauptgeschäftsfeldern Trägerraketen (darunter die Trägerrakete → Ariane), Orbitalsysteme (darunter das ISS-Weltraumlabor → Columbus und der Weltraumfrachter → ATV), Forschungssatelliten und Raumsonden, Telekommunikationssatelliten sowie Antriebssysteme. *UH*

Das Weltraumlabor Columbus

Alltag im Weltraum Der Alltag von → Raumfahrern im Weltall gestaltet sich grundsätzlich anders als der auf der Erde, was nicht nur durch die beengten räumlichen Verhältnisse bedingt ist, sondern auch und vor allem durch die Schwerelosigkeit (s. auch das Interview mit Alexander Gerst, hier S. 57 ff.).

Die Astronauten Pam Melroy (links), George Zamka (unten rechts) und Paolo Nespoli in ihren Schlafsäcken auf dem Mitteldeck des Space Shuttle, 1. November 2007

Essen, das nicht auf dem Teller festgehalten wird, kann umherschweben; und die Körperflüssigkeiten des Menschen verteilen sich anders als auf der Erde, weshalb unter anderem die Schleimhäute etwas geschwollen sind und der Geschmackssinn beeinträchtigt ist. Viele Raumfahrer bevorzugen deshalb im Weltraum recht stark gewürzte Speisen. Geschlafen wird nicht in der Nacht (die es nicht gibt, wenn man im Raumschiff die Erde umrundet), sondern dann, wenn es der Stundenplan vorsieht. Die Raumfahrer kriechen in Schlafsäcke, die – was erneut die Schwerelosigkeit erfordert – mit Bändern fixiert werden, und auch ihr Kopf wird mit einem Band am Kissen festgehalten.

Weltraumtoiletten sind chemische Toiletten, in denen der Urin mehr oder weniger am Ort seiner Entstehung abgesaugt wird (s. auch Abb. S. 200). Weniger einfach ist die sonstige Körperpflege: Eine funktionierende Weltraumdusche konnte bisher nicht konstruiert werden, weshalb sich Raumfahrer meistens mit nassen Handtüchern abreiben. Doch ist Hygiene besonders wichtig, da im All das menschliche Immunsystem weniger leistungsfähig ist. Aufgrund der Schwerelosigkeit werden auch die Muskeln wesentlich weniger beansprucht als auf der Erde, weshalb ein tägliches Training von zwei Stunden auf dem Ergometer oder Laufband vorgeschrieben ist – ebenfalls mit Gurten fixiert.

Die Vielzahl der zu erledigenden Experimente und sonstigen Aufgaben bringen auf Raumfahrzeugen und -stationen lange Arbeitstage mit sich. Hinzu kommt, dass sich im All jeder auf der Erde selbstverständliche Handgriff schwierig gestaltet. So muss z. B. beim Eindrehen einer Schraube nicht nur die Schraube fixiert werden, sondern auch der diese drehende Mensch. Angesichts der vielen Arbeitsstunden sind Entspannungsphasen wichtig, den Möglichkeiten der Freizeitgestaltung an Bord eines Raumschiffes aber natürlich Grenzen gesetzt. Dank der modernen Digitaltechnik können inzwischen viele Bücher, Musikaufnahmen und Filme mitgenommen werden, und ein wichtiger Bestandteil des Alltags im Weltraum ist das gemeinsame Essen, Filmeanschauen und auch Musizieren. *UH*

Toilettenraum im Zvezda Service Modul der ISS

Alpha Centauri Alpha Centauri ist das Sternsystem, das mit einer Entfernung von ca. 4,37 Lichtjahren der → Sonne am nächsten liegt. Alpha Centauri A und B bilden einen Doppelstern, der als dritthellstes Gestirn am Nachthimmel wahrgenommen wird. Ob der von Alpha Centauri etwa 0,2 Lichtjahre entfernte, weniger helle → Stern Proxima Centauri ebenfalls zum Sternsystem gehört, ist noch nicht geklärt. Vermutet wurde auch, dass ein → Planet Alpha Centauri Bb den Stern Alpha Centauri B umkreist und somit der extrasolare Planet wäre, der der → Erde am nächsten ist. *UH*

Andromedanebel Der nach dem Sternbild Andromeda benannte Andromedanebel ist die unserer eigenen → Galaxie → Milchstraße nächste Spiralgalaxie und liegt ca. 2,7 Millionen → Lichtjahre von der → Erde entfernt. Er ist etwa doppelt so groß wie die Milchstraße, doch ganz ähnlich strukturiert. Mit bloßem Auge ist er nachts bei völliger Dunkelheit als eine Art Nebel gerade noch zu erkennen und somit das am weitesten entfernte Objekt, das das menschliche Auge am nächtlichen Himmel wahrnehmen kann. Die Existenz des Andromedanebels stellten bereits im 10. Jahrhundert persische Astronomen fest, genauere Erkenntnisse können aber erst moderne Satellitenteleskope liefern, wie u. a. das Spitzer-Weltraumteleskop (→ Great Observatory Program). *FL*

Andromedanebel und die Satellitengalaxien NGC 205 und 221

Angkasawan Angkasawan (von malaiisch *angkasa*, Weltraum) ist die Bezeichnung für die Raumfahrt Malaysias und die → Raumfahrer des Landes. Aufgabe dieses Raumfahrtprogramms ist vor allem gewesen, den bisher einzigen Raumfahrer Malaysias auszuwählen: Der Arzt und Wissenschaftsastronaut Sheikh Muszaphar Shukor hielt sich 2007 elf Tage lang auf der Internationalen → Raumstation → ISS auf und führte dort u.a. medizinische Experimente durch. *FL/UH*

Der malaysische Astronaut Sheikh Muszaphar Shukor, 23. Juli 2007

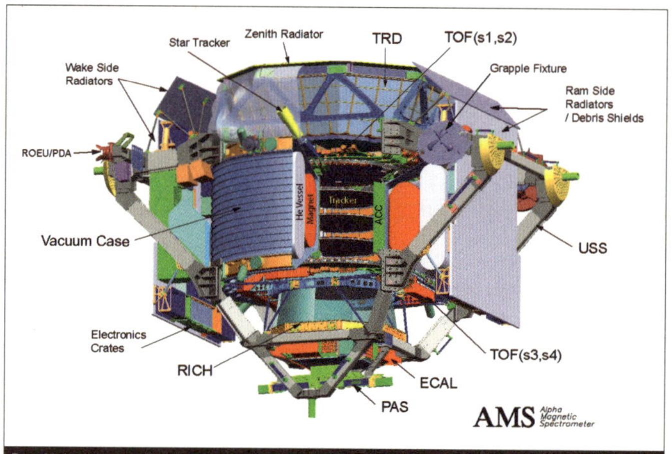

Der Alpha-Magnet-Spektrometer (AMS-02), konstruiert zur Suche nach Antimaterie und Dunkler Materie sowie zum Vermessen der Zusammensetzung kosmischer Höhenstrahlung

Anita und Arabella Die beiden Tiere bewiesen 1973, dass Spinnen auch im Weltall Netze bauen. Auf die Frage einer Schülerin hin hatte die → NASA Anita und Arabella mit der Besatzung Skylab 3 zur Weltraumstation → Skylab geschickt. Während der ersten beiden Tage im All waren die Spinnennetze noch wenig präzise. Doch offenbar gewöhnten sich die Kreuzspinnen an die Schwerelosigkeit, denn danach spannen sie Netze, die denen auf der Erde ähneln, wenn die Fäden auch feiner und weniger homogen waren. Beide Spinnen überlebten den Flug ins All nicht, sie starben vermutlich an Dehydration. *UH*

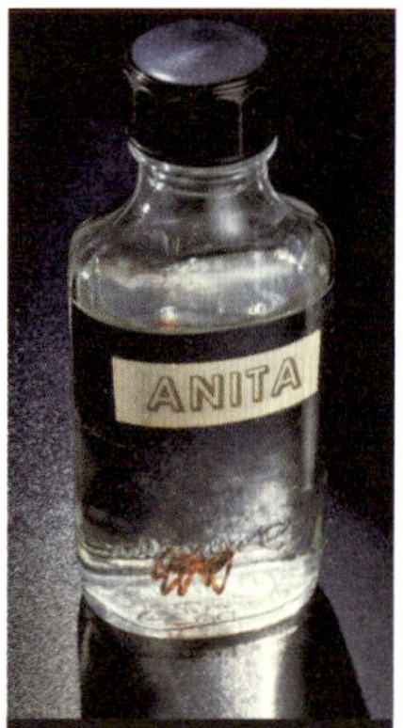

Die Spinne Anita, 1973

Antimaterie Antimaterie ist im Prinzip nichts anderes als das Spiegelbild der gewöhnlichen Materie. Die Elementarteilchen der Antimaterie haben dabei die gleichen Eigenschaften wie die Teilchen der »normalen« Materie – bis auf die (umgekehrten) Ladungseigenschaften. Das betrifft z.B. auch das Neutron und das Antineutron, die zwar beide ladungsneutral sind, aber zum einen aus Quarks und zum anderen aus Antiquarks aufgebaut sind. Beim Zerfall spaltet sich das Neutron in ein positiv geladenes Proton und ein negativ geladenes Elektron auf, wohingegen das Antineutron in ein negativ geladenes Antiproton und ein positiv geladenes Positron zerfällt. Bis auf kurzlebige Anti-Elementarteilchen finden wir im Universum keine Antimaterie vor. Unsere normale Materie ist höchstwahrscheinlich der Überschuss, der bei der gegenseitigen Vernichtung von Materie und Antimaterie kurz nach dem Urknall übrig blieb. Der tiefere Grund für diese anfängliche Asymmetrie zwischen Materie und Antimaterie ist noch unklar. Antimaterie ist nicht mit der → Dunklen Materie zu verwechseln, die ihrerseits eine wichtige Rolle für die Strukturbildung des Universums spielt. *FL*

Apollo-Programm Das Apollo-Programm war von 1961 bis 1972 (nach dem → Mercury- und teilweise während des → Gemini-Programms) eines der großen Raumfahrtprojekte der USA – und eines der erfolgreichsten, da es ab 1969 als einziges Menschen auf den Mond brachte. Ziel war zunächst eine Umrundung des Mondes, doch nachdem der UdSSR 1959 die erste unbemannte Mondlandung und 1961 der erste bemannte Raumflug (Juri → Gagarin) gelungen war, sahen sich die Amerikaner gezwungen, ihre technische Überlegenheit durch eine bemannte Mondlandung zu demonstrieren (→ Wettlauf zum Mond).

Apollo 11 beim Start im Kennedy Space Center, 16. Juli 1969

Nach einigen unbemannten Testflügen endete 1967 der erste bemannte Raumflug des Programms, die Mission Apollo 1, bereits einen Monat vor dem eigentlichen Start tödlich für die drei Besatzungsmitglieder Virgil → Grissom, Edward White und Roger Chaffee, als während eines Routinetests auf der Startrampe Feuer in der Kapsel ausbrach. Der erste bemannte Flug fand im Jahr 1968 statt, als Apollo 7 Tests in der Erdumlaufbahn durchführte (was

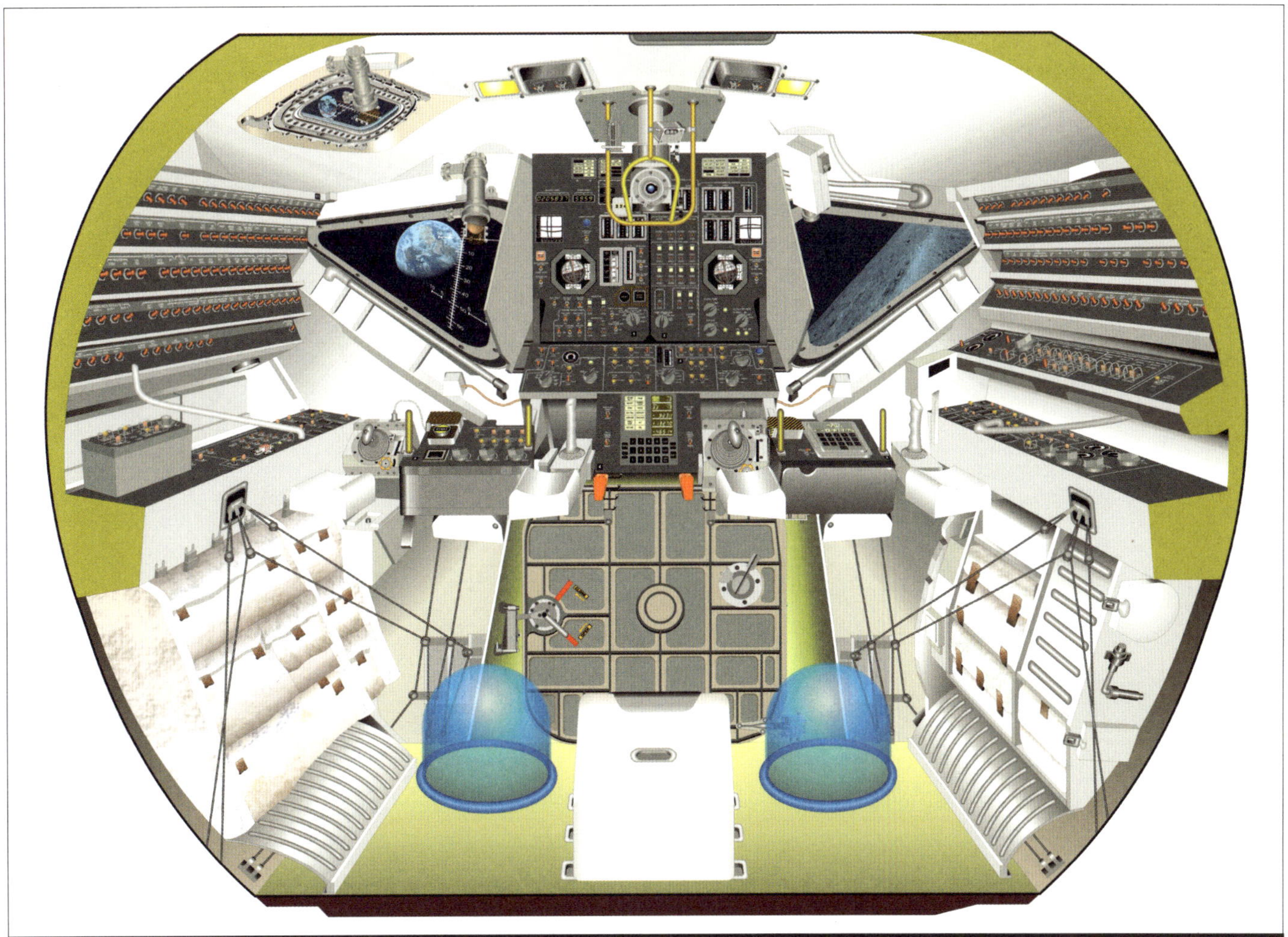

Schematische Darstellung des Cockpits von Apollo 11

erstmals im Fernsehen übertragen wurde). Ebenfalls 1968 umrundete Apollo 8 den Mond; 1969 wurde mit Apollo 9 die Mondfähre in der Erdumlaufbahn und mit Apollo 10 im Mondorbit getestet.

Noch im selben Jahr sandte die → NASA drei Astronauten zum Mond: Neil → Armstrong war der Kommandant der Apollo 11, Michael Collins der Pilot des Mutterschiffes Columbia, die Mondlandefähre Eagle wurde von Edwin »Buzz« Aldrin gesteuert. Apollo 11 wurde am 16. Juli 1969 von → Cape Canaveral ins All geschossen; und am 20. Juli konnte Neil Armstrong an das Kontrollzentrum in Houston melden: »The Eagle has landed.« Wenige Stunden später betrat er am 21. Juli als erster Mensch den Mond: »That's one small step for a man, one giant leap for mankind.« Aldrin folgte kurz darauf; Collins umrundete in dieser Zeit mit der Columbia den Mond. Während des nur zweieinhalb Stunden andauernden ersten Mondaufenthalts machten Armstrong und Aldrin zahlreiche Fotografien, sammelten Gesteinsproben und hissten die amerikanische Flagge. Am 24. Juli kehrte Apollo 11 zur Erde zurück. Nur wenige Monate später, im Herbst 1969, führte Apollo 12 eine weitere Mondlandung durch.

Beinahe tragisch endete die Mission von Apollo 13: Auf dem Flug zum Mond explodierte einer der beiden Sauerstofftanks des Raumschiffes Odyssey, der andere wurde schwer beschädigt. Die Astronauten waren gezwungen, sofort umzukehren und die Mondlandefähre Aquarius als Rettungsboot zu benutzen. In diesem Zusammenhang fiel auch der berühmt gewordene Satz: »Houston, we've had a problem here.« Mit den Missionen Apollo 14 bis Apollo 17 waren weitere Mondlandungen erfolgreich, bevor die USA das zu teuer gewordene Mondlandeprogramm einstellten. *UH*

Ariane Ariane ist der Name einer europäischen → Trägerrakete, die im Auftrag der Europäischen Weltraumorganisation → ESA entwickelt worden ist und von Unternehmen der ESA-Länder (zur Zeit im Wesentlichen von → Airbus Defence and Space) gebaut wird. Zweck der Ariane ist es, insbesondere → Satelliten in die Umlaufbahn der Erde zu transportieren. Hierdurch haben die ESA-Länder einen wesentlichen Anteil am stetig wachsenden Markt für den Transport von Telekommunikationssatelliten errungen.

Die Trägerrakete wurde ab Anfang der 1970er Jahre entwickelt und in den Serien Ariane 1 bis 5 immer weiter optimiert: Ariane 1 wurde von 1979 bis 1986 verwendet, Ariane 2 1986 bis 1989, Ariane 3 1984 bis 1989 und die mit 113 erfolgreichen Flügen und nur 3 Fehlstarts bisher erfolgreichste Ariane 4 1982 bis 1988. Seit 1996 werden die Raketen der Serie Ariane 5 eingesetzt – was mit Anfangsschwierigkeiten verbunden war: Beim ersten Einsatz im Juni des Jahres mit vier Forschungssatelliten an Bord brach aufgrund eines Softwareproblems die Rakete eine halbe Minute nach dem Start auseinander. Erst der dritte Flug im Oktober 1998 gelang. Inzwischen hat die Ariane 5 zuverlässig 69 Flüge absolviert. Sämtliche Ariane-Flüge beginnen am europäischen Weltraumbahnhof → Kourou in Französisch-Guyana und enden in der Erdatmosphäre, wo die Raketen verglühen.

Modell der Ariane 5 in Paris, Kat. Nr. 297

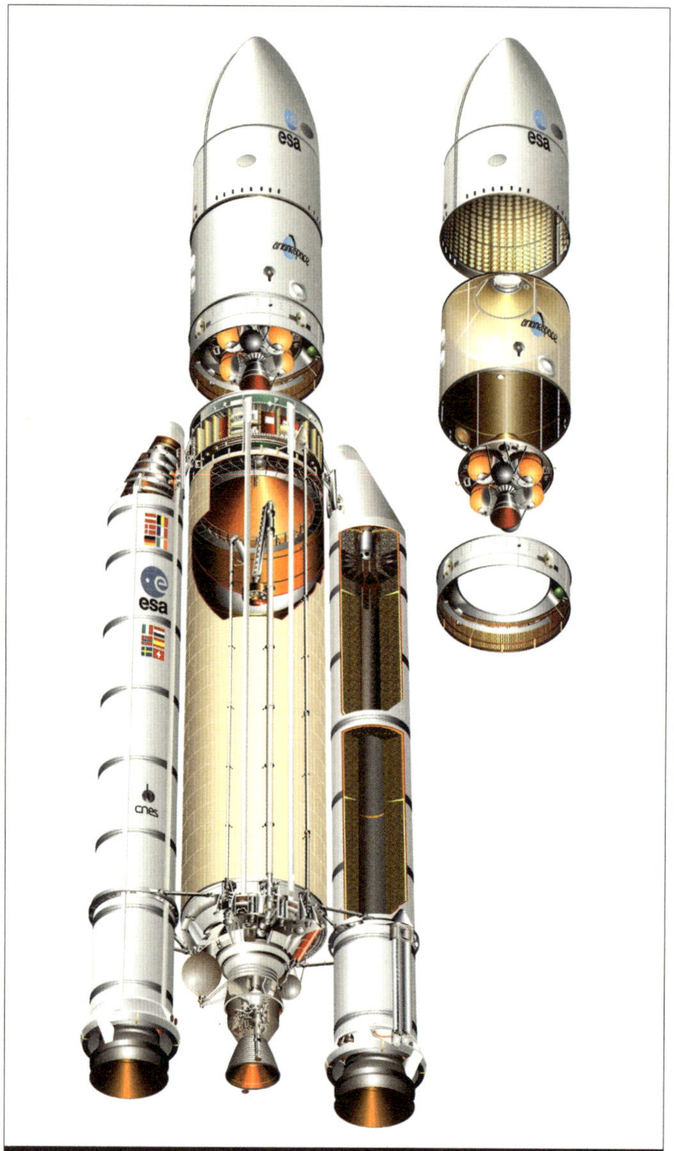

Schematische Darstellung der Trägerrakete Ariane 5

Lange Zeit war die Ariane die einzige europäische Trägerrakete. Seit 1998 wird im ESA-Auftrag aber auch die Vega entwickelt, die im Februar 2012 einen ersten Probeflug erfolgreich abschloss. Zudem ist die Ariane 6 in Planung, die um 2025 einsatzbereit sein könnte – doch noch ist über ihren Bau nicht endgültig entschieden worden. *FL/UH*

Armageddon Stanislaw Lem, Auszug aus *Fiasco*

XII Der Paroxysmus

Siderale Operationen als Erscheinungen von astronomischer Dimension können wegen der bei ihnen freigesetzten Gewalten für den Beobachter kein so tiefgründiges und erschütterndes Erlebnis sein wie eine Überschwemmung oder ein Wirbelsturm. Schon ein Erdbeben, ein in stellarem Maßstab submikroskopischer Vorfall, überschreitet die Aufnahmefähigkeit der menschlichen Sinne. Wirkliches Grauen wie auch überwältigendes Entzücken wecken im Menschen die Ereignisse, die weder zu gigantisch noch zu geringfügig sind. Ein Stern läßt sich nicht erleben wie ein Stein oder ein Brillant. Der kleinste Stern schon, ein Ozean von Ozeanen ewiger Glut, wird bereits in einer Entfernung von einer Million Kilometern zu einer das Gesichtsfeld ausfüllenden Feuerwand, und in der Annäherung verliert er jegliche Gestalt, zerfällt in chaotische Wirbel gleichermaßen blendender Flammen. Nur aus großer Ferne schrumpfen die kühleren Trichter der Chromosphäre zu Sonnenflecken.

Diese selbe Regel übrigens, die das Erleben der Größe vereitelt, wirkt auch unter den Menschen selbst. Man kann mit einem Individuum, einer Familie mitfühlen, die Vernichtung von Tausenden oder gar Millionen Geschöpfen verschließt sich in den Zahlen einer Abstraktion, deren existentieller Gehalt sich nicht erfassen läßt.

Daher ist die durch Kavitation erfolgende Zertrümmerung eines Himmelskörpers, eines Planeten oder Mondes, ein seltsam bescheidenes Schauspiel, das nicht nur mit schläfriger Langsamkeit abrollt, sondern durch den lautlosen und trägen Verlauf künstlich und vorgetäuscht erscheint, zumal man es, um bei der Beobachtung nicht umzukommen, durch ein Teleskop oder auf dem Bildschirm betrachten muß. Die Sideralchirurgen beobachten die fortschreitende Explosion durch Filter, die nacheinander vor die Öffnung der Objektive geschoben werden, damit man genau die einzelnen Phasen des Zerfalls verfolgen kann. Infolgedessen macht das selektiv in den monochromatischen Streifen des Spektrums betrachtete, einmal strohgelbe, dann wieder zinnoberrote Bild den Eindruck eines unschuldigen Spiels mit einem Kaleidoskop, nicht aber den einer alle menschlichen Begriffe übersteigenden Katastrophe.

Die Quinta schwieg bis zur Stunde Null. Die Kavitation des Mondes sollte durch achtzehn Geschosse verursacht werden, die auf evolventenförmigen Bahnen aus großer Entfernung zum Äquator geführt wurden.

Leider erwies sich, wie recht GOD gehabt hatte, als er diese Operation aus dem Bereich der sicher berechenbaren Unternehmungen herausnahm.

Wenn alle Sprengköpfe im gleichen Winkel auf die Kruste des wüsten Trabanten aufgetroffen wären, Tunnel hineingetrieben hätten, sich in dem schweren Kern getroffen und mit der programmierten Sekundengenauigkeit die dort noch nicht erstarrte, noch halbflüssige Masse in Gas verwandelt hätten – dann hätten sich die Mondtrümmer, neben denen die Ketten des Himalaya wie Krümel erschienen wären, auf der bisherigen Umlaufbahn verteilt, die Druckwelle der plötzlich freigesetzten Energie hätte auf dem Planeten nur mäßige Beben verursacht und den Ozean wie in einer Serie von langen Dünungen gegen die Festlandssockel geworfen.

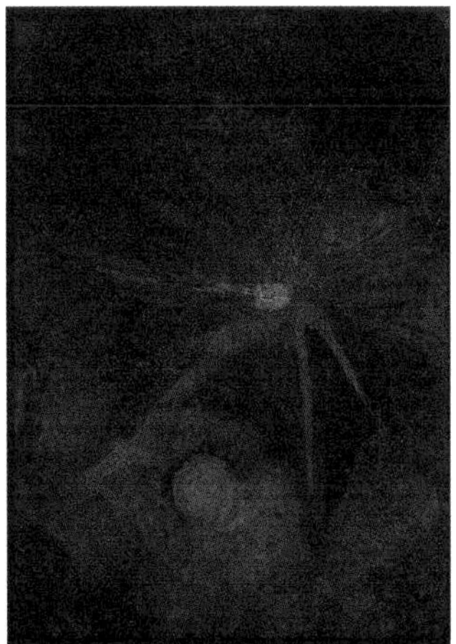

Albrecht Dürer, *Der hl. Hieronymus*, Rückseite mit der Darstellung eines Meteoriten, um 1496

Die Quinta hatte jedoch in die Operation eingegriffen. Die drei Geschosse der HERMES, die den Mond von der Seite des Planeten her anflogen, wurden von schweren ballistischen Raketen getroffen, verwandelten diese zwar in lodernde Gasknäuel, zündeten dabei aber vorzeitig ihre sideralen Sprengladungen. Infolgedessen kam es nicht zu der geplanten Zentrierung sämtlicher Schläge im Mondkern, und die Kavitation verlief exzentrisch. Ein Teil der südlichen Kruste mitsamt gewaltigen Felsmassen brach auf die Quinta nieder, während der Rest, etwa sechs Siebtel der Masse, auf eine höhere Umlaufbahn stieg. Dies rührte daher, daß die Sideratoren sich in Spiralen durch die Kruste in den Kern bohren, die auf der der Quinta zugewandten Seite den platzenden Mond also zum Planeten, die auf der abgewandten Seite zur Sonne hin treiben sollten. Da nun gerade die Raketen, die den Planeten vor dem Meteoritenhagel bewahren sollten, gerammt worden waren, stürzten an die einhundert Trillionen Tonnen Gesteinsmassen in vielerlei elliptischen Bahnen auf die Quinta. Ein Teil verglüht durch atmosphärische Reibung, die größten Trümmer jedoch, Trillionen Tonnen, fielen breitgestreut in den Ozean, und die äußersten bombardierten noch die Küste Norstraliens. Der Planet bekam die Mondtrümmer in die Seite wie eine in spitzem Winkel auftreffende Schrotladung.

Zwei Hundertstelsekunden nach der Zündung der Kavitationssprengköpfe überzog sich der Mond mit einer gelblichen Wolke, so dicht, daß es aussah, als wüchse und schwölle er an. Dann – ungewöhnlich langsam, wie in einer Zeitlupenaufnahme – brach er in unregelmäßige Stücke auseinander, einer Orange gleich, die von unsichtbaren Krallen zerrissen wird. Aus den Schründen der Kruste schossen lange Strahlen heller, sonnengleicher Glut. In der achten Sekunde der Kavitation flammten die Knäule der Druckwelle auf und verliehen dem Mond das Aussehen eines gewaltigen Feuerbuschs im Weltraum. Der Glanz verdunkelte selbst die nächsten Sterne.

Im Gravitationssteuerraum hockten alle wie erstarrt vor den Monitoren. Nur das Ticken der Chronometer war zu hören, die das Fortschreiten des Lunoklasmus maßen. Aus dem Feuerball schossen unter Wirbeln von Rauch und Staub ganze Hochgebirge von

Vulkanen, die wie Kartätschen platzten. Schließlich zog sich die schreckliche Wolke langsam auseinander, ihre zunächst buschige Kugelgestalt streckte sich. Keiner brauchte auf die Instrumente zu blicken, um zu wissen, daß der Mond in einigen Stunden auf den Planeten stürzen würde. Er traf ihn – zu Vorteil oder Nachteil – entfernt von dem Eisring. Diesen durchschlug nur am Norden ein Schwarm verirrter Trümmer, die im Aneinanderstoßen dicht über der Atmosphäre wie ein Feuerwerk sprühten.

So war die Demonstration der Stärke in eine Katastrophe abgeglitten.

Armstrong, Neil Neil Alden Armstrong (1930–2012) betrat 1969 als erster Mensch den Mond. Nach Studienjahren an der Purdue University in Indiana (die später als »Astronautenwiege« bezeichnet wurde) flog er u.a. zahlreiche Kampfeinsätze im Koreakrieg und arbeitete als Forschungspilot. 1958 war er unter den neun für das Projekt Man in Space Soonest (MISS) der US-Luftwaffe ausgewählten Testpiloten, doch wurde das Projekt im selben Jahr nach der Gründung der → NASA eingestellt. 1962 präsentierte die NASA Armstrong und weitere sieben Männer als künftige → Raumfahrer. Sein erster Raumflug fand jedoch erst im März 1966 als Kommandant der Raumfähre Gemini 8 statt, der mit einer Notlandung endete (→ Gemini-Programm). 1967 wechselte er in das → Apollo-Programm der NASA, und am 21. Juli 1969 war er im Rahmen der Mission Apollo 11 der erste Mensch auf dem Mond. Noch im selben Jahr erhielt Armstrong die Presidential Medal of Freedom; 1971 verließ er die NASA. Er war bis 1979 als Professor für Luft- und Raumfahrttechnik an der University of Cincinnati tätig und arbeitete danach als Manager und Inhaber eigener Firmen in der freien Wirtschaft sowie für Raumfahrt-Kommissionen. *FL/UH*

Neil Armstrong, Kommandant der Apollo-11-Mission, Juli 1969

Asteroid Asteroiden nennt man kleinere Objekte, die auf Umlaufbahnen die → Sonne umrunden. Sie bestehen hauptsächlich aus Gestein, Metall und Kohlenstoffverbindungen. Die meisten fliegen auf fast kreisförmigen Bahnen in der gleichen Ebene wie die → Planeten um die Sonne. Da sie relativ klein sind, aber keinen Schweif haben, sind Asteroiden für das bloße Auge nicht sichtbar – anders als → Kometen. Ihr häufigster Aufenthaltsort: der Asteroiden-Hauptgürtel (→ Asteroidengürtel) zwischen → Mars und → Jupiter. *FL*

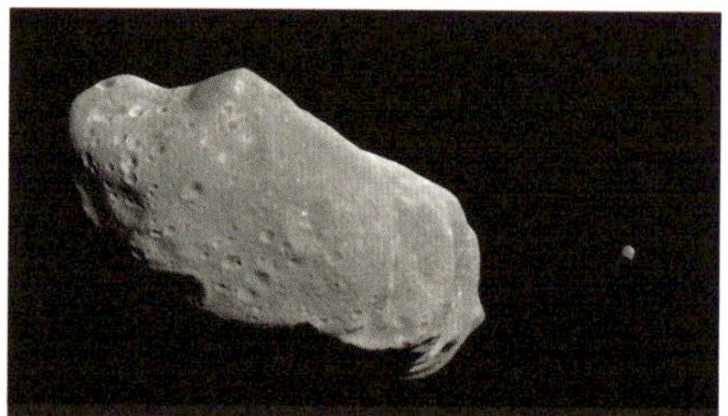

Der Asteroid Ida und sein Mond Dactyl, aufgenommen von der Raumsonde Galileo, 28. August 1993

Asteroidengürtel Der Asteroidengürtel ist die Zone zwischen → Mars und → Jupiter, in der sich besonders viele → Asteroiden befinden und man inzwischen mehr als 600 000 Objekte registriert hat. Außerdem befinden sich dort auch drei → Zwergplaneten: Ceres, Pallas und Vesta. Der Asteroidengürtel trennt die Steinplaneten von den → Gasplaneten. *FL*

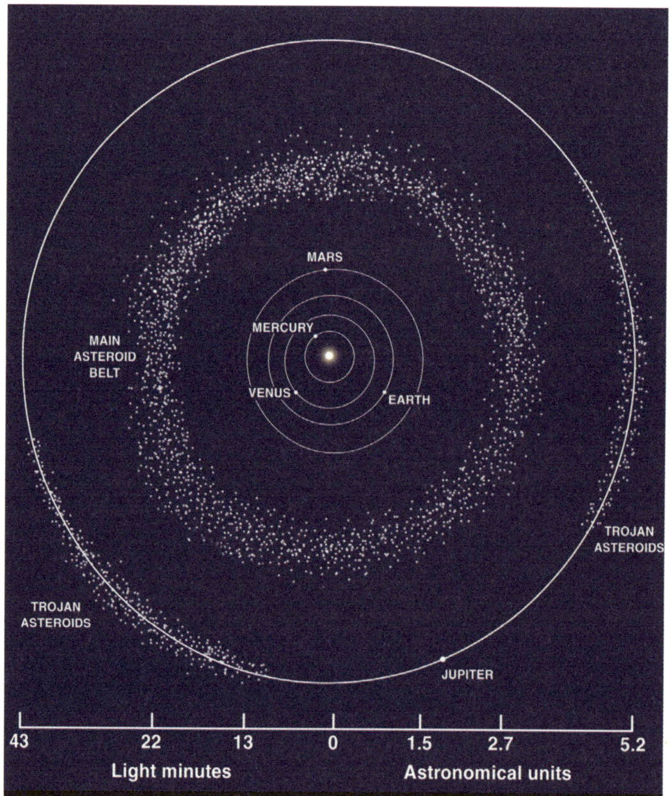

Der Asteroiden-Hauptgürtel zwischen Mars und Jupiter

Astrologie Die Astrologie (von griech. *astron* und *logos* – Sterndeutung) beschäftigt sich mit der Konstellation von Himmelskörpern und mit Himmelserscheinungen, weil diese angeblich Geschehnisse auf der Erde beeinflussen.

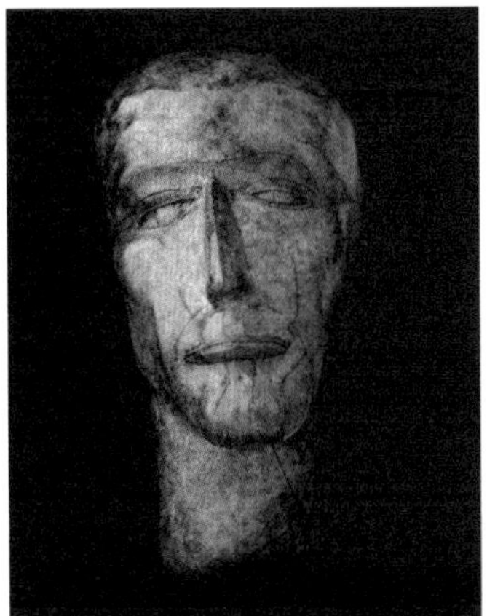

Eva Aeppli, *Die 12 Tierkreiszeichen (Steinbock)*, 1979/80, Kat. Nr. 274

Die Astrologie der westlichen Welt geht auf Anfänge im antiken Mesopotamien und Ägypten zurück, wo ihr mit der Zeit auch eine Bedeutung für das menschliche Einzelschicksal zugesprochen wurde. Im Altertum wie auch in der Zeit vom Spätmittelalter bis zum 17. Jahrhundert war die Astrologie eine anerkannte Wissenschaft, der als Hilfswissenschaft die → Astronomie diente. Diese unter naturwissenschaftlichen Aspekten vorgenommene Beobachtung der Sterne ist seit der Zeit → Keplers und → Galileis zur Wissenschaft geworden; die Astrologie gilt heute als vorwissenschaftliche Lehre (Protowissenschaft).

Am Einfluss der Sterne auf das menschliche Schicksal wurde spätestens seit der Aufklärung gezweifelt. Doch lebte um 1900 ein erneutes Interesse an der Astrologie auf, die v.a. seit der New-Age-Bewegung der späten 1960er Jahre Popularität erlangt hat. Ihr wichtigstes Hilfsmittel ist das Horoskop, das auf einer Zeichnung die Position von Planeten (d. h. von Sonne, Mond und der Planeten unseres Sonnensystems) zum Geburtszeitpunkt darstellt und den Geburtsort einrechnet. Aus ihrer Beziehung wird mit Hilfe der psychologischen Astrologie versucht, die Charaktermerkmale eines Menschen zu erschließen. Die stark vereinfachten Horoskope in Zeitungen und Zeitschriften arbeiten allein mit den Zeichen des → Tierkreises und treffen für die unter sie fallenden Geburtstage psychologisch geschickt allgemeine Aussagen, welche Horoskopleser fast immer als gültig erachten. *UH*

Roland Barthes, Auszug aus *Mythen des Alltags*

Astrologie

Angeblich beläuft sich das Jahresbudget der »Hexerei« in Frankreich auf ungefähr dreihundert Milliarden Francs.[73] Es lohnt sich also, einen Blick auf die Horoskop-Spalte einer Wochenzeitschrift wie Elle zu werfen. Im Gegensatz zu dem, was man erwarten könnte, findet man dort keine Traumwelt, sondern eine streng realistische Beschreibung eines bestimmten sozialen Milieus, nämlich desjenigen ihrer Leserinnen. Anders gesagt, die Astrologie ist keineswegs – jedenfalls hier nicht – eine Öffnung zum Traum hin, sondern bloßer Spiegel, bloße Bekräftigung der Realität.

Zusammengenommen geben die Hauptsparten des Schicksals (Glück, Draußen, Daheim, Ihr Herz) gewissenhaft den Gesamtrhythmus des Berufslebens wieder. Dessen Einheit ist die Woche, in der ein Tag oder zwei für das Glück ausersehen sind. »Glück« ist hier der Teil, der dem inneren Leben, der Stimmung vorbehalten ist: Es ist das gelebte Zeichen der Dauer, die einzige Kategorie, in der sich subjektive Zeit äußert und freisetzt.

Ansonsten kennen die Sterne nichts anderes als verplante Zeit: *Draußen*, das sind die festen Arbeitszeiten, die sechs Tage wöchentlich und sieben Stunden täglich im Büro oder im Laden. *Daheim*, das ist die Abendmahlzeit, das Ende des Tages vor dem Schlafengehen. *Ihr Herz* ist das Rendezvous nach der Arbeit oder das Abenteuer am Sonntag. Doch zwischen diesen »Bereichen« findet keinerlei Austausch statt; nichts könnte, von einem Stundenplan zum anderen, den Gedanken einer totalen Entfremdung nahelegen; die Gefängniszellen liegen nebeneinander, folgen aufeinander, doch sie infizieren sich nicht. Die Sterne fordern nie einen Umsturz der Ordnung, ihr Einfluß reicht über knapp eine Woche, sie respektieren die Satzung der Gesellschaft und die Arbeitszeiten der Unternehmen.

»Arbeit« ist hier die der Angestellten, der Sekretärinnen und Verkäuferinnen; die Kleingruppe, die die Leserin umgibt, besteht fast zwangsläufig aus den Kollegen im Büro oder im Laden. Die Veränderungen, die von den Sternen erzwungen oder vielmehr vorgeschlagen werden (denn diese Astrologie ist eine vorsichtige Theologin, sie schließt die Willensfreiheit nicht aus), sind schwach, drängen nie dazu, daß man sein Leben gründlich ummodelt: Der Einfluß des Schicksals wirkt sich einzig auf die Freude an der Arbeit aus, äußert sich in Nervosität oder Gelassenheit, Anspannung oder Erschlaffung, in den kleinen Umstellungen, den ungewissen Beförderungen, den vergifteten oder komplizenhaften Beziehungen zu den Kollegen und vor allem in der Müdigkeit: Sehr nachdrücklich und weise mahnen die Sterne immer wieder, mehr zu schlafen, immer noch mehr.

Die Probleme zu Hause sind hingegen die Launen, die Feindseligkeit oder das Vertrauen der Umgebung; sehr oft handelt es sich um einen Frauenhaushalt, in dem die wichtigsten Beziehungen die zwischen Mutter und Tochter sind. Das kleinbürgerliche Haus ist hier getreu abgebildet, mit den Besuchen der »Familie«, die sich übrigens von den »Schwiegereltern« unterscheidet, die bei den Sternen offenbar nicht in besonderer Wertschätzung stehen. Diese Umgebung scheint nahezu ausschließlich eine familiäre zu sein, es gibt wenig Hinweise auf Freunde, die kleinbürgerliche Welt besteht wesentlich aus Eltern und Kollegen; sie enthält keine wirklichen Beziehungskrisen, nur kleine Zusammenstöße aus Launen oder nichtigen Anlässen. Die Liebe, das ist die aus der Kummerkastenspalte, sie ist ein gesonderter »Bereich«, der der »Herzensangelegenheiten«. Doch ganz wie eine Geschäftsbeziehung kennt die Liebe hier »vielversprechende Anfänge«, »Enttäuschungen« und »schlecht getroffene Wahlen«. Dabei ist die Amplitude des Unglücks gering: diese Woche ein kleinerer Hof von Bewunderern, eine Indiskretion, eine grundlose Eifersucht. Der Himmel des Gefühls öffnet sich nur dann ganz weit, wenn die »ersehnte Lösung« ansteht, die Heirat; und auch sie muß wiederum »passend« sein.

Ein einziger Zug idealisiert diese ganze kleine astrale Welt, die sich andererseits so konkret ausnimmt: In ihr ist nie von Geld die Rede. Die astrologische Menschheit kommt gut mit ihrem Monatsgehalt aus: Es ist, was es ist; man spricht nie darüber, weil man davon »leben« kann. Dieses Leben wird von den Sternen viel mehr beschrieben als vorausgesagt; die Zukunft ist selten riskant, und die Voraussage wird stets durch das Schwanken von Möglichkeiten neutralisiert: Gibt es Niederlagen, so werden sie unbedeutend sein; gibt es finstere Mienen, so wird Ihr schöner Humor sie aufheitern; gibt es unangenehme Beziehungen, so werden sie nützlich sein usw.; und wenn Ihr Allgemeinzustand sich verbessern soll, dann infolge einer Behandlung, der Sie sich unterziehen, oder vielleicht auch, weil Sie jede Behandlung unterlassen (*sic*).

Die Sterne sind moralisch, sie lassen sich bereitwillig von der Tugend erweichen: Gegenüber den zaghaft angekündigten Enttäuschungen sind stets Mut, Geduld, guter Humor und Selbstbeherrschung erforderlich. Und das Paradoxe daran ist, daß diese Welt des reinen Determinismus sogleich von der Freiheit des Charakters gebändigt wird: Die Astrologie ist vor allem eine Schule des Willens. Und doch, selbst wenn ihre Lösungen reine Mystifikation sind, selbst wenn die Verhaltensprobleme dabei weggezaubert werden, bleibt sie Bekräftigung des Realen vor dem Bewußtsein ihrer Leserinnen: Sie ist kein Fluchtweg, sondern realistische Evidenz der Lebensbedingungen der Angestellten, der Verkäuferin.

Wozu aber kann diese reine Beschreibung taugen, wenn sie doch keine träumerische Kompensation aufzuweisen scheint? Sie dient dazu, das Reale auszutreiben, indem sie es benennt. In dieser Eigenschaft gesellt sie sich zu all den Unternehmungen halber Entfremdung (oder halber Befreiung), die es sich zur Aufgabe machen, das Reale zu objektivieren, ohne doch so weit zu gehen, es zu entmystifizieren. Man kennt zumindest noch einen weiteren dieser nominalistischen Versuche: die Literatur, die in ihren niederen Formen nicht weiter gehen kann, als das Erlebte zu benennen; Astrologie und Literatur haben die gleiche Aufgabe einer »verzögerten« Bekräftigung des Realen; die Astrologie ist die Literatur der kleinbürgerlichen Welt.

Anmerkungen: 73 Alte Francs; das heißt nominell etwa 450 Millionen Euro.

Astronaut Seit 1958 verwendet die → NASA – und mit ihr praktisch die ganze Welt – den Begriff Astronaut (wörtl. »Seefahrer zu den Sternen«, der auf das Wort Aeronaut – Luftschiffer – zurückgeht) für die US-amerikanischen → Raumfahrer. Auch die Raumfahrer der → ESA heißen Astronauten. *FL/UH*

Der Astronaut Frederick W. Sturckow bei einer Trainingseinheit im Raumschiffsimulator, 3. August 2006

Astronomie Die Astronomie (von griech. *astronomia*, Sternkunde) ist die Wissenschaft von den Gestirnen. Mit naturwissenschaftlichen Methoden wird alles im Universum Befindliche untersucht, von → Asteroiden und → Monden über → Sterne und → Planeten bis hin zu → Galaxien, von interstellarer Materie bis zu → Schwarzen Löchern und nicht zuletzt das Universum als Ganzes. Die Astronomie ist eine der ältesten Wissenschaften überhaupt, mit wahrscheinlich religiösen Ursprüngen (da Himmelskörper wie die → Sonne verehrt wurden). Während ab dem 17. Jahrhundert das Fernrohr (und dann das Teleskop) große Fortschritte in der Astronomie ermöglichte, ist es seit ca. 60 Jahren die Raumfahrt, durch die sich Himmelskörper nicht nur von der Erde aus beobachten lassen. Die meisten der zahlreichen Teilgebiete der Astronomie sind den Naturwissenschaften zuzuordnen (wie z.B. Astrophysik und Astrometrie), doch gibt es auch die Astronomiegeschichte und Verbindungen zur Theologie und Philosophie. *UH*

Giambologna, *Allegorie der Astronomie*, um 1573, Kat. Nr. 1

ATV ATV (Automated Transfer Vehicle, dt. automatisches Transportfahrzeug) ist die Bezeichnung für eine Serie europäischer Weltraumfrachter. Diese unbemannten Raumschiffe werden von einer → Ariane-5-Trägerrakete ins All transportiert und docken an die Internationale → Raumstation → ISS an, die sie mit Nahrungsmitteln, Sauerstoff, Wasser und Treibstoff versorgen (was bisher vier Mal, 2008 und 2011 bis 2013, geschah). Ein ATV kann bis zu einem halben Jahr bei der ISS bleiben, verlässt diese dann und verglüht in der Erdatmosphäre. *FL/UH*

Das ATV-4 kurz vor dem Andocken an die ISS, 15. Juni 2013

Auge Gottes (Abb. Seite 30) Dieser Begriff bezeichnet den Helixnebel im Sternbild Wassermann, der mit einer Entfernung von ca. 650 → Lichtjahren der der Erde nächste Planetarische Nebel ist – das Endstadium eines Sterns, der vor seinem Zusammenfall zu einem → Weißen Zwerg Gas von seiner Oberfläche freisetzt. Der Helixnebel wurde 1824 von dem deutschen Astronomen Karl Ludwig Harding entdeckt. Die Bezeichnung »Auge Gottes« im allgemeinen Sprachgebrauch lässt sich wohl dadurch erklären, dass Aufnahmen des Helixnebels an ein von einem Strahlenkranz umgebenes Auge erinnern, das alte Symbol für das Auge Gottes. *UH*

Außenbordeinsatz (EVA) Während eines Außenbordeinsatzes (engl. Extra-Vehicular Activity oder EVA) erledigt ein → Raumfahrer Arbeiten außerhalb eines Raumschiffes, wenn z.B. Messinstrumente installiert, Experimente gemacht oder Reparaturarbeiten durchgeführt werden. Ein solcher Einsatz ist nicht ungefährlich, da den Raumfahrer im Vakuum des Weltalls nur sein → Raumanzug schützt. Auch ist er körperlich äußerst anstrengend (das deutsche Wort Weltraumspaziergang also wenig zutreffend), was insbesondere auf den im Raumanzug extrem verringerten Luftdruck zurückzuführen ist. Um einer Dekompressionskrankheit vorzubeugen, übernachten Astronauten vor einem Außenbordeinsatz an einem Ort mit vermindertem Druck. Den ersten Außenbordeinsatz absolvierte 1965 der Kosmonaut Alexei → Leonow. *FL*

Der Astronaut Rex Walheim bei einem Außenbordeinsatz an der ISS, 14. April 2002

Außerirdische – Botschaften für Außerirdische Die Frage, ob es auch auf anderen Planeten Lebewesen – Außerirdische – gibt, hat nicht nur Anlass zu zahlreichen Fiktionen gegeben, ihr geht auch die seriöse Wissenschaft der Astrobiologie oder Exobiologie nach. In Fachkreisen ist umstritten, ob es außerirdisches Leben gibt (und wenn ja, wie dieses aussehen könnte), weniger umstritten ist, dass aufgrund räumlicher Entfernungen eine Kontaktaufnahme mit oder von Außerirdischen mit den größten Schwierigkeiten verbunden sein dürfte. Dennoch haben seit ca. 1960 unter der Bezeichnung → SETI (Search for Extra-Terrestrial Intelligence) zusammengefasste Aktivitäten wissenschaftliche Projekte initiiert, die sich bemühen, Signale von Außerirdischen zu empfangen.

Vielleicht nicht weniger interessant als die wissenschaftliche Seite sind die Außerirdischen in der → Science Fiction. Schon im 18. und 19. Jahrhundert entstanden Darstellungen von Außerirdischen, die deutlich humanoide Züge haben, durch diverse Merkmale aber meist ausgesprochen abstoßend sind. Außerirdische sind auch ein wichtiges Thema im modernen Film, wobei sich eine Tendenz zu weniger humanoiden Lebewesen feststellen lässt: Reichte es in *Star Trek* (ab 1966) noch, einem Außerirdischen spitze Ohren zu geben, sind die Aliens in Ridley Scotts gleichnamigen Filmen (ab 1979), Spielbergs *E.T.* (1982) oder die Wesen in *Independence Day* (1996) deutlich fremdartiger. *UH*

Die Tochter der Templetons, im Hintergrund ein Außerirdischer (?), 12. Juni 1964

Das sogenannte Auge Gottes, fotografiert 2007

Baikonur Baikonur ist mit einer Fläche von ca. 85×90 Kilometern der größte Raketenstartplatz der Welt und liegt im Süden Kasachstans. Seit 1957 starten 70 Prozent der sowjetischen bzw. russischen Weltraummissionen vom Kosmodrom Baikonur – u.a. wurden von dort 1957 die ersten künstlichen Satelliten → Sputnik 1 und 2 (Letzterer mit der Hündin → Laika an Bord), 1961 Juri → Gagarin, 1971 die erste → Raumstation Saljut 1 und 1986 die erste permanent bemannte Raumstation → MIR ins Weltall befördert. Zwischen 1986 und 2000 starteten von Baikonur aus die → Sojus-Missionen zur MIR, seit 2000 haben auch die Sojus-Missionen zur Internationalen → Raumstation → ISS hier ihren Ausgangspunkt (an denen auch → ESA-Astronauten teilnehmen). Bekannt geworden ist Baikonur als Zentrum der Raumfahrt, doch wurde das Gelände bis zum Ende der UdSSR 1991 v.a. für militärische Zwecke wie das Testen von Langstreckenraketen genutzt.

Um während des Kalten Krieges die Lage des Geländes zu verschleiern, ersann die UdSSR ein Täuschungsmanöver: Der Weltraumbahnhof erhielt den Namen der (auf Karten zu findenden) Kleinstadt Baikonur, die jedoch mehr als 300 Kilometer weit entfernt liegt. Um ihn herum entwickelte sich eine Stadt, die im Laufe der Jahrzehnte mehrere Namen hatte, 1966 in Leninsk umbenannt wurde, seit 1991 nicht mehr zur UdSSR, sondern zu Kasachstan gehört (das den Raketenstartplatz an Russland verpachtet) und erst seit 1995 ebenfalls den Namen Baikonur trägt. *FL*

Belka und Strelka Die Mischlingshündinnen Belka und Strelka bewiesen 1960 (zusammen mit Mäusen, Ratten, Insekten, Pflanzen etc.), dass Lebewesen einen längeren Flug ins All überleben können. Im sowjetischen Raumschiff → Wostok 2 umkreisten sie in 25 Stunden 17 Mal die Erde, in einer eigens konstruierten Kapsel, die sich an der Stelle eines späteren Sitzes für einen Kosmonauten befand. Dort wurden die Hunde automatisch mit Luft und Futter versorgt, was sie (anders als 1957 die Hündin → Laika) gut überstanden.

Belka und Strelka, 1960

Dem Flug ins All vorausgegangen war ein strenger Auswahlprozess unter Straßenhunden, denn die Tiere sollten zäh sein, nicht mehr als 6 Kilo wiegen und – was schon damals aus PR-Gründen wichtig war – niedlich aussehen. Belka und Strelka wurden von Wissenschaftlern über ein Jahr lang intensiv trainiert. Nach ihrer erfolgreichen Rückkehr mit Fallschirmen auf die Erde (und weiteren Testflügen mit Hunden) schickte die sowjetische Raumfahrt 1961 mit Juri → Gagarin den ersten Menschen ins All. *UH*

Der Weltraumbahnhof Baikonur, kurz bevor die Sojus-Rakete TMA-14 zur Startrampe gerollt wird, 24. März 2009

blue dot Am 29. Mai 2014 um 3.44 Uhr Mitteleuropäischer Zeit begann mit dem Andocken von Alexander → Gerst an die Internationale → Raumstation → ISS ein neues Kapitel deutscher Raumfahrtgeschichte: Im Rahmen der Mission blue dot lebt und forscht Gerst als zweiter deutscher Langzeitastronaut nach Thomas Reiter und als dritter Deutscher auf der ISS. Der 38-jährige Vulkanologe aus Künzelsau führt bis November 2014 zahlreiche ambitionierte Experimente durch – darunter materialwissenschaftliche und humanphysiologische Versuche. Dabei geht es längst nicht nur um Grundlagenforschung. Der Erkenntnisgewinn für konkrete Forschungs- und Entwicklungsvorhaben auf der Erde ist zentrales Anliegen der Mission. Unter anderem installiert und betreibt Alexander Gerst einen vom Deutschen Zentrum für Luft- und Raumfahrt (→ DLR) entwickelten Schmelzofen, in dem verschiedene Metall-Legierungen kontaktfrei geschmolzen werden. Deren individuelles Erstarrungsverhalten kann auf der ISS unbeeinflusst von der → Schwerkraft analysiert werden. Die gewonnenen Daten helfen zum Beispiel Auto- und Flugzeugherstellern bei der Entwicklung leichterer Motoren, Triebwerke und Turbinenschaufeln. So können – bei gleicher Leistung und niedrigerem Gewicht – Treibstoffe eingespart werden. Auf diese Weise arbeitet Gerst daran, unsere Zukunft auf der Erde maßgeblich mitzugestalten – getreu dem von ihm gewählten Missionsmotto »Shaping the future«.

Die Internationale Raumstation ist das größte Technologieprojekt der Geschichte: ein »Außenposten« der Menschheit im All, zugleich ein fliegendes Labor mit exzellenten Möglichkeiten für Wissenschaft und industrielle Forschung. Die ISS beweist, dass die friedliche internationale Nutzung des Weltraums zum Vorteil aller Partner möglich ist. Seit dem »Erstbezug« zu Beginn des neuen Jahrtausends forschen Astronauten aus den USA, Russland, den Mitgliedsstaaten der Europäischen Weltraumorganisation → ESA mit Deutschland als größtem Beitragszahler, Kanada und Japan zusammen auf der ISS. Im Mittelpunkt stehen die Erforschung der Natur auf der Erde, die Eröffnung von neuen Anwendungspotenzialen in der Forschung und das Schaffen einer Grundlage für zukünftige Explorationen wie Langzeitmissionen zum → Mond oder → Mars.

Das russische Raumtransportsystem → Sojus, mit dem Alexander Gerst und zwei weitere Kosmonauten zur ISS geflogen sind, ist eines der erprobtesten und am häufigsten eingesetzten der Welt. Alexander Gerst ist dazu ausgebildet, die Sojus-Crewkapsel zu steuern, mit der er im November 2014 zur Erde zurückkehren wird. Trägerraketen der Sojus-Familie sind schon seit den 1950er Jahren im Einsatz. Mittlerweile sind über 1700 Sojus-Raketen mit einer beeindruckend hohen Erfolgsrate vom kasachischen Weltraumbahnhof → Baikonur gestartet worden. Bei Sojus handelt es sich um ein Raumtransportsystem mittlerer Nutzlastkapazität, das sich als Ergänzung zum europäischen Schwerlast-Trägersystem → Ariane eignet. *DLR*

Bonner Durchmusterung und Instrumente Schon in der Antike versuchte man, die → Sterne des Himmels in Sternkatalogen darzustellen. Lange Zeit verzeichneten die Kataloge von Durchmusterungen (der systematischen Durchsuchungen des Sternenhimmels) nur die mit dem bloßen Auge sichtbaren Himmelskörper. Mit der Erfindung bzw. Weiterentwicklung von Fernrohr und Teleskop waren immer mehr Sterne zu beobachten. Zunächst gab es jedoch keine verlässlichen Sternkataloge, die diese Sterne dokumentierten und durch die Kenntnis von deren Positionen Rückschlüsse auf Neuentdeckungen zuließen.

Lithografieplatte der erweiterten Bonner Durchmusterung, 1886, Kat. Nr. 230

Das Verdienst des Bonner Astronomieprofessors Friedrich Wilhelm Argelander (1799–1875) war es, dass er ein Verfahren zur Messung der Entfernung und somit der Position von Sternen entwickelte und sich 1852 bis 1862 dem Nördlichen Sternenhimmel widmete: Mit der sogenannten Bonner Durchmusterung, der ersten systematischen Erfassung des Sternenhimmels der Neuzeit, erstellte er einen Sternkatalog und -atlas, der nicht weniger als 324 198 Sterne verzeichnet. Mit Hilfe eines von Joseph von Fraunhofer konstruierten »Kometensuchers« (heute im Argelander-Institut für Astronomie in Bonn) bestimmten Argelander und seine Assistenten die Positionen von Sternen bis zur Größe 9.5 oder teilweise 10 im Deklinationsbereich von 89° bis –2° (wobei die Deklination mit einer Kugelkoordinate die Position von Himmelskörpern angibt; Plus- oder Minuswerte verweisen auf Positionen nördlich bzw. südlich des Himmelsäquators).

Einer der Mitarbeiter bei diesem aufwendigen Projekt war Eduard Schönfeld (1828–1891), der Argelander 1875 als Professor und Direktor der Bonner Sternwarte nachfolgte und noch im selben Jahr mit der Südlichen Durchmusterung begann, bei der er bis 1881 am (von Bonn aus sichtbaren) südlichen Sternenhimmel 133 659 Sterne erfasste. Er verwendete hierfür den von dem Hamburger Optiker Hugo Schröder gebauten Schröder-Refraktor, der heute im Observatorium Hohe List in der Eifel zu besichtigen ist.

Die Nördliche und die Südliche Durchmusterung ergänzte die von 1892 bis 1914 im argentinischen Córdoba durchgeführte Córdoba-Durchmusterung, die im Deklinationsbereich von –22° bis –89° ca. 578 000 Sterne des Südhimmels erfasste. Seitdem beruhen alle Durchmusterungen auf astrofotografischen Aufnahmen, bei denen mehrere Sternwarten kooperieren. *UH*

Braun, Wernher von → siehe Essay Seite 33–36

Buran Buran (russ. Schneesturm) ist die Bezeichnung für eine von der Sowjetunion entwickelte wiederverwendbare Raumfähre. Mit diesem aufwendigsten Projekt ihrer Geschichte (mit zeitweilig ca. 30 000 Beteiligten) reagierte die sowjetische Raumfahrt ab 1976 auf das amerikanische → Space Shuttle. Nach mehreren bemannten Testflügen von Prototypen im suborbitalen Bereich wurde die 36 Meter lange und 80 Tonnen schwere Raumfähre, die auf eine Nutzlast von 30 Tonnen ausgelegt war, jedoch nur ein einziges Mal im Orbit eingesetzt, für eine unbemannte Mission 1988. Nach dem Ende der UdSSR lag das Projekt zunächst auf Eis und wurde 1993 eingestellt. Die Raumfähre Buran selbst wurde 2002 beim Einsturz einer Lagerhalle in → Baikonur zerstört. *UH*

Die sowjetische Raumfähre Buran, 15. November 1988

Michael J. Neufeld

WERNHER VON BRAUNS FAUSTISCHER PAKT

Die Kontroverse über Wernher von Braun – den berühmten Raketeningenieur und Wegbereiter der Raumfahrt – geht weiter. Ende des Jahres 2013 gab das Wernher-von-Braun-Gymnasium im bayerischen Friedberg bekannt, es werde seinen Namen ändern, nachdem eine Fernsehdokumentation die Schule unter Beschuss genommen hatte – der Höhepunkt mehrjährigen politischen Drucks, unter den die nationalsozialistische Vergangenheit ihres Namenspatrons sie gesetzt hatte. Zwar hielt ich es für eine richtige Entscheidung, sich von dem Namen zu trennen, da von Braun heute nicht mehr als Vorbild für die Jugend betrachtet werden kann, doch es erschreckte mich, wie plump und nachlässig in dieser Dokumentation mit den Belegen über sein Verhalten im »Dritten Reich« umgegangen wurde.[1] Es ist alles so viel einfacher, wenn man ihn als einen von vielen Nazi-Tätern darstellen kann. Zwar wird niemand mehr bezweifeln können, dass er irgendwie in Verbrechen gegen die Menschlichkeit verwickelt war, doch seine komplizierte Haltung zum Nationalsozialismus und seine Rolle im NS-System sind nicht so einfach auf eine Schwarz-Weiß-Formel zu reduzieren.

Wernher von Braun wurde 1912 mit dem Titel eines Freiherrn in die preußische Aristokratie hineingeboren. Seine Familie vererbte ihm eine konservative nationalistische Haltung und eine Abneigung gegen die Demokratie. In den letzten beiden reaktionären Kabinetten der Weimarer Republik, die der Machtergreifung Hitlers im Januar 1933 unmittelbar vorangingen, war sein Vater Reichsernährungsminister. Doch Wernher schenkte der Politik damals wenig Aufmerksamkeit, er war ganz und gar von der Raumfahrt besessen. Als Teenager hatte er sich in den 1920er-Jahren für die Raumflugliteratur begeistert, die damals ihre erste Blüte erlebte, und er wurde von dem Ehrgeiz gepackt, der erste Kommandeur einer Expedition zum Mond zu werden (Abb.1). 1928 schloss er sich dem

1 Wernher von Braun, rechts, in der Hermann Lietz Schule in Ettersburg bei Weimar, Herbst 1925

Verein für Raumschiffahrt an, und nachdem im Herbst 1930 von diesem Verein der Raketenflugplatz Berlin eingerichtet worden war, nahm er an den Experimenten auf seinem Gelände teil. Im Sommer 1932, noch während seines Studiums an der Technischen Hochschule zu Berlin in Charlottenburg (heute Technische Universität Berlin) sollte die Reichswehr seinem Leben eine neue Richtung geben. Bei einer missglückten Vorführung auf dem Raketenflugplatz wurde sein Talent von Offizieren des Heereswaffenamts (HWA) erkannt. Auch sein Vater, der eben erst zum Minister ernannt worden war, könnte sich bei der Führung der Reichswehr für ihn eingesetzt haben. Jedenfalls konnte Wernher von Braun mit Unterstützung der Reichswehr geheim gehaltene Forschungsarbeiten zum Flüssigkeitsraketenantrieb durchführen und an der Berliner Friedrich-Wilhelms-Universität in Physik promovieren. Das HWA interessierte sich einerseits für die Möglichkeiten, mit Hilfe von Feststoffraketen Schlachtfelder mit – dem Deutschen Reich durch den Versailler Vertrag verbotenem – Giftgas zu beschießen, andererseits aber auch für die viel exoterische Idee einer »Fernrakete« mit einem Flüssigkeitstriebwerk.[2] Am 1. Dezember 1932 begann er auf dem Gelände der Heeresversuchsanstalt Kummersdorf südlich von Berlin mit seinen Experimenten. Acht Wochen später, als ein neues Kabinett mit Hitler als Reichskanzler gebildet wurde, verlor sein Vater seinen Posten.

Von Brauns NS-Karriere kann, wie ich darzulegen versucht habe, als eine Art faustischer Pakt verstanden werden, ein Handel, den er wie schlafwandelnd einging; die Implikationen dieses Teufelspaktes wurden ihm erst voll und ganz bewusst, als es zu spät war.[3] Es war kein gezielter Verkauf der Seele, sondern ein Geschäft, das sich fast unmerklich entwickelte. Er sah, dass die Experimente des mittellosen Vereins für Raumschiffahrt in eine Sackgasse führten und dass der Fortschritt in der Raketentechnik nur mit gewaltigen finanziellen Anstrengungen vorangetrieben werden konnte. 1950 schrieb er in einem Rückblick: »Es ist viel darüber geredet worden, dass der Raketenflugplatz sich schließlich ›an die Nazis verkaufte‹. 1932 jedoch […] waren die Nazis noch gar nicht an der Macht, und Hitler war für uns alle nichts weiter als einer dieser Scharlatane auf der politischen Bühne. Unser Verhältnis zur Armee glich dem der frühen Flugpioniere, die […] den Geldbeutel des Militärs für ihre eigenen Zwecke zu melken versuchten und keine moralischen Skrupel hatten, was den möglichen künftigen Missbrauch ihrer Ideen betraf. Wir stellten uns in diesen Diskussionen nur die Frage, wie die goldene Kuh am erfolgreichsten gemolken werden konnte«[4] – eine unverblümt amoralische Aussage. Tatsächlich bedeutete die Unterstützung durch die Reichswehr für von Braun eine Legitimation seiner Arbeit in den Augen seines Vaters und seiner »Junker«-Verwandtschaft, darunter viele Offiziere, und er wird seine Forschungen durchaus auch als einen Dienst am Vaterland betrachtet haben. Als Hitler dann die Wiederaufrüstung forcierte, profitierte davon natürlich auch die Raketenentwicklung. Mitte 1934 hatte von Braun seinen Doktortitel und ein kleines Flüssigkeitsraketen-Team in Kummersdorf. 1936 plante er ein großes neues Raketenzentrum in Peenemünde an der Ostseeküste, eine von Luftwaffe und Heer gemeinsam betriebene Versuchsanstalt. Ein Jahr später, er war jetzt 25 Jahre alt, waren ihm dort als technischem Direktor mehr als 400 Menschen unterstellt; fünf Jahre später waren es mehrere tausend. Sein enormes Talent, komplexe technische Projekte zu leiten, machte ihn zu einem Favoriten der Führung des HWA. Er ließ sich von den fantastischen Möglichkeiten verführen, die die Armee ihm unter Hitler bieten konnte: Geld, Macht und Ressourcen für seine Raketenobsession, offenbar ohne große Gegenleistungen erbringen zu müssen.

Wernher von Braun wurde zu einem Anhänger Hitlers, zeigte aber nie großes Interesse an der Rassentheorie oder den Organisationen der Nationalsozialisten, und es gibt keine Hinweise auf eine antisemitische Einstellung. Er wurde jedoch langsam immer enger in das Regime und dessen Machenschaften eingebunden. 1933/34 war er Mitglied einer SS-Reiterstaffel in Berlin, wahrscheinlich, weil Studenten unter Druck gesetzt wurden, sich paramilitärischen Nazi-Organisationen anzuschließen, doch nach seiner Promotion trat er wieder aus. 1937 trat er, als man ihm dies nahelegte, in die NSDAP ein (Abb. 2), und 1940 wurde er auf indirekten Druck des Reichsführers-SS Heinrich Himmler SS-Offizier. 1943 beförderte Himmler ihn zum Sturmbannführer. Dreimal, 1939, 1941 und 1943,

2 Von Braun in Peenemünde, er trägt das NSDAP-Abzeichen, Sommer 1938

3 Der französische Physiker Charles Sadron, links, war ein Zwangsarbeiter in der Werksanlage der Mittelwerk GmbH, 1944

informierte er Adolf Hitler persönlich über den Stand der Raketenentwicklung. Als die Führung des Raketenprogramms der Wehrmacht und Albert Speers Reichsministerium für Bewaffnung und Munition (ab 2. Juni 1943: Reichsministerium für Rüstung und Kriegsproduktion) im Frühjahr 1943 beschlossen, in Peenemünde ein KZ-Außenlager einzurichten, um die Häftlinge für den Bau der V2-Rakete einzusetzen, war von Braun in die Planungen einbezogen, und als die Produktion in die unterirdische Raketenfabrik Mittelwerk bei Nordhausen verlegt wurde, war er Augenzeuge der menschenunwürdigen Bedingungen, unter denen die Häftlinge im KZ Mittelbau-Dora leben und arbeiten mussten. Zwar setzte er sich dort persönlich für den französischen Physiker Charles Sadron ein (Abb. 3), doch er war in Entscheidungen über den Einsatz der Häftlinge einbezogen, und im Juli 1944 suchte er sogar den Kommandanten des Konzentrationslagers Buchenwald auf, um geeignete Arbeitskräfte ins Lager Mittelbau-Dora überstellen zu lassen. Damit machte er sich zum Mittäter.[5] Einige Monate zuvor, im März 1944, war er jedoch von der Gestapo festgenommen und zehn Tage lang in Haft gehalten worden; in angetrunkenem Zustand hatte er, so hieß es, gesagt, der Krieg sei verloren und er würde lieber ein Raumschiff als eine Waffe bauen. Nur durch die Intervention seines militärischen Vorgesetzten und Mentors, Generalmajor Walter Dornberger, und Speers wurden er und zwei seiner Kollegen gerettet. Mehrere Zeugenaussagen belegen seinen Glauben an Hitler und das NS-Regime, aber vielleicht schon nach dem, was er im Mittelwerk gesehen hatte, spätestens jedoch nach seiner Verhaftung setzte die Ernüchterung ein. Im Nachhinein erkannte er, welchen Handel er eingegangen war. In den letzten Kriegsmonaten sah man ihn häufig in seiner SS-Uniform, weil er sich darin sicherer fühlte, doch Himmlers Vertrauen hatte er verloren. Von Braun überlebte den Krieg durch Glück und weil er für das V2-Programm unverzichtbar war. Im September 1944 wurden die ersten V2-Raketen gegen westliche Ziele abgefeuert (Abb. 4). Am 2. Mai 1945 stellte von Braun sich in den Alpen der US-Armee.

Seine Festnahme erwies sich nach dem Krieg als Glücksfall; so wurde er zu dem Nazigegner, der er nie gewesen war. Von entscheidender Bedeutung war auch, dass die amerikanische Öffentlichkeit erst in den 1980er Jahren von seiner SS-Mitgliedschaft und vom Lager Mittelbau-Dora erfuhr. Als er 1977 im Alter von nur 65 Jahren einer Krebserkrankung erlag, war der Sturm noch nicht losgebrochen. Dies geschah erst sieben Jahre später, als das Justizministerium der Vereinigten Staaten bekanntgab, dass einer der engsten Mitarbeiter von Brauns,

4 Ende 1944 verlieh Hitler von Braun das Ritterkreuz des Kriegsverdienstkreuzes für die A-4/V-2. In Peenemünde mit dabei sind Ernst Steinhoff, links, und Gerhard Degenkolb, 16. Dezember 1944

Arthur Rudolph, der als Betriebsdirektor der Mittelwerk GmbH für den Einsatz der Lagerhäftlinge verantwortlich gewesen war, die US-amerikanische Staatsbürgerschaft niedergelegt hatte und nach Deutschland emigriert war, um einem Ausbürgerungsverfahren zu entgehen. Von Brauns Reputation erlitt posthum großen Schaden.

Niemand kann von Brauns historische Bedeutung leugnen. Sein Vermächtnis umfasst vier fundamentale Leistungen:

1. Die Entwicklung der V2, der ersten großen Rakete der Welt, ohne die die Interkontinentalrakete und die Trägerrakete wohl erst ein Jahrzehnt später zur Produktionsreife gelangt wären.
2. Die öffentlichkeitswirksame Werbung für das amerikanische Raumfahrtprogramm in den 1950er Jahren.
3. Die Initiierung und den Start des ersten amerikanischen Satelliten im Jahr 1958.
4. Die Entwicklung der gigantischen Saturn-V-Trägerrakete, die zwischen 1968 und 1972 Amerikaner zum Mond brachte (s. Abb. 5).

5 Wernher von Braun, 1968

Weder der faustische Pakt, den er mit dem »Dritten Reich« einging, noch der Preis, den die Häftlinge in den Arbeitslagern für seine Rakete zahlten, können jedoch vergessen werden. So komplex seine Beziehungen zum Nationalsozialismus auch waren, diese Tatsachen werden auf ewig einen Schatten auf sein Vermächtnis werfen.

Anmerkungen

1 Die Sendung findet sich unter http://www.rbb-online.de/kontraste/archiv/kontraste-vom-12-12-2013/umstrittener-namensgeber-wernher-von-braun-zwischen-ss-und-nasa.html; aufgerufen am 21. Januar 2014.

2 Neufeld, Michael J., *Die Rakete und das Reich: Wernher von Braun, Peenemünde und der Beginn des Raketenzeitalters*, 2. verbesserte Auflage, Berlin 1998 (*The Rocket and the Reich: Peenemünde and the Coming of the Ballistic Missile Era*, New York 1995, und: The Reichswehr, the Rocket and the Versailles Treaty: A Popular Myth Reexamined, *Journal of the British Interplanetary Society* 53, 2000, S. 163–172.

3 Neufeld, Michael J., *Wernher von Braun: Visionär des Weltraums, Ingenieur des Krieges*, München 2009 (*Von Braun: Dreamer of Space, Engineer of War*, New York 2007).

4 Von Braun, Wernher, *Behind the Scenes of Rocket Development in Germany 1928 through 1945*, Manuskript in den U.S. Space and Rocket Center Archives, Huntsville, Alabama, Von Braun Papers, file 702–20.

5 Siehe Neufeld, Michael J., Wernher von Braun, the SS and Concentration-Camp Labor: Questions of Moral, Political and Criminal Responsibility, *German Studies Review* 25, 2002, S. 57–78. Das Schlüsseldokument ist ein Brief Wernher von Brauns an Albin Sawatzki vom 15. August 1944, Archiv des Deutschen Museums in München, GD 638.8.2. Zum Lager siehe Wagner, Jens-Christian, *Produktion des Todes: Das KZ Mittelbau-Dora*, Göttingen 2001.

C

Cape Canaveral Die auf Merrit Island in Florida gelegene Cape Canaveral Air Force Station der US-Luftwaffe ist ein amerikanisches Raketenstartgelände. Seit den 1950er Jahren starten hier → Trägerraketen (die erste war im Juli 1950 eine sogenannte Bumper-Rakete, d.h. eine nach dem Zweiten Weltkrieg in Deutschland erbeutete → V2-Rakete, der eine Oberstufe hinzugefügt worden war). In Cape Canaveral hatten auch die ersten bemannten Raumflüge der USA ihren Ausgangspunkt. Das → Space Shuttle hingegen startete vom angrenzenden Gelände aus, dem Kennedy Space Center. *FL/UH*

Journalisten, Fotografen und TV-Reporter warten in Cape Canaveral auf den Start der Mercury-Atlas-6-Mission, 20. Februar 1962

Celestografie Der schwedische Schriftsteller August Strindberg (1849–1912) widmete sich neben seiner literarischen Tätigkeit der Malerei und Fotografie und baute selbst einfache Kameras. Als Celestografie bezeichnete er das von ihm entwickelte Verfahren, den Nachthimmel zu fotografieren, ohne eine Kamera oder auch nur eine Linse zu verwenden (s. auch Abb. S. 224). Für seine Celestografien legte er fotografische Platten auf den Boden oder die Fensterbank und ließ sie vom Sternenhimmel belichten. Wahrscheinlich geben die so entstandenen dunklen, von Punkten übersäten Bilder nicht nur den Nachthimmel wieder (sie haben eine gewisse Ähnlichkeit mit modernen Teleskopaufnahmen vom All), sondern enthalten auch Schmutzpartikel bzw. kamen durch die Beteiligung von Tautropfen und sonstigen chemischen Vorgängen zustande.

August Strindberg, *Celestografie*, 1894, Kat. Nr. 248

Zu einigen heute in der Schwedischen Nationalbibliothek aufbewahrten Celestografien der Jahre 1893/94 gehört ein Brief, den Strindberg mit mehreren Bildern möglicherweise an den berühmten französischen Astronomen Camille Flammarion sandte. Vielleicht erhoffte er sich von diesem wissenschaftliche Anerkennung, möglicherweise sind seine atmosphärischen Aufnahmen aber eher in den Bereich der experimentellen Kunst einzuordnen. *UH*

Chandra X-Ray Observatory → Great Observatory Program

Collins, Eileen Marie Eileen Marie Collins (geb. 1956) ist eine amerikanische Astronautin und war die erste Frau überhaupt, die als Kommandantin ins Weltall flog. 1986 bewarb sich die ehemalige Air-Force-Pilotin und damalige Mathematikdozentin und Flugausbilderin bei der → NASA, doch wurde sie erst 1990 in das Astronautenprogramm aufgenommen – als erste und einzige Frau in der US-Raumfahrt. Außerdem war Collins 1995 die erste Pilotin eines → Space Shuttles (sie dockte mit der Discovery an die russische → Raumstation → MIR an) und 1999 die erste Frau, die eine Raumfähre kommandierte (den Flug STS-93 der Columbia, des ersten wiederverwendbaren Space Shuttles, das 2003 kurz vor der Landung verglühen sollte). Der erste Flug nach der Columbia-Katastrophe fand 2005 erneut mit dem Space Shuttle Discovery statt, auch hier war Collins, die sich im folgenden Jahr aus der Raumfahrt zurückzog, Kommandantin. *UH*

Die Astronautin Eileen M. Collins, Kommandantin der STS-93-Mission, Juli 1999

Columbus – Weltraumlabor ISS Columbus ist das europäische Labor auf der internationalen → Raumstation → ISS und ermöglicht Langzeitforschungen unter Weltraumbedingungen, die auf der → Erde aufgrund der → Schwerkraft nicht möglich sind (s. auch Abb.

A B C D E F G H I J K L M N O P Q R S T U V W X Y Z

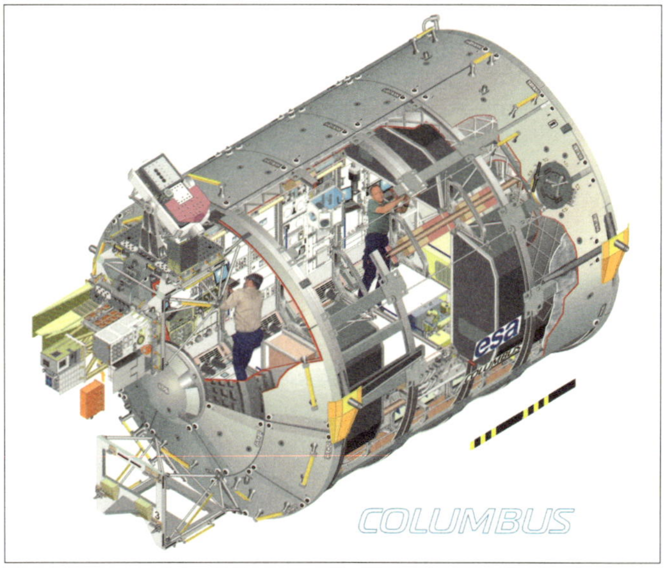

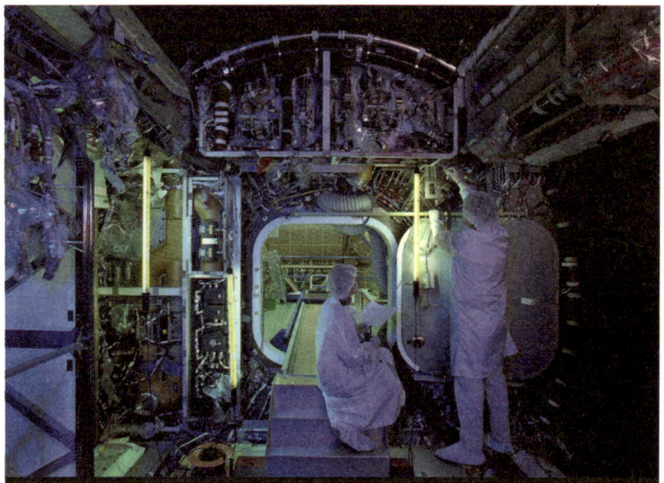
Schematische Darstellung und Foto des Columbus-Weltraumlabors

S. 20). Es ist 8 Meter lang und bietet drei Besatzungsmitgliedern der ISS Raum zum Experimentieren. 2008 wurde der 13-Tonner von der Raumfähre Atlantis ins All befördert. *FL*

Compton Gamma Ray Observatory → Great Observatory Program

Countdown Ein Countdown – das Herunterzählen bis zum Start bei Null – ist ein älteres Verfahren, das 1929 zum ersten Mal mit Raketen in Verbindung gebracht wurde: Zur Steigerung der Spannung blendete der Regisseur Fritz Lang in dem UFA-Stummfilm *Frau im Mond* vor dem Start einer Mondrakete entsprechende Schrifttafeln ein. Daran erinnerten sich deutsche Wissenschaftler, als im Rahmen der Entwicklung von Raketen während des Zweiten Weltkrieges die Tätigkeiten unmittelbar vor dem Start immer komplexer wurden und in kürzester Zeit in einer bestimmten Reihenfolge zu erledigen waren. Der Countdown wurde nach Kriegsende – als viele der deutschen Raketenspezialisten für die USA oder die UdSSR weiterarbeiteten – für Raketenstarts in der westlichen Welt charakteristisch, von der sowjetischen Raumfahrt jedoch nicht übernommen. *UH*

Crawler (Abb. Seite 39) Der Crawler ist mit einem Gewicht von ca. 2700 Tonnen das größte sich selbst versorgende Fahrzeug überhaupt. Die beiden Fahrzeuge dieses Typs brachten während des → Apollo-, des → Skylab- und des Apollo-Sojus-Programms Raketen zur Abschussrampe, später beförderten sie (letztmals 2011) die → Space Shuttles der → NASA vom Vehicle Assembly Building zu den an der Atlantikküste Floridas gelegenen Startplätzen des Kennedy Space Center. Für diese 5,6 Kilometer lange Strecke wurden 350 Liter Diesel pro Kilometer und etwa fünf Stunden benötigt – was auf die eher gemächliche Geschwindigkeit hinweist, die dem Crawler (deutsch: Kriecher) seinen Namen gab. *UH*

Curiosity → Mars Rover

Der Mars Rover Curiosity auf dem Mars, 2012

Tom Sachs, *The Crawler*, 2003, Kat. Nr. 299

D

DEOS DEOS steht für Deutsche Orbitale Servicing Mission. Hierbei handelt es sich um ein Projekt, bei dem erdnahe, unkontrollierbare → Satelliten sicher angeflogen, eingefangen und gezielt zum Verglühen in die Erdatmosphäre gebracht werden sollen. So soll die Kollisionsgefahr gesenkt und Platz für neue, funktionsfähige Satelliten im Erdorbit geschaffen werden. Es wird angenommen, dass sich mehr als 600 000 Objekte, sogenannter → Weltraumschrott, in der Umlaufbahn der → Erde befinden. *FL*

Design

Philipp Meuser

RAUMKUNST FÜR DAS LEBEN IN EINER ANDEREN WELT

Galina Balaschowa, Designerin der sowjetischen Raumfähren Sojus, MIR und Buran

1 Galina Balaschowa und Philipp Meuser im November 2013

In der Sowjetunion genossen die Raumfahrt und die mit ihr verbundene Raketentechnik oberste Priorität. Denn mit dem Start des ersten künstlichen Erdsatelliten Sputnik im Jahr 1957 und mehr noch mit dem ersten bemannten Raumflug durch Juri Gagarin vier Jahre später erreichte der Kalte Krieg eine neue Stufe: Es begann ein Wettstreit beider politischer Systeme um die Vorherrschaft im Weltraum, galt doch die Raumfahrt als Maßstab für gesellschaftliche Leistungsfähigkeit und Fortschrittlichkeit. Doch neben den militärischen und politischen Aspekten stand auch der bis in die Antike zurückreichende Traum der Menschheit von der Überwindung der räumlichen Grenzen, der Eroberung des Himmels. Die beispiellose Weltraumbegeisterung der kosmischen Ära zeigt sich auch im futuristischen Formenvokabular der sowjetischen Baukunst, in den Utopien der sogenannten Papierarchitekten und in den Bauten für die sowjetische Raumfahrt in Baikonur oder Koroljow bei Moskau. Bis heute werden die Kosmonauten, die nicht nur wissenschaftliche Versuche im Weltraum durchführten, sondern als Teil der sowjetischen Propagandamaschine zu Friedensstiftern hochstilisiert wurden, als Helden gefeiert. Zuletzt gehörte Walentina Tereschkowa, 1963 die erste Frau im Weltraum, zu den stolzen Fahnenträgern bei den Olympischen Spielen in Sotschi. Walentina Tereschkowa und Juri Gagarin als erste Menschen ihres Geschlechts im All, Alexei Leonow als erster Weltraumspaziergänger und Sergei Krikaljow mit seinen über 800 Tagen längster Weltraumflieger sind die wenigen Namen, die hierzulande für das sowjetische Raumprogramm stehen. Erst allmählich treten auch andere Protagonisten von einst aus der Anonymität und offenbaren einen eigenen Kosmos zwischen technischer und gestalterischer Experimentierfreude.

Zu diesen kreativen Köpfen gehört Galina Balaschowa (geb. 1931), die Designerin im Dienste des sowjetischen Experimental-Konstruktionsbüros OKB-1 und späteren Raumfahrtkonzerns Energija (Abb. 1). Galina Balaschowa ist zugleich die einzige Frau der Weltraumgeschichte, die mehr als drei Generationen von Raumfahrzeugen maßgeblich gestaltet hat. Auf ihrem Zeichentisch lagen die Konstruktionspläne von Sojus-Raketen, der Weltraumstation MIR und des Raumgleiters Buran – stolze Zeugnisse eines technischen Wettlaufs in der

Schwerelosigkeit zwischen den USA und der UdSSR. Balaschowas Aufgaben reichten von der ergonomischen Gestaltung eines Wohn- und Schlafbereichs über die komfortablen Kosmonautensitze (s. Abb. 3) bis zum Design einer weltraumtauglichen Toilette. Parallel gestaltete sie auch Medaillen und Missionsabzeichen, darunter die Bildmarke für die weltpolitisch bedeutende Begegnung von Amerikanern und Sowjets im Rahmen des Apollo-Sojus-Programms im Jahre 1975.

Da ihre Tätigkeit als Angestellte des Weltraumkonzerns Energija der Geheimhaltung unterlag, blieben ihre sensationellen Entwürfe für die »sowjetischen Helden« im Weltall der Öffentlichkeit unbekannt. Erst nach der Auflösung der Sowjetunion erfuhren ihre Architektenkollegen von der Existenz einer der wohl ungewöhnlichsten Aufgaben der Baukunst: Denn Galina Balaschowa entwarf in ihren 34 Jahren im Dienste der Kosmonautik Behausungen, die sich den Gesetzen der Schwerkraft entzogen. Für die talentierte Künstlerin war Routine, worüber sich die Generation der russischen Konstruktivisten zuvor die Köpfe zerbrochen hatte: eine Architektur ohne Bodenhaftung, frei schwebend im Raum.

Balaschowa begann ihre Architektenlaufbahn im Jahr 1955 in Kuibyschew (heute Samara). Zu jener Zeit wurde die Bauwirtschaft auf industrielle Produktionsmethoden umgestellt, und die junge Architektin erhielt die Aufgabe, Entwürfe für Wohnungsbauten von überflüssigen Dekorelementen wie Stuck und Skulpturen zu befreien. Diese Schulung sollte ihr in der weiteren Karriere von Nutzen sein, denn nach Heirat und Umzug zurück nach Moskau nahm Galina Balaschowa eine Stelle im OKB-1 an, wo gerade der Sputnik-Erfolg gefeiert wurde. Zunächst projektierte sie dort Wohnbauten für die mehreren tausend Angestellten des Konstruktionsbüros. Im Jahr 1963 lud der Leiter

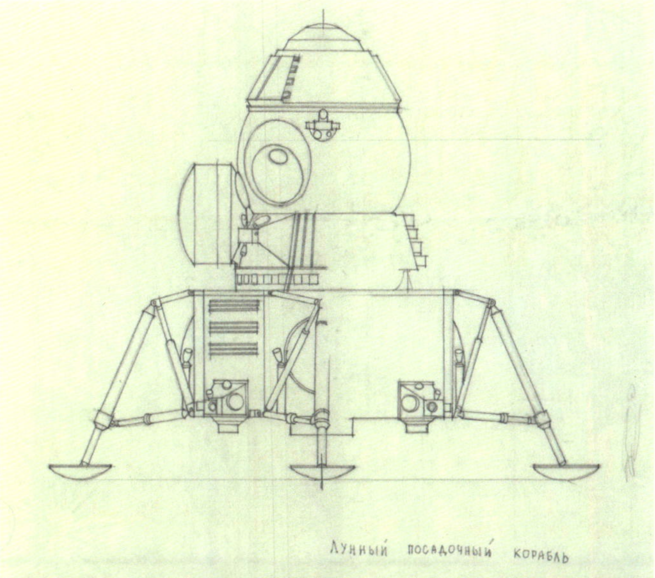

2 Die Mondorbitalstation gehörte zum bemannten Mondprogramm der Sowjetunion und damit zu einem der bestgehüteten Geheimnisse des staatlichen Konstruktionsbüros.

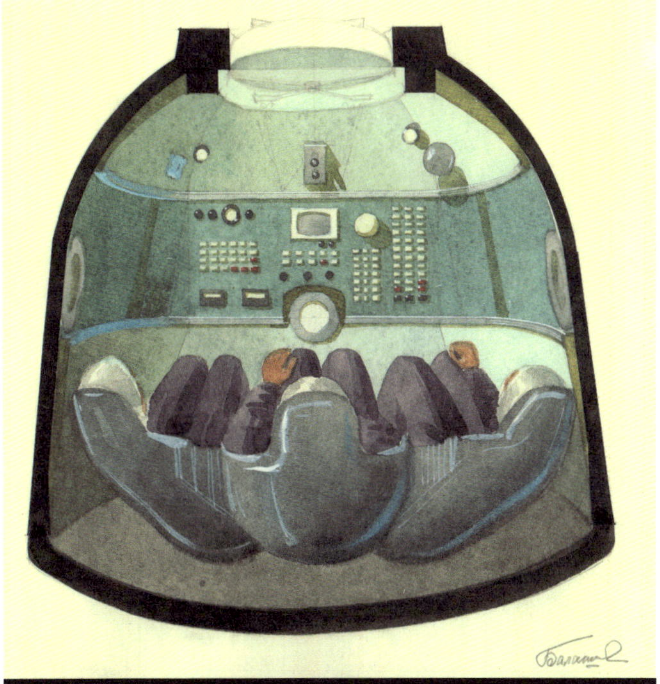

3 Für die Trägerrakete Sojus entwarf Galina Balaschowa u.a. die Kommandozentrale mit den bis heute typischen Sitzen. Im angeschnallten Zustand können die Kosmonauten die Schalter und Hebel nur mit Hilfe eines Stabs bedienen. Die Schnittansicht ist mit Aquarellfarben koloriert.

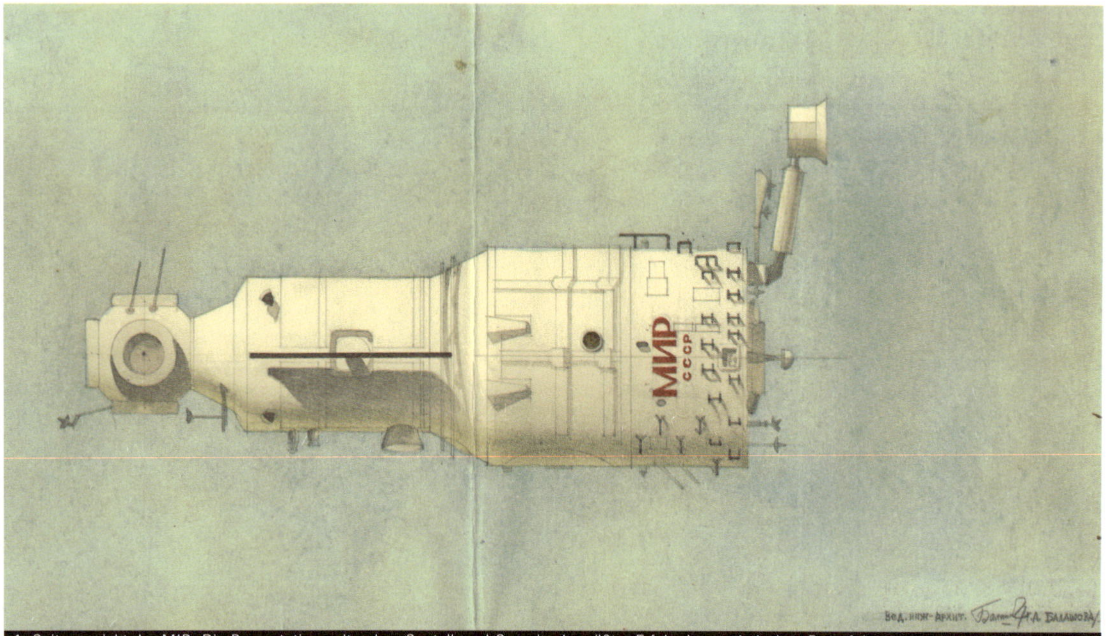

4 Seitenansicht der MIR: Die Raumstation galt neben Sputnik und Gagarin als größter Erfolg der sowjetischen Raumfahrt. Galina Balaschowas aquarellierte Ansicht zeigt die Anordnung der den Bajonettverschluss einer Kamera nachahmenden Modulverbindungen. Auffällig am rechten Teil der Mir sind die Haltegriffe für Außenbordeinsätze zu erkennen.

des OKB-1 und Weltraumpionier Sergei Koroljow die einzige Architektin in seinem Betrieb ein, Entwürfe für den Wohnbereich der gerade in Planung befindlichen Raumschiffe der Sojus-Reihe anzufertigen. Dieser erste Sonderauftrag, den sie am Wochenende zu Hause ausführte, war der erste Schritt eines der ungewöhnlichsten Architektenwerke im 20. Jahrhundert. Da die Kollegen in ihrer Abteilung überwiegend Bauingenieure waren, entwickelte sich Balaschowa bald zum kreativen Kopf des sowjetischen Raumfahrtprogramms. Dennoch blieben ihre Arbeiten geheime Verschlusssachen, galt es doch, der amerikanischen Konkurrenz durch die Optimierung der eigenen Technik voraus zu sein. Schon 1964 erhielt sie den Posten der Chefingenieurin des sowjetischen Mondprogramms. Ihre Aufgabe bestand in der Projektierung des Mondorbitalraumschiffes, das jedoch nie zum Einsatz kam (Abb. 2).

In den folgenden drei Jahrzehnten eiferte die sowjetische Kosmonautik der amerikanischen Konkurrenz nach. Den Wettlauf um den ersten bemannten Flug zum Mond hatte die UdSSR zwar verloren, doch Balaschowas Arbeitsschwerpunkt blieb das Interieur von Raumschiffen und Raumstationen. Neben den Trägerraketen Sojus-T und Sojus-TM sind es vor allem ihre Entwürfe für das Basismodul der Internationalen Raumstation ISS, die bis heute im Einsatz sind. Ab 1976 arbeitete der Konzern Energija an der Raumstation MIR, die zehn Jahre später ins All flog (Abb. 4 und Abb. S. 199). Das Basismodul mit Cockpit und Wohnbereich bewährte sich so gut, dass diese Station als Modifikation für die ISS-Planung diente.

Während ihrer gesamten Tätigkeit als Weltraumarchitektin stand für Galina Balaschowa die Arbeit als Raumkünstlerin im Vordergrund. Sie war verantwortlich für Fragen von der Raumproportion über die psychologische Wirkung von Farben und Materialien bis zur funktionalen Verteilung der technischen Ausrüstung. Zugleich mussten auch Sicherheitsfragen beantwortet werden. Dies reichte von der Fixierung von Gegenständen in der Schwerelosigkeit des Raumes bis zur Fixierung der Kosmonauten während des Schlafes. Bei der Innenraumgestaltung legte Balaschowa Wert auf eine Farbgebung der Orientierung, bei der dunkle Farben den Boden und helle Farben die Decke suggerierten (s. Abb. S. 199). Bei der Auswahl der Materialien ging es vor allem um die

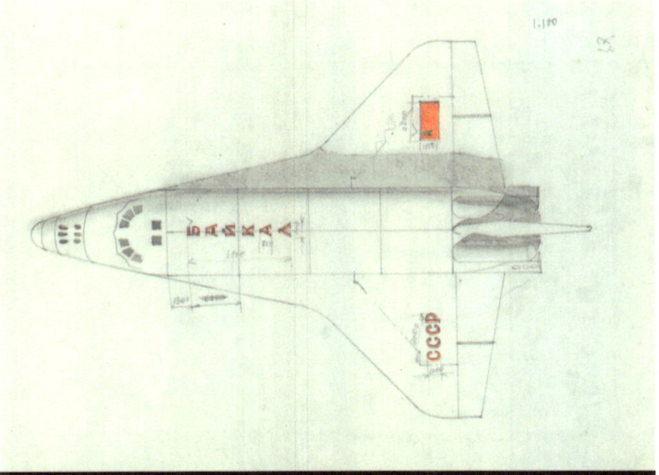

5 Technische Zeichnung des Raumgleiters Buran: Galina Balaschowa übernahm beim sowjetischen Konkurrenzprodukt zum US-amerikanischen Space Shuttle u.a. die typografische Gestaltung. Die Flagge der UdSSR war so groß wie ein Bett, der Name Baikal fast sieben Meter lang. Das Original der Aufsicht wurde von Balaschowa im Maßstab 1:100 gezeichnet.

Frage nach deren Entflammbarkeit oder toxischen Eigenschaften, die im Weltall ein tödliches Risiko hätten darstellen können. Außerdem lag die Innenbeleuchtung in ihrer Verantwortung.

Neben der Innenarchitektur zählte die Ausstattung zum Leistungsbild von Galina Balaschowa. So etwa entwarf sie verschiedene Möbel für die Wohnbereiche der Kosmonauten, darunter einen Schrank mit Bücherregal, ein Sofa und einen Klapptisch. Viele Ideen kamen über das Stadium des farbigen Aquarells nicht hinaus und verschwanden wieder in den Schubladen. Nach ihrer Pensionierung holte Galina Balaschowa all diese Blätter und Skizzenpapiere wieder hervor – im Zuge von Glasnost und der Auflösung der Sowjetunion galten ihre Arbeiten nicht mehr als Staatsgeheimnis. Dennoch dauerte es über 20 Jahre, bis das Werk der Weltraumarchitektin außerhalb Russlands gezeigt werden konnte. Die betagte Architektin wohnt seit über 50 Jahren in Koroljow, dem Zentrum der russischen Weltraumfahrt, etwa 30 Kilometer nordöstlich von Moskau.

A B C D E F G H I J K L M N O P Q R S T U V W X Y Z

Deutsche Raumfahrer Reinhold → Ewald // Klaus-Dietrich Flade // Reinhard Furrer // Alexander → Gerst // Sigmund → Jähn // Ulf Merbold // Ernst Messerschmid // Thomas Reiter // Hans Schlegel // Gerhard Thiele // Ulrich Walter. *FL*

DLR Das DLR ist das Deutsche Zentrum für Luft- und Raumfahrt. Zusammen mit Kooperationspartnern im In- und Ausland befasst sich dieses Forschungszentrum der Bundesrepublik Deutschland mit Forschungs- und Entwicklungsarbeiten in den Bereichen Luft- und Raumfahrt, Energie, Verkehr und Sicherheit. Im Auftrag der Bundesregierung ist es für die deutschen Raumfahrtaktivitäten zuständig; auch ist es Träger für die Projekte mehrerer Ministerien, die unter seiner Federführung umgesetzt werden.

Die Aktivitäten des DLR an seinen 16 Standorten sind äußerst vielfältig und reichen von der Erforschung von Erde und Sonnensystem über Forschungen, die dem Erhalt der Umwelt dienen, bis zur konkreten Entwicklung von hierfür notwendigen Technologien. Es unterhält Großforschungseinrichtungen sowohl für seine eigenen Projekte als auch für solche der Wirtschaft. Zu seinen weiteren Aufgaben gehören die Förderung des wissenschaftlichen Nachwuchses und die Beratung der Politik. *UH*

Die deutschen Rahmfahrer, von links nach rechts:
Gerhard Thiele, Reinhold Ewald, Klaus-Dietrich Flade, Ulrich Walter, Hans Schlegel, Ernst Messerschmid, Thomas Reiter, Sigmund Jähn, Ulf Merbold, Alexander Gerst

Draußen

Thomas Macho

VON DRAUSSEN ...

Die Frage nach dem Weltraum suggeriert die Vorstellung eines Raums, in dem sich die Welt selbst aufhält, frei nach dem unter Kindern immer noch beliebten Verfahren der Adressierung: Straße, Hausnummer, Stadt, Land, Kontinent, Planet, Universum. Jeder Raum ist – gleichsam wie die russische Matrjoschka-Puppe – in einem größeren Raum (oder einer größeren Puppe) enthalten: bis zum Weltraum, dem Superraum und Container aller anderen Räume und Container. Das Matrjoschka-Prinzip, mit dessen Hilfe die Räume ineinandergeschoben und verschachtelt werden können, operiert mit einer Leitdifferenz, die zu den elementaren Leitdifferenzen menschlicher Kulturen gehört: die Unterscheidung zwischen Drinnen und Draußen, Innen- und Außenraum; und diese Unterscheidung ist womöglich älter und relevanter als die Distinktionen zwischen Natur und Kultur, Freund und Feind oder Mann und Frau. Bereits die ältesten Wohnstätten der Menschen weisen die Spur einer Grenzziehung zwischen Drinnen und Draußen auf; so hat der Prähistoriker André Leroi-Gourhan die Wohnstätten des Moustérien beschrieben: Sie »bestehen aus einem Zentralbereich, in dem sich die Feuerstellen befinden und der relativ frei von Tierresten, aber reich an Steinwerkzeugen ist; umgeben ist dieser Zentralbereich von einem dichten Gürtel abgeschabter und zertrümmerter Knochen«. Der Neandertaler lebte also »umgeben von den Resten seiner Jagdbeute, die er ein wenig nach außen schob, um sich einen Raum zum Leben zu schaffen«.[1] Hinter dem Knochenwall, den sichtbaren Zeichen des Stoffwechsels, des Austauschs mit der Welt, begann das Draußen.

Aus derselben Zeit stammen die ältesten Bilder und Kunstwerke der Menschen. Die Abgrenzung eines geordneten Innenraums gegen die oft genug bedrohliche Außenwelt ließ unaufhaltsam jene Symbolisierungsprozesse fortschreiten, deren Ausdrucksvielfalt an den Wänden eiszeitlicher Höhlen bestaunt werden kann. Aus der Mitte des Drinnen begannen die Menschen, das Draußen zu entwerfen und zu gestalten. Als Abbild des Drinnen wurde das Draußen erhellt; als Abbild des Draußen wurde das Drinnen ritualisiert. Am Fuß des Mittelpfostens der Zelte wurden die ersten Opfer dargebracht; am Fuß jener »Himmelsleiter« also, welche die Schamanen der arktischen und eurasischen Ethnien bei ihren Trance-Reisen erkletterten.[2] In diesen Symbolisierungsprozessen entfesselte sich die paradoxe Genialität einer weltfremden Weltaneignung, die Fähigkeit, Drinnen und Draußen zu vertauschen, die ein Fluchtwesen auf den Einfall bringen konnte, seine Verfolger stellvertretend flüchten zu lassen; Anpassungszwänge wurden durch Distanzierungsstrategien minimiert. Wen die Welt ängstigte (frei nach dem Johannes-Evangelium), der konnte sich in einer Höhle verbergen; aber er konnte auch die Welt als Höhle auffassen und ordnen. Wer das Draußen fliehen wollte, konnte sich zurückziehen; aber er konnte auch das Draußen zum Rückzug zwingen und der Logik des Drinnen unterwerfen.

Intensiviert wurden diese Prozesse durch eine temporale Aufladung der Grenze zwischen Drinnen und Draußen. In gesteigerten Symbolisierungsschüben wurden Geburt und Tod als die eigentlichen Grenzen erfasst: als die zeitlichen Schranken zwischen Drinnen und Draußen, Diesseits und Jenseits. Mit der Symbolisierung von Geburt und Tod begann das Zeitalter der Religionen, die Epoche einer folgenreichen Vertikalisierung des Bewusstseins, der Einführung von Himmeln und Unterwelten als eigentlich relevanten Außenräumen. Lange vor der sogenannten »neolithischen Revolution« begann eine »kognitive Revolution«, die sich in einer neuen Antwort auf jene Fragen ausdrückte, die Ernst Bloch an den Beginn seines Hauptwerkes gestellt hat: »Wer sind wir? Wo kommen wir her? Wohin gehen wir? Was erwarten wir? Was erwartet uns?«[3] Irgendwann haben Menschen nicht mehr gesagt, sie kämen vom Land und gingen in die Stadt (oder umgekehrt); irgendwann hat sie die Frage nach ihrer Identität nicht mehr dazu verführt, von ihrem Lager, von der Zugehörigkeit zu ihrem Clan zu berichten. Irgendwann während dieser langen Prozesse der Distinktion von Drinnen und Draußen müssen sie – erschreckt oder verwundert – behauptet haben, dass es ein Draußen gibt, das sie auf ihren üblichen Wegen nicht erreichen können. Dieses zweite Draußen lag vor ihrem Eintritt in den Mutterleib und hinter dem Augenblick

1 *Wanderer am Weltenrand*, Holzschnitt, 1888, aus: Camille Flammarion, *L'Atmosphère. Météorologie populaire*, Paris 1883^{3}, S. 163

der Verwandlung eines lebendigen, atmenden Zeitgenossen in eine Leiche. Irgendwann wurde das zweite Draußen entdeckt und folgerichtig ein zweites Drinnen: ein Drinnen, das nun nicht mehr als Schutzraum allein, sondern ebenso gut als Gefängnis erfahren werden konnte – von Platons Höhlengleichnis bis zu Max Webers Spekulationen über das »stählerne« Weltgehäuse, von der Verzweiflung Hiobs bis zur buddhistischen Sehnsucht nach dem Nirwana, von der zoroastrischen Apokalyptik bis zur Schöpfungskritik Ciorans oder Becketts.

Dass die existenzielle Richtung der Frage nach dem Weltraum noch im 19. Jahrhundert, im Zeitalter der Phantastik und Science Fiction, nicht zu verschwinden drohte, sondern lediglich eine neue Gestalt annahm, lässt sich übrigens an einem außerordentlich berühmten Holzschnitt demonstrieren, dessen Herkunft nach wie vor ungeklärt ist (Abb. 1). Im deutschen »Dreikaiserjahr« 1888 erschien die dritte Auflage einer populären Darstellung der Meteorologie, die der Astronom Camille Flammarion, Begründer der »Société Astronomique de France«, erstmals im Jahr 1872 veröffentlicht hatte. Sie trug den Titel *L'Atmosphère* und befasste sich mit ebenso ungewöhnlichen wie faszinierenden Phänomenen: Regenbögen, Halo-Effekten, Lichtspiegelungen, Wirbelstürmen, Gewitterwolken und Kugelblitzen, Schneeflocken, Eiskristallen und Hagelkörnern, Sternschnuppen, Elmsfeuer, Nebel, Fata Morgana, Polarlicht (Aurora borealis) und den berüchtigten Wetterprodigien wie dem Blut- oder Froschregen. Schon die Erstausgabe war – mit 10 Lithografien und 86 Holzschnitten – reichhaltig illustriert.

Gezeigt wurden geometrische Figuren und Diagramme, Apparate, prominente Naturforscher wie Torricelli oder Lavoisier im Porträt und natürlich die rätselhaften Himmelserscheinungen selbst: Triple- oder Mondregenbögen, die legendären »Gespenster« auf dem Brocken, konzentrische Halos, eine Fata Morgana in Paris und der dichte Nebel auf Spitzbergen. Im Vergleich zur ersten Druckfassung enthielt die dritte Auflage von 1888 allerdings eine noch viel größere Anzahl von Illustrationen: 15 Farbtafeln, 2 farbige Karten und insgesamt 307 in den Text integrierte Holzschnitte. Nicht allein die Summe, sondern auch der Charakter der Abbildungen hatte sich inzwischen verändert; nun lag der Schwerpunkt stärker auf den rätselhaft wirkenden Phänomenen selbst, weniger auf Apparaten und Diagrammen. Besonders berühmt wurde jedoch ein mysteriöser Holzschnitt im ersten Kapitel des zweiten Buches.[4]

Der seither vielfach abgedruckte, häufig auch kolorierte Holzschnitt sollte eine Textpassage illustrieren, die bereits in der Erstausgabe vorkam und in der es hieß: »Ein naiver Missionar des Mittelalters erzählt sogar, dass er auf einer seiner Reisen zur Suche nach dem irdischen Paradies den Horizont erreichte, an dem Erde und Himmel einander berühren, und dass er dabei eine bestimmte Stelle entdeckte, an der sie nicht so eng verbunden waren, so dass er, sich bückend, mit den Schultern unter das Dach der Himmelssphären kriechen konnte.«[5] Lange Zeit wurde vermutet, dass Flammarion den Holzschnitt, der auch unter dem Titel *Wanderer am Weltenrand* kursierte, einem Quellenwerk aus der Zeit um 1530 entnommen hatte; da aber ähnliche Himmelsdarstellungen nicht bekannt sind, wird inzwischen mehrheitlich vermutet, dass der Autor die altertümlich wirkende Illustration eigens für seinen Text anfertigen ließ. Für diese Datierung scheint auch zu sprechen, dass die Illustration – wie an Rasterflächen, gepunkteten Linien und Hügeln zu erkennen ist – nicht als Holzschnitt, sondern als Holzstich ausgeführt wurde; diese Technik wurde aber erst kurz vor 1800 in England entwickelt. Flammarions Wanderer ist freilich kein melancholischer Existenzialist, sondern ein lebensfreundlich-neugieriger Kosmonaut. In ihm verkörpert sich die Vielseitigkeit eines Autors, der sich für Astronomie ebenso interessierte wie für Phantastik, für wissenschaftliche Aufklärung ebenso wie für Parapsychologie, Theosophie, die Mysterien des Unbekannten und des Todes. Flammarion, Namenspate von Mond- und Marskratern, war von einer unabhängigen Existenz der Seele überzeugt; er glaubte an den Weltraum, aber auch an die Jenseitsräume des Spiritismus. Sein *Wanderer am Weltenrand* war und ist auf der Suche nach vielen neuen Gestalten des Draußen. Und im Jahr 1923, ein Jahr nach seiner Aufnahme in die französische Ehrenlegion, wurde Flammarion zum Präsidenten der 1882, fünf Jahre vor der »Société Astronomique de France« gegründeten »Society for Psychical Research« gewählt.

Anmerkungen

1 Leroi-Gourhan, André, *Hand und Wort. Die Evolution von Technik, Sprache und Kunst*, übers. von Michael Bischoff, Frankfurt a.M. 1984², S. 396.

2 Vgl. Couliano, Ioan Petru, *Jenseits dieser Welt. Außerweltliche Reisen von Gilgamesch bis Albert Einstein*, übers. von Clemens Wilhelm, München 1995, S. 58–76.

3 Bloch, Ernst, *Das Prinzip Hoffnung*, Frankfurt a.M. 1973, S. 1.

4 Vgl. Flammarion, Camille, *L'Atmosphère. Météorologie populaire*, Paris 1888³, S. 163.

5 Ebd., S. 162: »Un naïf missionnaire du moyen âge raconte même que, dans un de ses voyages à la recherche du Paradis terrestre, il atteignit l'horizon où le ciel et la Terre se touchent, et qu'il trouva un certain point où ils n'étaient pas soudés, où il passa en pliant les épaules sous le couvercle des cieux.«

Dunkle Energie Die Dunkle Energie (nicht zu verwechseln mit der → Dunklen Materie) ist eine bisher nicht nachweisbare Form von Energie, die der → Kosmologie jedoch als Hypothese dient, um die (aus den Beobachtungen von → Supernovae gefolgerte) immer stärker werdende Expansion des Universums zu erklären. Aus aktuellen Beobachtungen wird geschlossen, dass die Dunkle Energie im Kosmos einen masseäquivalenten Anteil von ca. 68 Prozent haben dürfte. *FL/UH*

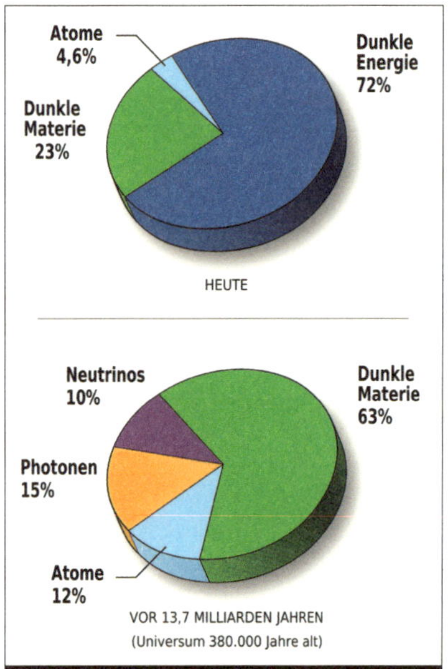

Der prozentuale Anteil von Dunkler Energie und Dunkler Materie

Dunkle Materie Bisher konnte nicht nachgewiesen werden, woraus Dunkle Materie besteht – ihr Anteil am Kosmos beträgt jedoch rund 23 Prozent. Mit anderen Worten: Das Universum enthält fast fünfmal mehr eine Form von Materie, die anders ist als die gewöhnliche Materie, aus der Sterne, Planeten, Staub, Gas und auch wir selbst bestehen – eben die Dunkle Materie. Sie zeigt sich lediglich durch ihre Schwerkraftwirkung und ist unter anderem ein Stabilitätsfaktor in Galaxienhaufen. Näheres über das Wesen der Dunklen Materie zu erfahren, gilt als eines der wichtigsten Forschungsgebiete der Astronomie. *FL*

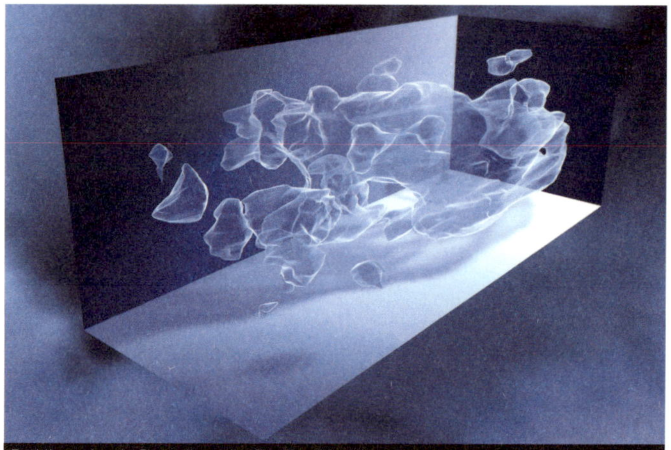

Dreidimensionale Darstellung der Dunklen Materie

E

Elsheimer, Adam Der deutsche Maler Adam Elsheimer (1578–1610) schuf im Sommer des Jahres 1609 in Rom eines der bedeutendsten Werke an der Schnittstelle von Kunst und Naturwissenschaft. In eine nur 31 x 41 Zentimeter große Kupferplatte gravierte er den Stich *Die Flucht nach Ägypten* (heute in der Alten Pinakothek, München). Elsheimer verlegte die biblische Szene in die Nacht; über Maria, Josef und dem Jesuskind wölbt sich das Himmelszelt. Neben dem Vollmond mit Kratern und Erhebungen zieht sich die → Milchstraße als helles Band mit über 1200 einzeln gemalten → Sternen über das Bild.

Elsheimers Werk wurde in einem gemeinsamen Projekt von Kunsthistorikern und Astronomen des Deutschen Museums auf seine naturwissenschaftliche Korrektheit untersucht. Die Forschungen ergaben, dass Elsheimer durch eines der damals gerade erst erfundenen Teleskope geblickt haben muss, um den → Mond mit seiner Oberflächenstruktur und die Milchstraße mit ihrer Verteilung der Sterne und Abstufung der Helligkeit so detailgetreu wiedergeben zu können. Die Astronomen konnten mit Hilfe eines Simulationsprogramms des Sternenhimmels die Nacht des 16. Juni 1609 als Vorlage für Elsheimers Darstellung ermitteln. In dieser muss der Künstler mehrmals den Nachthimmel beobachtet haben, um das Bild aus mehreren Einzeleindrücken zu komponieren. Die *Flucht nach Ägypten* gilt als erste naturgetreue Darstellung des Nachthimmels in der Kunstgeschichte und ist ein Beleg für den Einfluss neuer technischer Errungenschaften auf die Kunst. *CD*

Adam Elsheimer, *Die Flucht nach Ägypten*, 1609

A B C D E F G H I J K L M N O P Q R S T U V W X Y Z

A B C D E F G H I J K L M N O P Q R S T U V W X Y Z

Ensisheim-Meteorit Der Fall des → Meteoriten von Ensisheim ist der erste Meteoritenfall Europas, der nicht nur bezeugt ist, sondern von dem sich auch Gestein des Meteoriten erhalten hat.

Augenzeugenberichte und zeitgenössische Flugblätter beschreiben, wie am 7. November 1492 in der Nähe von Ensisheim (Elsass) ein Körper über den Himmel zog und in ein Weizenfeld fiel, was – da das Ereignis mit lautem Donnern verbunden war und der Meteorit einen Leuchtschweif hinter sich herzog – enorme Aufmerksamkeit erregte. Die Sensation war so groß, dass selbst Kaiser Maximilian I. anreiste, welcher befand, dass es sich bei dem großen Stein um ein Werk des Teufels handele und er deshalb in Ketten zu legen und in der Pfarrkirche aufzuhängen sei.

Zum großen Bekanntheitsgrad des Meteoriten trug bei, dass der humanistische Schriftsteller und Herausgeber Sebastian Brant noch im selben Jahr das Flugblatt »Von dem donnerstein gefalle [...] vor ensisheim« publizierte. 1494 malte Albrecht Dürer auf die Rückseite eines Gemäldes einen explodierenden Feuerball (Abb. S. 25), und ein solcher findet sich auch in seinem Holzschnitt *Melencolia I* von 1514 – was Anlass zu der Vermutung gegeben hat, dass Dürer, der sich Ende 1492 in Basel aufhielt, selbst ein Augenzeuge des Meteroritenfalls war. Eine Begleiterscheinung der Popularität des Meteoriten von Ensisheim war, dass in der Folgezeit immer wieder Teile davon abgeschlagen wurden.

Der Ensisheim-Meteorit,
Alter ca. 4,7 Milliarden Jahre, Kat. Nr. 4

Heute ist das mit 55,75 Kilogramm größte Stück des Meteoriten im Palais de la Régence in Ensisheim ausgestellt. Es handelt sich um einen chrondritischen Steinmeteoriten vom Typ LL6. *UH*

Erde Die Erde ist der dritte → Planet in unserem → Sonnensystem und zu mehr als zwei Dritteln mit Wasser bedeckt. Sie ist Heimat aller bekannten Lebewesen und wird von einem → Mond umkreist, der Ebbe und Flut bestimmt. Die Erde dreht sich gegen den Uhrzeigersinn. Ihre gasförmige Hülle (Atmosphäre) besteht vorwiegend aus Stickstoff (77%) und Sauerstoff (21%). Im Innersten des Erdkerns wird eine Sonnenmaterie aus Wasserstoff und Helium vermutet. *FL*

Erdsicht Erdsicht bedeutet die Ansicht der → Erde »von außerhalb«, z.B. von einem → Satelliten oder einer Raumfähre aus. → Raumfahrer, die die Erde zum ersten Mal aus dieser Perspektive sehen, erleben häufig den sogenannten Overview-Effekt: Ihnen

Die Astronautin Susan J. Helmes betrachtet die Erde aus dem Destiny-Modul der ISS, 31. März 2001

wird unsere Verantwortung für die Erde, ihre Schönheit und Fragilität bewusst, und sie empfinden eine tiefe Ehrfurcht vor dem Planeten und dem Leben auf ihm. *FL/UH*

Die Innenstadt von Houston, Texas, aus einer Höhe von 355 Kilometern, 26. Dezember 2010

ESA – Europäische Weltraumorganisation ESA steht für European Space Agency (Europäische Weltraumorganisation). Sie wurde 1975 gegründet und hat ihren Sitz in Paris. Aufgabe der Organisation ist die Konzeption und Koordination des europäischen Weltraumprogramms, auch vor dem Hintergrund, Europas Rückstand gegenüber den klassischen Raumfahrernationen Russland und USA zu verringern (was die intensive Zusammenarbeit mit diesen aber keinesfalls ausschließt). Verwirklicht werden die Zielsetzungen der ESA in einer Vielzahl von Projekten – von der Erforschung des Universums bis zur Entwicklung von Satellitentechnologien und der Förderung relevanter Industriezweige. *FL/UH*

Ewald, Reinhold Reinhold Ewald (geb. 1956) zählt zu den deutschen → Raumfahrern. Der Physiker war nach seiner Promotion als Wissenschaftler für die Deutsche Forschungs- und Versuchsanstalt für Luft- und Raumfahrt (DFVLR, die heutige → DLR) tätig und wurde 1990 als Astronaut ausgewählt. Ausgebildet wurde er im → Sternenstädtchen bei Moskau. Nachdem er 1992 als Ersatzmann der deutsch-russischen Mission MIR '92 von der Erde aus den Funkkontakt verantwortet hatte, flog er 1997 mit der zweiten deutsch-russischen Mission MIR '97 selbst ins All und verbrachte 18 Tage in der → Raumstation → MIR. Als Wissenschaftskosmonaut (→ Kosmonaut) führte er biomedizinische und materialwissenschaftliche Experimente durch. Derzeit arbeitet Ewald im Bodenkontrollzentrum der → ESA in Oberpfaffenhofen, wo er für den Betrieb des Weltraumlabors → Columbus auf der Internationalen Raumstation → ISS zuständig ist. *FL/UH*

Reinhold Ewald und Klaus-Dietrich Flade, 1992

Exoplanet Exoplaneten (oder extrasolare Planeten) befinden sich außerhalb unseres → Sonnensystems. Sie sind Teil eines anderen Planetensystems, wo sie sich im Gravitationsfeld eines zentralen Sterns bewegen. Exoplaneten sind nur schwer nachzuweisen (die ersten wurden erst um 1990 entdeckt), da sie im Gegensatz zu den → Sternen, um die sie kreisen, nur schlecht zu sehen sind. Deshalb reichten auf der Erde installierte Teleskope lange Zeit nicht aus, um sie zu identifizieren, und noch heute ist man vor allem auf indirekte Nachweisverfahren angewiesen. Aus diesem Grund gibt es bekannte Exoplaneten (zurzeit 1078 in 815 extrasolaren Planetensystemen) sowie sogenannte Anwärter. Ein solcher Anwärter ist Alpha Centauri Bb, der den Stern → Alpha Centauri B umkreisen könnte und in diesem Fall der der Erde nächste Exoplanet wäre. *UH*

EXPRESS-Kapsel »Seltsames Objekt landet bei Kotorigo«, lautete eine Zeitungsmeldung in Ghana im Februar 1995. Erst neun Monate später sollte sich das unbekannte Flugobjekt als irdischen Ursprungs entpuppen. Zwei nach Afrika entsandte Mitarbeiter des Deutschen Zentrums für Luft- und Raumfahrt (→ DLR) fanden die verschollene deutsche EXPRESS-Kapsel. Das EXPerimental Re-Entry Space System (EXPRESS), ein Kooperationsprojekt zwischen Deutschland und Japan, war am 15. Januar 1995 gestartet worden und sollte u. a. Wiedereintrittsversuche mit faserkeramischen Hitzeschildern erforschen. Aufgrund eines Fehlers im Trägersystem ging der Kontakt zur Kapsel jedoch bald nach dem Start verloren. Sie landete vier Stunden später, ohne Schaden anzurichten und von der Welt zunächst unbemerkt, unversehrt in der Nähe eines kleinen Dorfes im Norden Ghanas. Alle Daten des Fluges waren im Bordcomputer gespeichert und konnten – zurück in Deutschland – ausgewertet werden. Telemetriedaten direkt aus dem All konnten von der Bodenstation in Santiago de Chile zwar nur 35 Sekunden lang empfangen werden, wiesen aber auch so die Funktionsfähigkeit des satelliteneigenen Telemetrie- und Telekommandosystems nach. *DLR*

Express Reentry Module, Deutsches Zentrum für Luft- und Raumfahrt, Kat. Nr. 116

F

A B C D E F G H I J K L M N O P Q R S T U V W X Y Z

Fallen

Rainer Schönhammer, Auszug aus *Fliegen, Fallen, Flüchten. Psychologie intensiver Träume*

Hexen, Piloten, Astronauten

Die außergewöhnliche Intensität von Flugträumen, die im Wachen anhaltende Gewissheit der Realität des Geschehens sind vielleicht unabhängig von Drogen dafür verantwortlich, dass als Hexen angeklagten Frauen nächtliche Luftreisen nicht in allen Fällen erst von Inquisitoren eingeredet werden mussten. Mourly Vold jedenfalls, ein Norwegischer Traumforscher, der um die Wende zum 20. Jahrhundert mit ungeheurer Akribie die experimentelle Erhellung des Träumens betrieb, sieht hier eine Bestätigung für seine eigenen Erkenntnisse über die Natur von Flugträumen. Dass das »feste Vertrauen« in die Wirklichkeit der Besenritte zum Blocksberg häufig so weit ging, dass die Hexen »der Folter und dem Scheiterhaufen gegenüber die Wirklichkeit ihrer Reisen aufrecht erhielten«, führt Vold (1912, S. 802) auf das spezifische Körperbewusstsein in Flugträumen zurück (Kapitel 3 & 10).

Was soll man von der Gewissheit der Realität eines Erlebnisses, das mit einer wachen Erfahrung nur selten verglichen werden kann, halten? Der Harvard-Professor Lydiard Horten gab in einem 1919 erschienenen Aufsatz über »Levitation Dreams« zu bedenken, Flugträumer könnten allenfalls sagen, dass sie etwas erleben, dass ihnen einen Eindruck vermittelt, den sie ihrer Vorstellung nach mit dem Fliegen verbinden. Zwanzig Jahre später erwog Karl Schmeing, ob »neuerdings, nachdem immer mehr Menschen das Fliegen als tatsächliches Erlebnis des Wachzustandes erfahren«, der Flugtraum nun als »gefühlsbetonte Gedächtnisleistung« zu verstehen sei, wogegen er sogleich einwendet, dass es Flugträume bekanntlich schon in Zeiten gab, in denen »noch kein Mensch durch die Luft flog und fliegend gesehen werden konnte«. Er sieht in diesem Umstand wohl den Fingerzeig auf eine Lösung jenseits der Erinnerung an waches Erleben im Traum, mahnt aber: »Die gewaltige und schnelle Entwicklung von Flugzeug und Luftschiff drängt deshalb in gewissem Sinne zu einer Klärung dieses Flugtraumproblems, bevor es unter der Häufigkeit realer Flugerlebnisse verschüttet und in seiner Kernfrage unerkennbar wird« (1938, S. 541).

Keine ganz abwegige Überlegung. Robert Van de Castle (1994, S. 338) jedenfalls betrachtet die häufigen Flugträume bei Drachenfluglehrern als Nebeneffekt ihres Berufes, mochten die Traumflüge auch ohne Gerät auskommen. Auch wenn eine von mir zu ihren Träumen befragte Gleitschirmfliegerin angibt, sie träume ausschließlich vom Fliegen mit diesem Sportgerät, und ergänzt, »dieses Gefühl, in der Luft zu steigen und zu fallen, dieses Gefühl, was das auch im Magen macht«, entspreche im Traum der realen Wahrnehmung, spricht das auf den ersten Blick zwar gegen Hortons Zweifel, bestätigt zugleich aber Schmeings Sorge, das Merkwürdige am Flugtraum könnte wegen der Fixierung auf die Reproduktion einer tatsächlichen Flugerfahrung übersehen werden. Auf den zweiten Blick ist das »Flugtraumproblem« auch in diesem Fall gegenwärtig: Der Traum konzentriert sich auf das Bewegungserlebnis. Andere Aspekte, die in der Realsituation hervortreten, etwa der Fahrtwind oder »diese Ruhe, da oben, zwischen den Berggipfeln«, seien »im Traum gar nicht da« (S. G., 24 Jahre, weiblich). Dass das Gedächtnis ausgerechnet diese Selektion trifft, könnte durchaus mit jenem »Mehr« des Flugtraumes gegenüber der bloßen Erinnerung an ein im Wachen erlebtes Geschehen zusammenhängen, das Schmeing im Auge hatte.

Eine Entwicklung des Flugwesens, die in den ersten Jahrzehnten des 20. Jahrhunderts noch Romanphantasie war, stellt das »Flugtraumproblem« allerdings in unerwarteter Schärfe: Astronauten konnten inzwischen die Erfahrung machen, dass die Schwerelosigkeit, die sie bei vollem Bewusstsein erfahren, das wiederholt, was ihnen aus ihren Träumen schon vertraut war. Der deutsche Astronaut Ulrich Walter schreibt in seinem Buch »In 90 Minuten um die Erde«, die Schwerelosigkeit hätte ihm ein Gefühl vermittelt, »als wiederhole sich ein Traum«, der in seiner Jugend regelmäßig auftretende Traum nämlich, eine Straße hinunterzulaufen und irgendwann abzuheben: »Und genau dieses Gefühl, das ich während des Traumes hatte, ist nahezu identisch zu dem der Schwerelosigkeit.« (1997, S. 69) Und er fragt: »Wie kann der Körper etwas sehr Realistisches träumen, was er nie wirklich erfahren hat?« – Die technische Ermöglichung der Schwerelosigkeit macht den Flugtraum damit so wundersam wie nur je.

Flammarion, Camille

Der französische Schriftsteller und Astronom Camille Flammarion (1842–1925) wurde durch phantastische Erzählungen, vor allem aber durch seine populärwissenschaftlichen Werke bekannt. Er verfasste etwa 50 Schriften, seine bekannteste, *L'Astronomie Populaire* (1879), erreichte eine Auflage von 100000 Exemplaren. Bereits im Alter von 16 Jahren begann der Autodidakt am Pariser Observatorium zu arbeiten. Nur drei Jahre später veröffentlichte er das Buch *La pluralité des mondes habités*, in dem er sich mit den Möglichkeiten außerirdischen Lebens auseinandersetzte. Am Observatorium konzentrierte er sich auf die Beobachtung von Doppelsternen und erstellte

Camille Flammarion, um 1910/20

einen Katalog, der 10 000 dieser Sterne aufführte. 1882 ging er nach Juvisy-sur-Orge, wo er Leiter der Sternwarte wurde und bis zu seinem Lebensende wohnte. Hier widmete er sich vor allem der Beobachtung des Mondes und des Mars und trug eine mehrere tausend Bände umfassende Bibliothek zusammen. Flammarion interessierte sich nicht nur für astronomische, sondern auch für okkulte Themen und war ein hervorragender Netzwerker. 1887 gründete er die Société Astronomique de France. Für sein bedeutendes Schaffen wurde er 1922 zum Kommandeur der französischen Ehrenlegion ernannt, zwei Jahre später erhielt ein Asteroid seinen Namen. Flammarion ist auf dem Gelände des heute nach ihm benannten Observatoriums bestattet. Hier wird auch sein umfangreiches Archiv mit Büchern, Astrofotografien, astronomischen Instrumenten und künstlerischen Arbeiten verwahrt. Posthum wurden ein Krater auf dem Mond und einer auf dem Mars nach Flammarion benannt. *CD*

Fluchtgeschwindigkeit ist die Mindestgeschwindigkeit, die erreicht werden muss, um einem Gravitationsfeld zu entkommen. Sie hängt unter anderem von der Masse des Objekts ab, von dem das Gravitationsfeld ausgeht, und von der Entfernung vom Zentrum des Gravitationsfeldes. Je größer diese Entfernung ist, desto geringer ist die erforderliche Fluchtgeschwindigkeit.

Für die Raumfahrt gilt in diesem Zusammenhang, dass die Triebwerke von Raumsonden, die sich zunächst auf einer Erdumlaufbahn befinden (wohin sie die erste kosmische Geschwindigkeit bringt), ein zweites Mal gezündet werden müssen, sodass der Flugkörper auf einen Wert oberhalb der Fluchtgeschwindigkeit (oder zweiten kosmischen Geschwindigkeit) beschleunigt wird und so die notwendige Endgeschwindigkeit erhält. *UH*

Paul Virilio, Ausschnitt aus *Fluchtgeschwindigkeit*

Offener Himmel

Der Azur ist die optische Dichte der Atmosphäre, die große Linse des Erdballs, seine leuchtende Netzhaut.

Vom Azurblau bis jenseits des Himmels trennt der Horizont die Transparenz von der Undurchsichtigkeit, und durch den Sprung bzw. das Abheben, mit deren Hilfe die Erdanziehung für einen Augenblick überwunden werden kann, ist es auch nur ein Schritt von der Erdmaterie bis zum Lichtraum.

Allerdings ist der Horizont, d.h. die *Horizontlinie*, nicht nur ein Absprungsockel, sie ist gleichfalls die allererste Küstenlinie, die vertikale Küstenlinie, die eine vollkommene Trennung zwischen der »Leere« und der »Fülle« bedingt. Die *Bodenlinie*, diese unbemerkt gebliebene Erfindung der Kunst, jede »Form« und jeden »Hintergrund« zu malen und voneinander zu unterscheiden, ist eine frühe Vorwegnahme des Küstenstrichs, des »azurnen Horizonts«, d.h. der horizontalen Küstenlinie, wegen der wir so oft die zenitale Perspektive aus dem Auge verlieren.

Die gesamte Geschichte der Perspektiven während des Quattrocento ist übrigens nichts anderes als ein von hartnäckigen Geometern geführter Kampf, eine Schlacht für das Vergessen der Unterscheidung zwischen »oben« und »unten«. Bleiben soll allein die Unterscheidung von »nah« und »fern«, *der Fluchtpunkt*, der diese Geometer buchstäblich fasziniert, während unsere Anschauung doch an und für sich durch unser Gewicht, die Erdanziehung, die klassische Unterscheidung zwischen *Zenit* und *Nadir* bestimmt ist.

Nicht die am Horizont zusammenlaufenden Fluchtlinien sind also der erste Orientierungspunkt unseres Blickes, so wie es die italienischen Meister behaupteten, sondern der leichte Druck einer universellen Anziehung, die uns ihre Ausrichtung auf den Erdmittelpunkt und die Gefahr des Falls aufzwingt.

Schon Victor Hugo erklärte: *Das Seil hängt nicht, die Erde zieht.*

Im Zeitalter der Verschmutzung der Atmosphäre wäre es angebracht, endlich über eine Erneuerung unserer Wahrnehmung der Erscheinungen nachzudenken. Wenn man die Augen zum Himmel richtet, so könnte dies angesichts dieser Tatsache etwas anderes sein als ein Zeichen der Ratlosigkeit oder des Zorns.

Denn *oben* verbirgt sich tatsächlich eine geheime Perspektive.

Über den Wolken ereignet sich nicht nur die Zerstörung der Ozonschicht. Der nur wenige Sekunden dauernde Flug der Gebrüder Wright am Strand von Kitty Hawk oder der Start der *Apollo 11*-Rakete von Cap Canaveral weisen uns den Weg zu einer merkwürdig anmutenden Umgestaltung des Blicks, die dem möglichen *Fall nach oben* schließlich doch noch Rechnung trägt, der durch die noch junge Errungenschaft der »Fluchtgeschwindigkeit«, die 28 000 km/h beträgt, bewirkt wurde.

Da wir gegen Ende dieses Jahrhunderts zu sehr damit beschäftigt sind, die absolute Geschwindigkeit der modernen Übertragungsmittel *in Echtzeit* weiterzuentwickeln, vergessen wir nur zu häufig die historisch genauso bedeutsame Höchstgeschwindigkeit, mit deren Hilfe wir dem *Realraum* unseres Planeten entkommen und folglich »nach oben fallen« konnten.

Dieser umgekehrte Schwindel veranlaßt uns vielleicht dazu, unsere Vorstellung von der Landschaft und des menschlichen Lebensraums zu verändern.

Unsere Generation hat nicht nur ein Loch in der dünnen Ozonschicht entdeckt, die uns früher vor der UV-Strahlung schützte, sondern sie hat noch ein zweites Loch in den Azur gegraben, denn nunmehr *flüchtet unser Himmel.*

Der Fluchtpunkt zum Horizont des Quattrocento wird jetzt ergänzt um den Fluchtpunkt des Novecento: *heute gibt es oben einen Ausgang.* Eine künstliche Gegen-Anziehung ermöglicht es dem Menschen, der Erdanziehung, dieser Stabilität des Raums der Schwerkraft, zu entkommen, die seinen gewohnten Tätigkeiten immer schon die Richtung wies.

A B C D E F G H I J K L M N O P Q R S T U V W X Y Z

Gegen Ende unseres Jahrhunderts gerät alles ins Wanken, und zwar nicht nur die geopolitischen Grenzen, sondern auch die Grenzen der perspektivischen Geometrie.

Alles wird auf den Kopf gestellt! Die Dekonstruktion ist sowohl eine der äußeren und künstlerischen Erscheinungen als auch eine der plötzlichen Transparenz der gesellschaftlichen Landschaft.

Bald wird man lernen müssen, im Äther zu fliegen bzw. auf dem Äther zu schwimmen.

Wenn wir unseren Alltagspraktiken eine neue Richtung geben wollen, dann müssen wir bald unsere Orientierungen ändern, die Markierungen von »unten« nach »oben« verlegen.

Wenn der Verlust der unzugänglichen Weiten Hand in Hand geht mit einer medialen Nähe, die sich ausschließlich der Lichtgeschwindigkeit verdankt, dann müssen wir uns sehr bald auch an die Verzerrungseffekte der äußeren Erscheinungen gewöhnen, die durch die *Perspektive der Echtzeit* der Telekommunikationstechnologien verursacht werden. Bei dieser Perspektive zieht sich die alte Horizontlinie in den Rahmen des Bildschirms zurück, und die Elektro-Optik verdrängt die Optik unserer Brillen!

Bis es soweit ist, wird noch die letzte große Überraschung der Astrophysik ans Tageslicht kommen: *Jenseits der Erdanziehung gibt es keinen Raum mehr, der diesen Namen verdient, sondern nur noch Zeit!* Eine Zeit, die ganz allein die kosmische Realität ausmacht.

Behaupten im übrigen nicht schon einige Astronomen und Mathematiker, daß der Zeit ein Trägheitsmoment zueigen sei und daß sie eine Materie, eine andere Form von Material, sei?[1]

Wenn die Astrophysiker schon nicht mehr nur von der »Raumzeit«, sondern von »Raumzeit-Materie«[2] sprechen, dann tragen sie dazu bei, die Ausdehnung und die Dauer in das Netz einer anderen Form von kosmischer Materialität einzubinden, die keine Beziehung mehr zu unserer Erfahrung der Dreiteilung zwischen Materie, Raum und Zeit aufweist.

Wenn sie zudem neben den »Raum-« und »Zeitintervallen« ein drittes Intervall »Licht« einführen, dann bewirken sie die Entstehung eines letzten Zeitbegriffs, der nicht mehr ausschließlich von der klassischen chronologischen *Zeitfolge* geprägt ist, sondern auch von der (chronoskopischen) *Belichtungszeit* der Dauer der Ereignisse durch die Lichtgeschwindigkeit, was im übrigen einige Autoren von Kriminalgeschichten schon seit langem geahnt haben. Wenn es sich tatsächlich so verhält, wie der Untersuchungsbeamte bei Émile Gaboriau sagt, daß nämlich *»die Zeit eine zusätzliche Unklarheit darstellt«*, die nach und nach die Indizien verwischt und schließlich die wahren Fakten verschleiert, dann ist die Geschwindigkeit das Licht der Zeit, ihr einziges »Licht«, und die Dauer – jede Dauer und jede Ausdehnung – kann nicht mehr ohne die Unterstützung der absoluten Geschwindigkeit des Lichts betrachtet werden, das die Wahrnehmung der Zeit verändert.

Folglich gesellt sich heute zur langsam *vergehenden* Zeit eine augenblicklich *belichtete* Zeit hinzu. Hierbei handelt es sich um die sehr kurzen Zeiten aus den Bereichen des Elektromagnetismus und der Schwerkraft.

Anmerkungen

1 Dies ist beispielsweise die 1991 veröffentlichte Theorie von Professor R. J. Taylor, dem Direktor der Universität von Sussex, und von Alexander Abian vom Fachbereich Mathematik an der Universität von Iowa.

2 G. Cohen-Tannoudji/M. Spiro, *La matière-espace-temps*, Paris 1986.

Futuro Das Rundhaus Futuro wurde 1968 von dem finnischen Architekten Matti Suuronen (1933–2013) entwickelt. Es ist ellipsenförmig, besteht aus glasfaserverstärktem Polyester mit einer Isolierschicht aus Polyurethan und steht auf einem Metallgerüst. Bei 8 Metern Durchmesser und 4 Metern Höhe bietet es etwa 36 Quadratmeter »Wohnfläche«. Suuronen hatte von seinem Schulfreund Kaakko Hiidenkari den Auftrag erhalten, eine schnell beheizbare und auch in unwegsamem Gelände installierbare »Skihütte« zu entwerfen, was ihm gelang: Das Futuro war das weltweit erste in Serie gefertigte Plastikhaus.

Charles Wilp mit seinem Futuro, 1970er Jahre

Das Haus war – worauf schon sein Name hinweist – Teil einer bis in die 1970er Jahre anhaltenden Fortschrittsgläubigkeit, die zahlreiche Architekturutopien hervorbrachte. Dies zeigte nicht zuletzt die Weltausstellung von 1970 in Osaka, auf der Kapsel-Wohnungen und UFO-artige Pavillons gezeigt wurden. Damals faszinierten die neuen Materialien und Vorstellungen von Andersartigkeit und Mobilität. Realisiert werden konnten jedoch nur wenige solcher Bauten, weshalb das Futuro auf unerwartet großes Interesse stieß: Es sah aus wie ein Raumschiff, das überall landen kann, und war mit einem Preis von etwa 12 000 Dollar halbwegs erschwinglich. So wurden zwischen 60 und 100 dieser Häuser gebaut, bis 1973 die Ölkrise den Kunststoffpreis verdreifachte und das aufkeimende Umweltbewusstsein anderen, weniger futuristischen Formen von Alternativarchitektur den Vorzug gab. Eines der wenigen noch existierenden Futuros steht vor dem »Charles Wilp Space« in Witten. *UH*

Gagarin, Juri Juri Gagarin (1934–1968) umrundete am 12. April 1961 im Raumschiff → Wostok 1 erstmals die Erde, war also der erste Mensch im All und der erste → Kosmonaut. Startpunkt war der Weltraumbahnhof Tjuratam (heute → Baikonur), 106 Minuten später landete Gagarin in der Nähe der Stadt Engels. Diese Leistung verschaffte der UdSSR gegenüber den USA einen deutlichen Vorsprung in der Raumfahrt; Gagarin selbst wurden hohe Auszeichnungen verliehen. Er leitete bis 1963 die russische Kosmonautentruppe. 1968 wurde er zum Ausbilder der russischen Kosmonauten ernannt, verunglückte jedoch kurz darauf mit einem Jagdflugzeug tödlich. Im selben Jahr wurde die Stadt Gschatsk, in der er als Jugendlicher gelebt hatte, in Gagarin umbenannt – und noch heute vollziehen die russischen Kosmonauten Tätigkeiten Gagarins vor seinem legendären Raumflug wie ein Ritual nach, vom Haareschneiden bis zu den Minuten der Besinnung vor dem Start. *UH*

Vase mit dem Porträt Juri Gagarins, 1962, Kat. Nr. 47

Galaxie Galaxien sind Zusammenballungen von Gas, Staub und Sternensystemen, die aus Millionen oder sogar Milliarden von → Sternen bestehen. Innerhalb der Galaxien sind die Sterne durch die → Schwerkraft aneinander gebunden, und auch Galaxiehaufen – Gruppierungen von bis zu Tausenden von Galaxien – befinden sich in einem einzigen Schwerefeld. Zwischen den Galaxien gibt es nur noch den intergalaktischen Raum, in dem praktisch völlige Leere herrscht.

Galaxien haben unterschiedliche Formen: Einige sind kugelartige Anhäufungen, andere erinnern an Spiralen oder Scheiben. Spiralgalaxien (→ Spiralnebel) sind u.a. unsere → Milchstraße und die ihr am nächsten liegende Andromedagalaxie (→ Andromedanebel). *FL/UH*

Die wechselwirkenden Galaxien Arp 273, aufgenommen mit dem Hubble-Teleskop, November 2011

Galilei, Galileo Der Italiener Galileo Galilei (1564–1642) machte zahlreiche Entdeckungen auf den Gebieten Physik, Mathematik und → Astronomie. Er wird als einer der Begründer der modernen Astronomie angesehen, und seine astronomischen Erkenntnisse trugen wesentlich zur Entwicklung des heutigen Weltbildes bei. Wie Nikolaus → Kopernikus vertrat er ein heliozentrisches Weltbild, in dem die → Planeten um die → Sonne kreisen, das Zentrum des Universums also nicht die Erde ist. Dies fand Galilei in seinen eigenen Beobachtungen von Himmelskörpern bestätigt: Als einer der Ersten benutzte er für seine Himmelsbeobachtungen ein Fernrohr, für das er die holländische Erfindung mit zahlreichen Linsen für seine eigenen Zwecke weiterentwickelte. Anfang des 17. Jahrhunderts entdeckte er die → Monde des → Jupiter (die vier größten werden heute als die Galilei'schen Monde bezeichnet), 1610 veröffentlichte er die Abhandlung *Sidereus Nuncius* (*Der Sternenbote*), in der er seine Fernrohrbeobachtungen dieser und anderer Sterne beschrieb. Galileis der kirchlichen Doktrin widersprechenden Forschungsergebnisse und ihre Publikation führten 1633 dazu, dass ihm die römische Inquisition den Prozess machte und ihm mit dem Tod drohte, sodass er seinen Erkenntnissen abschwören musste. Die Jahre bis zu seinem Tod, in denen er nicht mehr lehren und nur noch zu unverfänglichen Themen forschen durfte, verbrachte Galilei unter Hausarrest. Erst 1992 hob die katholische Kirche das Urteil gegen ihn auf. In den letzten Jahrzehnten wurden die den Jupiter erforschende Raumsonde Galileo und das Satellitennavigationssystem Galileo nach ihm benannt. *UH*

Unbekannter Künstler, *Galileo Galilei*, um 1600

Gasplanet Gasplaneten sind große → Planeten, deren Hauptbestandteile nicht fest, sondern leichte gasförmige Elemente wie Wasserstoff und Helium sind. In unserem → Sonnensystem gibt es mehrere Gasplaneten, und zwar → Jupiter, → Saturn, → Uranus und → Neptun, die auch als Gasriesen bezeichnet werden. *FL*

Gemini-Programm Das Gemini-Programm war das zweite Programm (nach dem → Mercury-Programm), mit dem die USA von 1962 bis 1967 die bemannte Raumfahrt vorantrieben. Seine Aufgabe war es, grundlegende Verfahren für das → Apollo-Programm zu erproben und für dieses die technischen Voraussetzungen zu schaffen. 1965 und 1966 fanden hierfür zwei unbemannte und zehn bemannte Raumflüge statt.

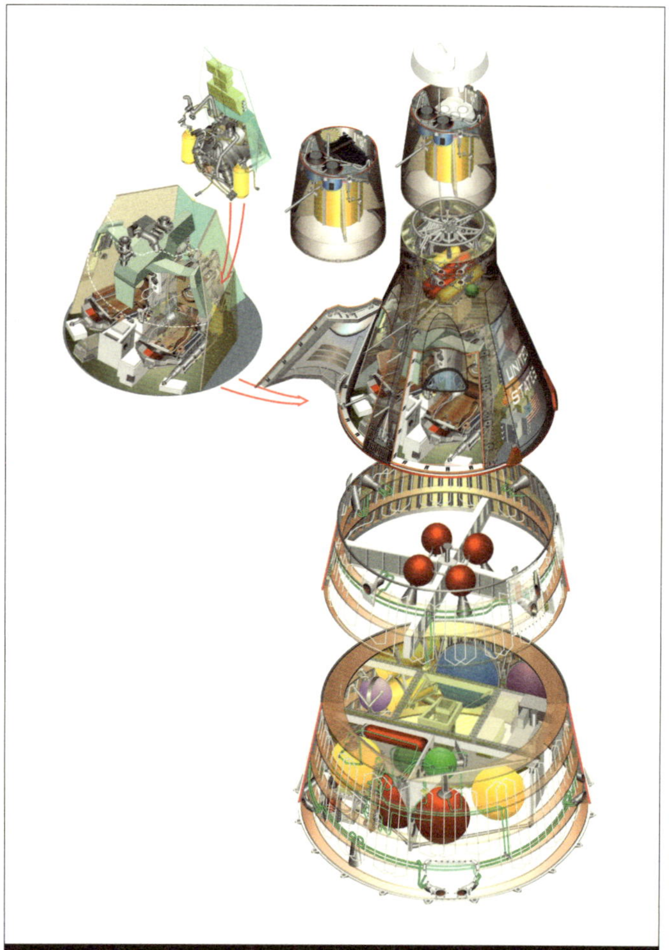

Schematische Darstellung eines Gemini-Raumschiffs

Gemini bedeutet Zwillinge – was nicht nur auf das Sternbild der Zwillinge verweist (Castor und Pollux, die in der Antike auch als Helfer der [See]reisenden galten), sondern auch darauf, dass, anders als im Mercury-Programm, nun zwei → Raumfahrer in der Kapsel saßen und es eines der Ziele war, Raumschiffe an einen anderen Raumflugkörper andocken zu lassen.

Entsprechend wurden im März 1965 mit der Mission Gemini 3 erstmals zwei Menschen in einer Raumkapsel ins Weltall befördert (Virgil → Grissom); beim Flug Gemini 4 erfolgte im Juni des Jahres der erste → Außenbordeinsatz der US-Raumfahrt. Mit Gemini 5 wurde die Erde im August 120 Mal umrundet; bei den fast zeitgleichen Missionen Gemini 6 und 7 kam es im Dezember 1965 zum ersten sogenannten Rendezvous im Weltraum, als sich die beiden Raumschiffe bis auf 30 Zentimeter annäherten (eine wichtige Vorarbeit für das spätere Andocken); Gemini 7 erbrachte zudem den Nachweis, dass Menschen zwei Wochen im Weltall überleben können. 1966 dockte beim Flug Gemini 8 erstmals ein Raumschiff an einen Satelliten an (was den USA einen Vorsprung gegenüber der UdSSR verschaffte), doch war es auch der erste Flug, der mit einer Notlandung endete (Neil → Armstrong). Diese Kopplungsmanöver mit Zielsatelliten wurden noch im selben Jahr während der Flüge Gemini 9 bis 12 (Juni bis November 1966) optimiert. Das Programm wurde Anfang 1967 eingestellt, weitere damals geplante Gemini-Flüge fanden nicht statt. *FL/UH*

Gerst, Alexander Alexander Gerst (geb. 1976) ist Geophysiker und Mitglied des Europäischen Astronautenkorps. Am 28. Mai 2014 brach er vom Weltraumbahnhof → Baikonur im Rahmen der ISS-Mission 40 mit einem → Sojus-Raumschiff zur Internationalen → Raumstation → ISS auf. Von dort wird er mit dem Flug ISS 41 im November des Jahres zur Erde zurückkehren.

Schon vor seinem Aufenthalt im All waren Gerst menschenleere Gebiete vertraut: Der promovierte Vulkanologe forschte in zahlreichen Ländern der Welt und hielt sich mehrmals in der Antarktis auf. 2008 bewarb er sich für das europäische Astronautenkorps der → ESA und wurde im Mai 2009 mit vier weiteren Astronauten aus mehr als 8400 Bewerbern ausgewählt. Seine Grundausbildung absolvierte er im Europäischen Astronautenzentrum in Köln, wo zu Übungszwecken ein ISS-Nachbau errichtet wurde. Gerst ist der dritte deutsche ISS-Astronaut nach Thomas Reiter – der sich 2006 auf der ISS aufhielt – und Hans Schlegel, der 2008 Teilnehmer des Raumfluges war, welcher das Raumlabor → Columbus zur ISS brachte. In diesem Labor führt Gerst im Rahmen der Mission → blue dot u. a. humanmedizinische Experimente durch.

Ebenfalls an Bord der ISS befindet sich als Botschafterin der Bundeskunsthalle in Bonn die Bundes- oder → Weltraumbiene, die Gerst mit ins All nahm. Sie entstammt einem der Bienenvölker auf dem Dach der Bundeskunsthalle, den sogenannten Bundesbienen. Das in Acryl gegossene Insekt unterzog sich erfolgreich den Sicherheits- und Flugtauglichkeitschecks der → NASA. Nach ihrer Rückkehr wird die Weltraumbiene die *Outer Space*-Ausstellung vervollständigen. *FL/UH*

Alexander Gerst, 2013

ALEXANDER GERST – UNSER MANN IM ALL

Er ist der elfte Deutsche im All und der dritte Deutsche auf der ISS (International Space Station): Alexander Gerst. 1976 in Künzelsau geboren, studierte Alexander Gerst Geophysik und promovierte über die Dynamik von Vulkanausbrüchen. Zweimal schon hat er sechs Wochen lang in einem Zeltcamp in der Antarktis gelebt, mit Extremsituationen kann er umgehen. Seit 2009 gehört er dem ESA-Astronautenkorps an. Ab Mai 2014 ist Alexander Gerst für ein halbes Jahr auf der ISS

Das Interview mit Alexander Gerst führten Claudia Dichter, Stephan Andreae und Tanja von Stegmann sowie Katharina Künzel, Fabienne Brors, Yeliz Erbay, Markus Harmann und Désirée Kaiser von der Hochschule für Medien, Kommunikation und Wirtschaft (HMKW) im Frühjahr 2013.

Alexander Gerst, wie hat Ihre Faszination für die Raumfahrt angefangen? Gab es eine Initialzündung?

Viele Leute vermuten, dass es ein Ereignis gab, das mich auf Raumfahrt gepolt hat, aber das war nicht so. Ich war einfach schon immer neugierig. Das habe ich in die Wiege gelegt bekommen, durch meine Eltern, durch meine Großeltern, die das immer gefördert haben. Mein Opa war Amateurfunker, er hatte den Keller voll mit Funkgeräten und elektronischen Geräten. Seit ich laufen konnte, hab ich mit gefunkt, und all das hat dazu beigetragen, dass ich mich immer mehr für Technologie und Umwelt interessiert habe – wie Stürme funktionieren, Erdbeben und Sonnensysteme. Dazu hatte ich unzählige Bücher. Natürlich hatte ich dann irgendwann den Wunsch, selbst in die Forschung zu gehen. Zunächst habe ich als Geophysiker gearbeitet und das Innere der Erde erforscht, wie Erdbeben entstehen und Vulkane funktionieren. Deswegen ist es für mich jetzt wie eine Fortsetzung: Vorher habe ich ins Innere der Erde geschaut, jetzt schaue ich nach außen, was um uns herum ist im Weltall.

Spielte der Einfluss von Science-Fiction-Filmen oder -Romanen auch eine Rolle, oder haben Sie sich immer nur für die harten Fakten interessiert?

Ich habe *Captain Future* gesehen, auch *Raumschiff Enterprise* hat mich natürlich fasziniert, aber ich fand Science Fiction immer besser, wenn sie nah an der Realität dran war. Mich hat es immer enttäuscht, wenn sich der Held doch aus einem Problem herausgebeamt hat, ohne es wirklich zu lösen. Das fand ich dann meistens nie so richtig spannend!

Erinnern Sie sich noch an den Moment, als Sie erfahren haben, dass Sie sich gegenüber 8400 Bewerbern durchgesetzt haben und von der ESA als Astronaut angenommen worden sind?

Das werde ich nie mehr vergessen! Es war ein sehr emotionaler Moment. Ich war in Hamburg, in den letzten Zügen an meiner Doktorarbeit. Es war abends um 21 Uhr und ich wollte gerade schwimmen gehen. Ich wusste natürlich, dass die ESA [European Space Agency] irgendwann anrufen würde, aber zu dem Zeitpunkt hatte ich eigentlich eine Absage erwartet, weil ich wusste, dass die Pressekonferenz der Vorstellung der Astronauten am Mittwochmorgen in Paris war. Es war Montagabend und ich hatte noch nichts gehört. Dann klingelte das Telefon, jemand von der ESA war dran und fragte: »Herr Gerst, wie geht's Ihnen?« Ich sagte: »Das erzählen Sie mir jetzt wahrscheinlich.« Dann hat er mir eröffnet, dass ich soeben in das Astronautenkorps gewählt worden bin, und ob ich anderthalb Tage später in Paris sein könnte für die Pressekonferenz. Das war es, und dann bin ich erst einmal schwimmen gegangen. Vorher hatte ich aber natürlich noch ein paar Leute angerufen und gesagt, wir treffen uns in anderthalb Stunden, es gibt was zu feiern.

Sie kommen aus dem Erdinneren und gehen jetzt hoch ins Weltall. Dafür mussten Sie sich zusatzqualifizieren, wie sah das Training aus?

Nach der Bewerbung hat es ein Jahr gedauert, bis die ESA die neun Astronauten ausgesucht hat. Dann hat mein Basistraining als Astronaut angefangen. Es ging anderthalb Jahre lang, ich war hier die meiste Zeit am Astronautenzentrum in Köln, der ESA, und wir haben das Grundstudium der Astronauten absolviert. Dabei ging es um generelle Themen, z. B. wie Raketen gebaut sind, wie Raumschiffe, welche Systeme es an Bord gibt, aber auch andere Wissenschaftsthemen, sodass wir alle auf ein gleiches Level gebracht wurden. Natürlich haben wir auch ein körperliches Training absolviert mit Tauchen und genereller Fitness. Ende 2010 war das abgeschlossen. Danach hat für mich dann das Training für meine Mission angefangen.

Welche Aufgaben haben Sie auf der ISS?

Hauptsächlich geht es darum, Experimente durchzuführen, die wir so auf der Erde nicht durchführen können, weil wir die Bedingungen nicht haben. Die Schwerkraft auf der Erde kann man nicht abstellen, höchstens mit einem Parabelflug oder in einem Fallturm für ein paar Sekunden. Wenn wir grundsätzliche Dinge über die Natur herausfinden wollen, z.B. in der Physik, in der Chemie, in der Forschung über unseren Körper – dann müssen wir dorthin gehen, wo wir keine Schwerkraft haben. Dafür ist die Raumstation der ideale Ort. Wir erforschen z.B., wie man neue Materialien herstellen könnte, z.B. Legierungen, um sie dann auf der Erde günstig herstellen zu können. Wir haben es geschafft, mit der Technologie der Raumstation Turbinenschaufeln herzustellen, die nur noch halb so schwer sind oder eben doppelt so stark bei der gleichen Leistung. Wir haben Kraftwerksbrennkammern optimiert, um Treibstoffe und CO_2 einzusparen. Wir forschen, wie unser Knochenbau mit der Schwerelosigkeit umgeht, weil es eine sehr analoge Situation zu Osteoporose ist. Arteriosklerose ist eine weitere Krankheit, die wir erforschen wollen, das Immunsystem, weil wir wissen, dass es in der Schwerelosigkeit ganz anders reagiert und schwächer ist.

Gibt es einen klar definierten Ablauf für jeden Tag der Mission?

Ja, es gibt einen Forschungsplan, darin ist festgelegt, welche Experimente wir durchführen – das ist ein langfristiger Plan. Dann macht die Bodenkontrolle sowohl einen Wochenplan als auch einen Tagesplan. Das ist sehr, sehr strikt geregelt, weil wir die Zeit so effektiv nutzen sollen wie möglich. Wir arbeiten nach der Universalzeit in Greenwich, also das ist Sternenzeit im Prinzip. Man hat im Prinzip ein ähnlichen Tagesablauf wie hier auf der Erde – es fängt um halb acht morgens an bis abends ungefähr um sieben, man hat eine Mittagspause, man macht um die zwei Stunden Sport jeden Tag. Dann hat man abends Feierabend, wo man sich auf den nächsten Tag vorbereiten kann oder mit Freunden telefoniert oder ein Buch liest. Das Wochenende verbringt man zum Teil mit Freizeit, zum Teil auch mit Aufräumarbeiten auf der Raumstation, dass man mal sauber macht, die Filter reinigt, Hausarbeiten, die man auf der Erde auch erledigen muss.

Muss jeder an Bord alles können?

Jeder muss mit den wichtigsten Systemen umgehen können wie dem Lebenserhaltungssystem der Raumstation, wissen, wie man das am Laufen hält, wie man in Notfällen reagiert, wie man im Raumanzug Außenarbeiten durchführt, bestimmte Aufgaben im Sojus-Raumschiff muss jeder können. Dazu kommen dann spezielle Aufgaben, für die jeder von uns unterschiedlich trainiert wird. Ich bin zum Beispiel an Bord der Raumstation Spezialist für das europäische Forschungslabor Columbus, was wir auch hier unten als Trainingsmodell haben und in dem ich meine hauptsächliche Arbeit verbringen werde. Jeder von uns kriegt zwar Training auf den anderen Modulen, aber nicht unbedingt bis zu den Spezialisten-Level. Man hat drei Level, auf die man trainiert werden kann: User, Operator und Specialist. Für jedes System an Bord muss mindestens ein Spezialist dabei sein, für die wichtigen Systeme zwei.

Haben Sie manchmal Angst, dass Sie dem Ganzen vielleicht nicht gewachsen sind?
Angst habe ich keine, sonst hätte ich mich nicht beworben. Es war bei mir schon immer so, dass ich wissen wollte, wo meine Grenzen liegen. Als ich z.B. das erste Mal in die Antarktis gefahren bin, wusste ich, dass ich wochenlang bei minus vierzig Grad im Zelt leben würde, und es war die Frage, ob ich das kann oder ob mir das zu viel ist. Als ich dann dort war, habe ich gemerkt, dass es sehr leicht ist. Bei der Raumfahrt ist es vielleicht ähnlich. Ich kenne die Erzählung von meinen Kollegen, von daher bin ich mir sicher, dass es kein Problem sein wird, aber wissen tut man es natürlich immer erst, wenn man dann dort ist. Deswegen bin ich sehr gespannt auf den Eindruck, also es ist eine sehr positive Neugierde.

Ende Mai 2014 geht es los. Wissen Sie schon, wo Sie die letzten zwölf Stunden vor dem Start sein werden?
Ich werde in Baikonur sein, in der Nähe der Startrampe. Man ist etwa zwei Wochen vorher in Quarantäne. Vor dem Starttermin gibt es noch eine Pressekonferenz, dort sind auch die Angehörigen dabei, aber man sieht sich nur durch eine Glasscheibe und kann telefonieren. Am Vorabend isst man dann mit der Mannschaft zusammen, schläft und morgens – drei Stunden vor dem Start – steht man auf, frühstückt, zieht den Raumanzug an, macht die Drucktests, schaut, ob alles dicht ist, und fährt dann zur Rakete. Dann ist man noch mal zwei, drei Stunden in der Rakete, macht dort alle Drucktests nochmal, schaltet alle Systeme an, checkt alle, und dann ist der Start!

Welche persönlichen Sachen nehmen Sie mit?
Mir ist es wichtig, dass ich ein Tagebuch dabeihabe, sodass ich meine Eindrücke verwerten kann. Kameras gibt's da oben jede Menge, deshalb brauch ich keine mitnehmen, und meine Musik ist mir ziemlich wichtig. Ich denke, es ist eine schöne Sache, in der Cupola zu sitzen, zu schweben und Klassik zu hören und ein bisschen nach unten zu schauen – wenn es mal dafür fünf Minuten Zeit gibt.

Wie sieht die Privatsphäre auf der ISS aus?
Das ist eigentlich sehr gut, man hat viel Platz. Die ISS hat ein Innenvolumen, das etwa so groß ist wie das einer Boeing 747. Das teilt man sich zu sechst. Natürlich gibt es sehr viele Experimentierschränke und Equipment, aber man hat auch Raum für sich, um auch mal alleine in einem Modul zu sein. Jeder von uns hat eine Schlafkabine, die ist ungefähr so groß wie eine Telefonzelle, und wenn man da die Tür hinter sich zumacht, hat man seine Ruhe, kann schlafen oder kann mit seiner Familie telefonieren.

Wie funktionieren ganz praktische Dinge wie z.B. Duschen?
Gar nicht! Es gab mal auf der Raumstation MIR eine Dusche, die war für kurze Zeit da installiert, das hat nicht so richtig funktioniert, weil man muss ja die Schwerkraft durch einen Luftzug ersetzen. Man kann sich waschen mit einem Waschlappen, oder man hat feuchte Tücher, man kann auch Haare waschen – ist bei mir jetzt nicht so das wirkliche Problem!

Was werden Sie als Erstes machen, wenn Sie wieder auf der Erde sind?
Traditionell ist es so, dass man in der kasachischen Steppe landet. Man wird von Helikoptern dort abgeholt. Normalerweise kriegt man auch traditionell einen Apfel überreicht und ist dann erst einmal umrundet von Leuten, die viele Fragen stellen. Danach erfolgt der medizinische Check-up, und dann geht's im Prinzip schon auf einen Flieger, der einen – so wie es momentan geplant ist – nach Houston bringt. Die russischen Crewmitglieder fliegen nach Moskau, die Amerikaner und Europäer fliegen nach Houston.

Werden Sie etwas von oben mitbringen können?
Naja, es gibt nicht viel zum mitbringen! Von dem her, versprochen habe ich nichts. Aber ich denke, ich werde natürlich viele Eindrücke mitbringen, und das ist auch ein wichtiger Teil für mich, für die gesamte

Mission, dass ich eben diese Perspektive mitbringe, die man durch den Blick von außen auf die Erde erlangt. Es wäre eine tolle Sache, wenn jeder Mensch die Möglichkeit hätte, einmal ins Weltall zu fliegen, um das von außen zu sehen. Ich denke, man geht anders mit seiner Umwelt, mit der Erde und seinen Mitmenschen um, wenn man einmal gesehen hat, wie verletzlich die Erde eigentlich ist, wie hauchdünn die Atmosphäre ist. Und das ist schon etwas, was einen für immer verändert.

Ist wegen dieser emotionalen Komponente die bemannte Raumfahrt so wichtig?

Jedes Raumschiff ist ein Roboter, der die Raumfahrt überhaupt möglich macht, aber die Menschen geben der Raumfahrt den Sinn. Das war ja schon immer so, auch bei Entdeckungen hier auf der Erde. Wenn man einen Roboter nach Amerika geschickt hätte, hätte das eine andere Bedeutung gehabt. Wenn ein Roboter den Mount Everest erklommen hätte, wäre das sicherlich kein solches Ereignis gewesen. Wenn man fragt, was war die erste Landung auf dem Mond, dann sagt jeder Neil Armstrong. In Wirklichkeit war es nicht die erste Landung, sondern die erste Landung ist schon Jahre vorher passiert, das war eine russische Sonde, das ist nur keinem in Erinnerung geblieben. Ich denke, daran sieht man, wie wichtig das ist, dass wir Menschen irgendwo an einen Ort fahren und unsere Beschreibung wieder mit zurückbringen, unsere Perspektive, wie hat es sich da angefühlt, wie ist es, da als Mensch zu stehen. Und das ist tatsächlich ein wichtiger Teil der Raumfahrt.

Würden Sie auch an einer Mars-Expedition teilnehmen?

Selbstverständlich! Ich glaube, das würde jeder Astronaut tun. Der Mars kann uns sehr viel über uns selbst sagen. Er ist wüst und leer, hat keine Atmosphäre, er ist lebensfeindlich, aber das war nicht immer so. Er hatte eine Atmosphäre, die dichter als die der Erde war. Es gab flüssiges Wasser auf der Oberfläche, das heißt, im Prinzip war er mal lebensfreundlich. Vielleicht finden wir Spuren von Leben, das es da mal gab? Das hätte große Implikationen für unser Verständnis von unserem eigenen Leben und wie es entstanden ist. Wenn wir Lebensformen finden, existierende oder ausgestorbene, die ähnlich sind wie wir, dann würde es wahrscheinlich bedeuten, dass wir aus der gleichen Quelle stammen, das heißt, das Leben der Erde kam vielleicht vom Mars, oder umgekehrt? Oder wir kommen von einem noch unbekannten Ort irgendwo im Universum. In jedem Fall wird es bedeuten, dass wir Geschwister im Universum haben. Wenn wir Leben dort finden, das dem auf der Erde nicht ähnlich ist, das auf ganz anderen Bausteinen aufgebaut ist, dann würde das bedeuten, dass wir zum ersten Mal über den Tellerrand rausschauen. Dann würde das von der Statistik her bedeuten, dass das Weltall wahrscheinlich nur so wühlt vor Leben, dass es ein Flohzirkus ist, unser Universum! Der Mars kann uns viel über das Universum und unseren eigenen Platz darin sagen. Deswegen wird es weitergehen, da bin ich mir ganz sicher. Wir werden unsere kosmische Umgebung erforschen. Was wir da finden werden, das weiß ich natürlich nicht und das ist ja genau das Spannende daran! Ob das in meiner Lebenszeit passiert? Ich hoffe es. Wir können es nur herausfinden, wenn wir hinfahren!

Glenn, John John Glenn (geb. 1921) war am 20. Februar 1962 der erste Amerikaner, der in einem Raumschiff die Erde umrundete. Nach einer Laufbahn als Kampfflieger im Zweiten Weltkrieg und im Koreakrieg sowie als Testpilot bei den Marines (wo er 1957 den ersten Transkontinentalflug in Überschallgeschwindigkeit durchführte) wurde er 1959 einer der Mercury Seven, der sieben Astronauten, die für das → Mercury-Programm der USA ausgewählt wurden. Als er 1962 in etwas weniger als fünf Stunden in der Kapsel Mercury-Atlas 6 dreimal die Erde umkreiste, war dies – nach der ersten Erdumrundung durch Juri → Gagarin im Jahr zuvor – ein großer Erfolg für die US-Raumfahrt.

Danach wurde Glenn gezielt zum Nationalhelden aufgebaut, wobei US-Präsident Kennedy die persönliche Freundschaft zu ihm in aller Öffentlichkeit pflegte (zugleich aber heimlich anordnete, Glenn weitere Raumflüge zu untersagen, um das Leben des Nationalhelden nicht zu gefährden). Kurz nach Kennedys Ermordung 1963 bewarb sich Glenn selbst für ein öffentliches Amt, weshalb er die → NASA verlassen musste. Er schlug jedoch eine Laufbahn in der Wirtschaft ein und machte von 1974 bis 1989 als Senator des Bundesstaates Ohio politische Karriere. Im Alter von 77 Jahren kehrte er kurz zur Raumfahrt zurück: Als Mitglied der Besatzung der Raumfähre Discovery umkreiste er 1998 134 Mal die Erde; Ziel war es, die Auswirkungen der Schwerelosigkeit auf alte Menschen zu untersuchen. So hält Glenn einen weiteren Rekord, den als ältester Mensch im Weltraum. *UH*

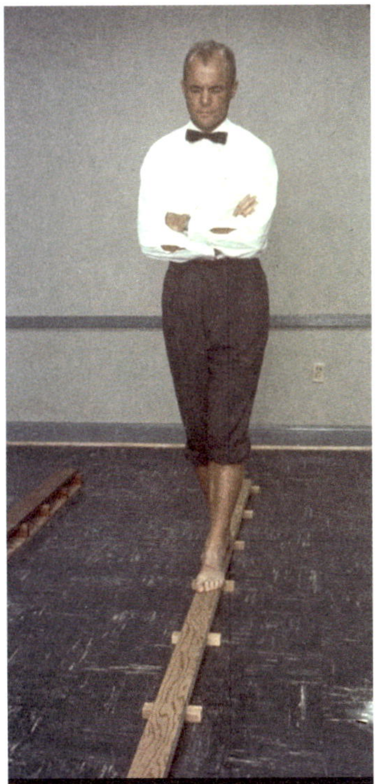
John Glenns Gleichgewichtssinn wird getestet, 1962

Goddard, Robert
Robert Goddard (1882–1945) war ein amerikanischer Raketenpionier. Schon als Teenager interessierte er sich unter dem Einfluss von Science-Fiction-Autoren wie Jules → Verne und H. G. → Wells für die Raumfahrt, doch wurden seine damals noch völlig utopischen Vorstellungen als Hirngespinste abgetan. Goddard wurde Professor für Physik an der Clark University in Worcester, Massachusetts, und forschte schon vor dem Ersten Weltkrieg an Raketen. Um 1918 entwickelte er militärische Feststoffraketen und unternahm zur selben Zeit bereits Versuche zu Flüssigkeitsraketen, die von der Reaktion flüssiger chemischer Komponenten angetrieben und heute vor allem in der Raumfahrt eingesetzt werden. 1926 gelang ihm der erste Start einer solchen Flüssigkeitsrakete, 1929 der erste Start einer solchen Rakete mit Nutzlast. Im Laufe der Zeit entwickelte er die Raketentechnik so weit, dass die US-Armee sie im Zweiten Weltkrieg nutzen konnte. Doch fanden Goddards Forschungen erst nach seinem Tod wirkliche öffentliche und wissenschaftliche Anerkennung und trugen wesentlich dazu bei, seinen Jugendtraum der Raumfahrt Wirklichkeit werden zu lassen. *UH*

Robert Goddard, 1. Januar 1940

Gravitation → Schwerkraft

A B C D E F G H I J K L M N O P Q R S T U V W X Y Z

Jeannot Simmen

SCHWERELOS UND DAS GLÜCK DER GRAVITATION

Wir leben am Boden des Luftmeer-Beckens, haften an der Unterseite des Himmels. Tiefer kriechen Würmer und krabbeln Käfer im Erdreich, schwimmen Fische in Gewässern, vegetieren Tiefsee-Bewohner im Ozean. Am Boden lastet ein Luftdruck von immerhin einem Bar. Die Gewichtskraft der Luftsäule beträgt pro Quadratmeter 10 Tonnen auf Meereshöhe. Unser Leben ist ein Kampf gegen die Schwere; der aufrechte Gang demonstriert die Überwindung. Jede Ortsveränderung erfordert von unserem Körper Wille, Haltung und Kraft gegen das Taumeln, Fallen und Stürzen.

Die Körperschwere lässt uns vom Leichterwerden träumen; fern erinnern wir uns an die Geburt, den Sturz in die Welt, das Ende vom schwerelosen Sein in der Fruchtblase. Schwebeträume imaginieren ein körperliches Glück fern der gravitären Kraft. Wir schweben beim leichten Schlaf meist auf dem Rücken und fühlen uns traumbildnerisch befreit von der Schwere. Kein Zufall, dass unsere Götter auf schwebenden Wolken im Himmel thronen, Engel federleicht und flügelmächtig durch eigene Kraft entschweben.

Das wunderbare Weltraumdrama *Gravity*, ein Film von Alfonso Cuarón (2013), zeigt Schwerelosigkeit im All in 372 Meilen, etwa 600 Kilometern Höhe. Die beiden Astronauten Sandra Bullock und George Clooney schweben im Weltraum, eingepackt in dicke Astronautenrüstungen. Ihre Bewegungen sind tapsig, langsam und beschränkt. Außerhalb des Raumschiffes reparieren sie das Teleskop. Von der Bodenstation erfahren sie, dass Trümmerteile eines russischen Satelliten in ihrer Umlaufbahn treiben. Nachdem ihr Raumschiff getroffen wurde und defekt ist, versuchen die beiden Astronauten, eine andere Raumstation zu erreichen. Dramatisch und in letzter Sekunde kann sich die Astronautin retten, George Clooney, ganz Gentleman, hilft, klinkt sich aus (zu wenig Sauerstoff für beide) und wird in die Leere des Weltraums abgetrieben (Abb. 1).

1 Filmstill aus: *Gravity*, mit Sandra Bullock und George Clooney, 2013

»Leben im Weltraum ist nicht möglich«, so die Schluss-Sequenz, selbst ein Überleben ist schwierig. Kein Sauerstoff, noch Schall oder Luftdruck ... Dunkelheit, ewige Nacht und Leere. Simple Reparaturen werden in der Schwerelosigkeit zu komplizierten Unternehmungen. Die bemannte Raumfahrt ist problematisch und aufwendig, Menschen benötigen Sauerstoff, Druckschutzanzüge, Nahrung etc., und die Rückkehr sollte gesichert sein.

Kubricks Knochen und Newtons Impuls

Im wohl ästhetischsten Match Cut der Filmgeschichte wird von einem Urmenschen ein Knochen in die Luft geworfen – der zum Raumschiff wird, das im Weltall gleitet (Abb. 2, 3). Aus dem Werkzeug eines ›Primitiven‹ wird die fortgeschrittenste Technik unseres Kommunikationszeitalters: Satelliten, die auf erdnahen Ellipsen die Erde umkreisen. Der Filmtitan Stanley Kubrick schuf diese wunderbare Filmsequenz für *2001: Odyssee im Weltraum*. Diese Idee hat einen Ursprung in der »actio in distans«, der Fernwirkung von Isaac Newton. Dieser beschreibt 1687, wie aus einem mit großer Kraft von einem hohen Berg geworfener Stein ein unendlicher Wurf wird. Er fügt eine illustrative Zeichnung bei, die den Wurf bei unterschiedlichen Impulsen zeigt. Der Physiker findet eine Gleichung, der Wurf wird mathematisch berechenbar. Damit antizipiert Newton einen Satelliten, immerhin 300 Jahre vor der technischen Realisierung. Das damals Gewagte an diesem Denkexperiment: Menschliche Wesen können einen unendlichen Wurf machen. Nicht mehr Gott ist der Allesbeweger, sondern irdische, sterbliche Wesen schaffen ein Perpetuum mobile durch die Überlistung der Schwerkräfte (Abb. 4).

A B C D E F G H I J K L M N O P Q R S T U V W X Y Z

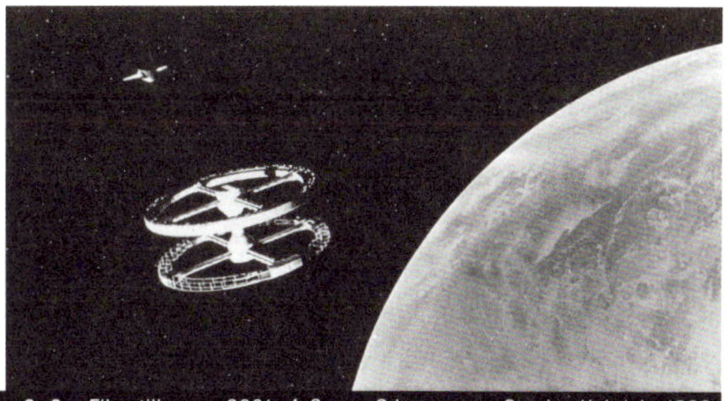

2, 3 Filmstills aus: *2001: A Space Odyssee*, von Stanley Kubrick, 1968

Kubricks Film *2001* ist das große Epos der Weltraumära. Mit Arthur C. Clarke entwickelte Kubrick das Drehbuch aus Clarkes Erzählband *Expedition to Earth*. Der Film zeigt zu Beginn Urmenschen: Die Affengruppe in der afrikanischen Savanne wird eines Morgens von einem Monolithen überrascht, einer Stele aus schwarzglänzendem Material, die vor ihrer Höhle aufgestellt wurde. Dieser strahlende Block wird zum Auslöser der Neugierde, der Zivilisierung der Affenhorde zum Homo sapiens. Aus dem Knochen wird ein Werkzeug, der Wurf des Knochens in die Höhe verwandelt sich zum modernen Technologie-Satelliten. Der Monolith ist ein (göttliches?) Zeichen: Verweis auf Außerirdische, auf intelligente Planetenbewohner. Der Monolith (die Kaaba der Alien?) und der schwerelose Satelliten-Knochen umreißen das Visionäre: die Menschwerdung, das bewusste Leben, die Entwicklung zur Zivilisation. Der religiöse Aspekt deckt sich mit dem 3. Clarke'schen Gesetz: »Jede hinreichend fortschrittliche Technologie ist von Magie nicht zu unterscheiden.«

Unsere Erde – Schönste aller Welten?
Utopien haben ihre Zeit: Unsere Gegenwart ist die Zukunft von gestern. Heute sind wir ernüchtert von der Sehnsucht nach anderen und besseren Welten. Was ist Nutzen oder Sinn der aufwendigen Expeditionen ins All, der Erkundung fremder Sterne?

Hans Blumenberg, Münsteraner Philosoph, untersuchte in seinem Buch *Die Genesis der kopernikanischen Welt* bereits 1975 die Berichte über die Mondlandung durch die Apollo-Mission. Interessant sind die Zweifel, ob die Amerikaner wirklich »auf dem Mond gelandet seien. Ein wehender Sternenbanner auf einem atmosphärenlosen Mond erschien als Unfall der Simulation, und es gab Leute genug, die den Landeplatz in amerikanischen Wüsten des Staates Arizona bei Mondlicht identifizieren zu können glaubten.«

Die schönste Legende über die angebliche Mondlandung erzählt die Mockumentary *Opération Lune (Dark Side of the Moon; Kubrick, Nixon und der Mann im Mond)* aus dem Jahr 2002 von William Karel; hier der ausführliche Bericht von www.moviepilot:

Um ein Porträt des legendären Meisterregisseurs Stanley Kubrick zu unterfüttern, sucht der Dokumentarfilmer William Karel dessen Witwe Christiane, geb. Harlan, auf dem Landsitz der Familie auf. Beim

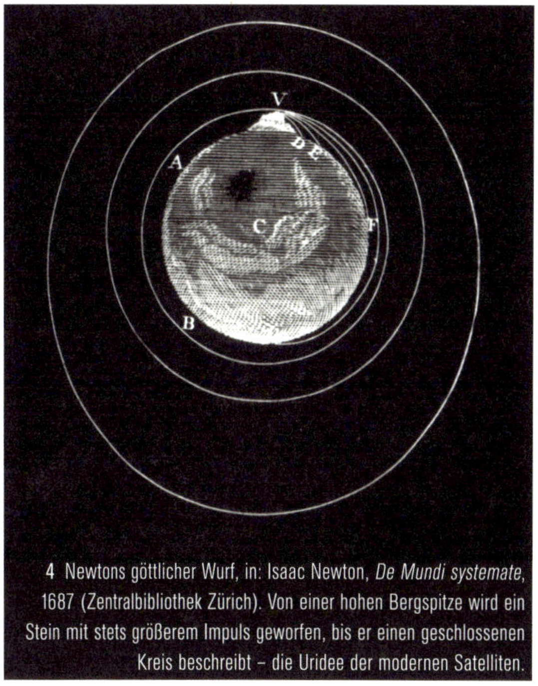

4 Newtons göttlicher Wurf, in: Isaac Newton, *De Mundi systemate*, 1687 (Zentralbibliothek Zürich). Von einer hohen Bergspitze wird ein Stein mit stets größerem Impuls geworfen, bis er einen geschlossenen Kreis beschreibt – die Uridee der modernen Satelliten.

Durchforsten des privaten Kubrick-Archivs fällt ihm ein Dokument der NASA mit der Aufschrift »streng geheim« in die Hände – ein Dokument, das ein gigantisches Täuschungsmanöver aufdeckt: von Nixon, Kissinger, der NASA und der CIA mit Hilfe von Stanley Kubrick durchgeführt.

Da die Nixon-Regierung das Scheitern der Apollo-11-Mission befürchtete, deren Erfolg ihr innen- und außenpolitisches Überleben garantieren sollte, trat man an Kubrick heran, um im Notfall öffentlichkeitswirksames Material für die Medien in der Hinterhand zu haben. Kubrick, der sich gerade in der Schlussphase der Produktion von *2001: Odyssee im Weltraum* befand, stellte nicht nur sein »Weltall« zur Verfügung, sondern inszenierte unter strengster Geheimhaltung am Set seines Films die Mondlandung mit Regierungsbeamten, die sich nicht nur zu absoluter Geheimhaltung verpflichten mussten, sondern auch aus ihrem alten Leben zu verschwinden hatten.

Als Gegenleistung für seine Dienste bekam Kubrick von der NASA die Kamera mit dem lichtstärksten Objektiv der Welt geliehen, das auch in der Dunkelheit »sehen« konnte, um seine legendären, ausschließlich von Kerzenlicht beleuchteten Szenen in *Barry Lyndon* überhaupt filmen zu können. Alles klappte nach Maß, doch nach der geglückten »Apollo-11-Mission«, für die Kubricks Film die Bilder geliefert hatte, wurde Nixon paranoid. Er befürchtete die Aufdeckung der Täuschung durch redselige Mitwirkende. Zum Entsetzen seiner Mitverschwörer befahl er die Liquidierung aller an den Dreharbeiten beteiligten Regierungsbeamten (vgl. Wikipedia: Kubrick, Nixon und der Mann im Mond).

Ernüchtert bilanzierte Hans Blumenberg bereits 1975: »Ein Jahrzehnt intensiver Aufmerksamkeit auf die Astronautik hat eine hinterhältigerweise vorkopernikanische Überraschung gebracht. Die Erde hat sich als kosmische Ausnahme erwiesen [...]. Die Eintönigkeit der photographischen und vermessenden Rückmeldungen vom Jupiter außen bis zum Merkur innen – also im Spielraum dessen, was für die Menschheit jemals Verkehrspraxis werden könnte, war die Enttäuschung der offenen oder heimlichen Voraussetzung, die Menschheit habe immer noch eine andere Option als die Erde [...]. Was sich dem menschlichen Einblick eröffnete, waren nichts als narbige Kraterwelten oder stickige Gluthöllen ohne Anzeichen von Lebensmöglichkeiten.«

Das Fazit lautet heute nüchtern und banal: Es gibt keine anderen Welten, keine Paradiese im Außerirdischen. Das »Raumschiff Erde« (Buckminster Fuller) ist eine kosmische Ausnahme, auch ohne Bedienungsanleitung. Wir sind nicht biblisch auserwählt, leben aber in der besten aller Welten. Unsere Erde ist die kosmische Oase, wo man weder erfriert noch geröstet wird und genügend Licht zur Erde fällt, damit Pflanzen, Tiere, Menschen gedeihen. Unsere Atmosphäre bietet Schutz gegen tödliche Strahlen, bildet einen Schirm gegen interplanetare Steine, die darin verdampfen oder verglühen.

Am Grunde des Luftmeeres, unter der Schwere der Luftsäule fand sich eine einzigartige Konstellation, ein Biotop, das Leben entstehen ließ, Überleben ermöglicht und Luxus samt Überfluss bietet, irdisches Glück, fern der Schwerelosigkeit.

5 Ausstellung *Schwerelos*, Orangerie Schloss Charlottenburg, Berlin 1991/92: Kosmosschleife mit *Letatlin* (Flugapparat von Wladimir Tatlin), Meteorit (215 kg), Kosmonautik-Plakate; im Vordergrund das 7000 Meter hoch fliegende Panamarenko-Auto

Gravitationsanomalie Die Gravitation oder → Schwerkraft ist eine Kraft, die durch das Zusammenwirken von Massen zustande kommt, denn jede Masse wirkt auf andere Massen anziehend. Sie hängt von der Größe der beteiligten Massen ab (weshalb die Schwerkraft auf der relativ großen → Erde größer ist als die auf dem relativ kleinen → Mond) und von ihrer Entfernung. An einem Ort wird die Schwerkraft von der Summe der Massen in der Umgebung bestimmt. Dadurch können sich lokal, z.B. bei dichterem (oder leichterem) Gestein, Abweichungen von einem Durchschnittswert ergeben. Hier besteht eine lokale Gravitationsanomalie, die bis zu 0,02 Prozent der mittleren Schwerkraft ausmachen kann. Auch wenn man hier von einer Anomalie spricht, handelt es sich jedoch nicht um etwas wirklich Anormales: Ein solche Abweichung vom Mittelwert hat erklärbare Ursachen, auch wenn diese nur schwer oder gar nicht durch Berechnungen bestimmt werden können.

Gravitationsanomalie

Mitunter wird an bestimmten Orten die Existenz rätselhafter Gravitations- oder Schwereanomalien vermutet, da man dort angeblich sieht, wie z.B. Objekte eine Straße hinaufrollen. Bei näheren Untersuchungen entpuppen sich solche Eindrücke jedoch zumeist als optische Täuschungen. *UH*

Great Observatory Program heißt das Programm, mit dem die → NASA durch Satellitenteleskope in wichtigen Bereichen des elektromagnetischen Spektrums das Weltall beobachtet. Von der Erde aus ist dies nicht möglich: Die Erdatmosphäre schränkt nicht nur die Auflösung von Teleskopen ein, sondern verhindert auch, dass diverse Bereiche des elektromagnetischen Spektrums wie die → Röntgen- und Gammastrahlung erfasst werden, die wichtige Auskünfte über astronomische Objekte liefern können. Zum Great Observatory Program gehör(t)en vor allem die vier Weltraumteleskope Chandra X-Ray Observatory, Compton Gamma Ray Observatory, Hubble und Spitzer Space Telescope, die nach jahrzehntelangen Vorplanungen im Weltraum eingesetzt worden sind. Als erstes nahm 1990 das → Hubble-Weltraumteleskop seine Arbeit auf.

1991 wurde durch das → Space Shuttle Atlantis das Compton Gamma Ray Observatory Telescope (CGRO), als Gammastrahlen-Detektor eingesetzt, in eine Erdumlaufbahn gebracht. Es entdeckte in einer Höhe von etwa 450 Kilometern u.a. Gammablitze auch in weit entfernten Galaxien, die auf hohe Energieausbrüche im Universum hinwiesen. Benannt war das Teleskop nach dem amerikanischen Physiker und Nobelpreisträger Arthur Holly Compton, der unter anderem zur Gammastrahlung und zur kosmischen Strahlung geforscht hatte. 1991 war das CGRO mit 15 Tonnen der schwerste wissenschaftliche Satellit, der je von einem Space Shuttle ins All befördert worden war. Als Lebensdauer waren etwa fünf Jahre veranschlagt, doch erst 1999 fiel eines der zur Lageregelung erforderlichen Gyroskope aus, sodass das Teleskop 2000 zu einem kontrollierten Absturz gebracht wurde und in der Erdatmosphäre verglühte.

1999 transportierte das Space Shuttle Columbia das Satelliten teleskop Chandra X-Ray Observatory ins All, das »nur« 4,8 Tonnen wiegt, aber mit 13,8 Metern Länge das größte von einem Space Shuttle beförderte Teleskop ist. Es spürt → Röntgenstrahlen aus besonders heißen Regionen des Weltalls auf, die auf explodierende → Sterne, die Materie um → Schwarze Löcher und Galaxiehaufen schließen lassen. Aufgrund der Absorption von Röntgenstrahlen durch die Erdatmosphäre umkreist es oberhalb von dieser in einer Höhe von bis zu 139 000 Kilometern die Erde. Sein Name erinnert an den indisch-amerikanischen Astrophysiker Subrahmanyan Chandrasekhar, der 1953 für seine mathematische Theorie der Schwarzen Löcher den Nobelpreis für Physik erhielt. Obwohl man bei diesem Teleskop zunächst nur von einer zehnjährigen Funktionsfähigkeit ausging, hofft man nun auf eine Einsatzdauer von etwa 30 Jahren.

Das jüngste Weltraumteleskop des Great Observatory Program ist das Spitzer Space Telescope (SST), das vor seinem Einsatz mittels einer Delta-II-Rakete im Jahr 2003 als SIRTF, Space Infrared Telescope Facility, bezeichnet wurde. Es ist mit etwa 950 Kilogramm verhältnismäßig leicht und umkreist nicht die Erde, sondern in einer der Erdbahn folgenden Umlaufbahn die Sonne. Seine Aufgabe ist es, die kosmische infrarote Strahlung zu beobachten. Durch den Infrarotbereich des elektromagnetischen Spektrums können Einblicke in Regionen gewonnen werden, die dem sichtbaren Licht nicht zugänglich sind. Dies soll u.a. Aufschlüsse über die Abläufe bei der Entstehung von Planetensystemen ermöglichen. Das nach dem Astrophysiker Lyman Spitzer (der die Entwicklung von Weltraumteleskopen wesentlich vorantrieb) benannte Infrarotteleskop war zunächst für fünf Jahre konzipiert, doch da auch nach dem Verbrauch der Kühlmittel für die Detektoren im Mai 2009 die kurzwelligen Kanäle seiner Infrarotkamera noch einsatzfähig sind, hofft die NASA auf eine Lebensdauer bis 2014. *UH*

A B C D E F G H I J K L M N O P Q R S T U V W X Y Z

Virgil Grissom, 1964

Grissom, Virgil Virgil »Gus« Grissom (1926–1967) war einer der ersten US-Astronauten und nach Juri → Gagarin und Alan Shepard 1961 der zweite Amerikaner und dritte Mensch im Weltall. Nach seinem Einsatz als Kampfflieger im Koreakrieg war Grissom, damals Testpilot der US-Air Force, aufgrund seiner Verdienste ausgewählt worden, sich für das → Mercury-Programm, das erste Raumfahrtprogramm der USA, testen zu lassen. Er wurde 1959 einer der sieben Mercury-Astronauten (Mercury Seven). 1961 erreichte er in der Raumkapsel → Liberty Bell mit einer maximalen Flughöhe von 190 Kilometern das All (wobei 100 Kilometer als entscheidende Höhe für einen Raumflug galten). Im Rahmen des → Gemini-Programms war Grissom einer der beiden Astronauten, die bei der Mission Gemini 3 im Raumschiff Molly Brown 1965 den ersten Zweimannflug der US-Raumfahrt absolvierten. Nach diesem Flug war er zugleich der erste Mensch, der zweimal ins Weltall geflogen war. Als das Gemini- vom → Apollo-Programm abgelöst worden war, sollte Grissom Anfang 1967 bei der Mission Apollo 1 einer der Astronauten sein, der die erste bemannte Raumfahrtmission des Programms absolvierte. Doch brach bei einer Routineübung auf der Startrampe einen Monat vor dem geplanten Start ein Feuer in der Kapsel aus, bei dem Grissom und seine Kollegen Edward White und Roger Chaffee ums Leben kamen. *UH*

Virgil Grissom und John W. Young in einem Gemini-Simulator, März 1964

H

Habitable Planeten Habitable Planeten befinden sich in der sogenannten Grünen Zone, einen Bereich um einen → Stern, in dem Leben möglich ist. Ein → Planet gilt dann als habitabel, wenn das auf ihm vorkommende Wasser dauerhaft flüssig ist, da nur mit Wasser und der richtigen Menge an Wärme die Entwicklung von Pflanzen und Tieren möglich ist. Der größte Teil der Erdoberfläche z.B. ist weder zu heiß noch zu kalt, weswegen hier Leben entstehen konnte.

Die Frage, ob auch es habitable → Exoplaneten gibt, kann zurzeit nicht beantwortet werden. Zu diesen Planeten außerhalb unseres → Sonnensystems sind nur wenige Aussagen möglich, wie z.B. zu ihrer Existenz, ihrer Position und ihrer ungefähren Beschaffenheit (ob es sich um Gesteinsplaneten oder, wie in den meisten Fällen, um → Gasplaneten handelt). Es gibt lediglich Exoplaneten, bei denen aufgrund ihrer wahrscheinlichen erdähnlichen Beschaffenheit und ihrer Lage in der habitablen Zone eines Planetensystems (d.h. durch ihren ausreichenden Abstand zum heißen zentralen → Stern) nicht ausgeschlossen werden kann, dass sie habitabel sind. Als Hinweis auf einen habitablen Planeten reicht eine solche Information jedoch bei Weitem nicht aus. *FL/UH*

Harmonia Macrocosmica (Abb. Seite 68, 117, 243) Die 1661 publizierte *Harmonia Macrocosmica* des deutschen Astronomen Andreas Cellarius (um 1596–1665) gilt als einer der künstlerischen Höhepunkte der Himmelsatlanten. Der ausführliche Text und seine kolorierten Kupferstich-Illustrationen sind zwar nicht sehr wissenschaftlich, geben aber anschaulich das damalige astronomische Wissen der Vergangenheit und Gegenwart sowohl antik-heidnischer als auch christlicher Provenienz wieder: So werden im ersten Teil die Weltbilder von Ptolemäus (Taf. 1, 2, 14) und Tycho Brahe (Taf. 6, 7, 9), aber auch das Kopernikanische Weltbild (Taf. 4, 5) dargestellt. Dieses widersprach zwar der Doktrin der katholischen Kirche, nach der die Erde der Mittelpunkt des Universums war, da es innerhalb der *Harmonia Macrocosmica* aber nur eine von mehreren Darstellungsweisen war, wurde der Himmelsatlas nicht auf den Index verbotener Bücher gesetzt. Ein weiterer Grund hierfür mag gewesen sein, dass er auch den »christlichen Sternatlas« *Coelum Stellatum Christianum* (1627) des Astronomen und Augustinermönchs Julius Schiller zitierte (Taf. 22, 23), in dem Sternbilder u.a. nach den Aposteln umbenannt waren und der heute als Kuriosum gilt. *UH*

Möglicherweise habitable Planeten

Andreas Cellarius, *Harmonia Macrocosmica*, 1661, Taf. 1, 5, 6, 13, 16, 18, 23, 26, 27

Himmelsglobus und Mondglobus Ein Himmelsglobus zeigt den von der Erde aus sichtbaren Sternenhimmel. Die Erde muss man sich hierbei im Mittelpunkt des Globus vorstellen, weshalb die Sternbilder auf diesem dem Betrachter den Rücken zuwenden oder spiegelbildlich dargestellt sind. Himmelsgloben gab es bereits in der Antike, in Mittelalter und früher Neuzeit wurden sie vielfach verwendet. Sie konnten sehr repräsentativ und ausgesprochen künstlerisch gestaltet sein; Hofastronomen ließen für ihre Mäzene Sonderanfertigungen herstellen. In dieser Zeit nutzten Astronomen Himmelsgloben (die häufig relativ präzise waren und Messinstrumente wie Horizont- und Meridianringe, Höhenquadranten sowie einen Kompass enthielten) auch für wissenschaftliche Zwecke.

Willem Janszoon Blaeu, Himmelsglobus, Amsterdam 1616, Kat. Nr. 119

Als das Fernrohr erfunden war, interessierte man sich zunehmend für die Oberfläche des Mondes und hielt Beobachtungen zuerst in Karten und dann auch auf Mondgloben fest. Einige wenige wurde 1797 von dem englischen Maler John Russel hergestellt; ab der Mitte des 19. Jahrhunderts wurden in Wien Mondgloben in Serie produziert. Sie hatten allerdings einen Nachteil: Die Rückseite des Mondes war vor dem Zeitalter der Raumfahrt völlig unbekannt. *UH*

Himmelsmechanik Die Himmelsmechanik ist eine Teildisziplin der → Astronomie, in der anhand physikalischer Theorien und mathematischer Modellierungen die Bewegungen astronomischer Objekte, von einzelnen Himmelskörpern bis zu Galaxien, dargestellt werden.

Die Bewegung von → Planeten wollte man schon in der Antike voraussagen, wozu im alten Mesopotamien, Ägypten und Griechenland zahlreiche Beobachtungen durchgeführt und mathematische Modelle entwickelt wurden. Noch Nikolaus → Kopernikus verwendete antike Quellen, nach denen sich die Planeten auf einer Kreisbahn bewegten. Erst Johannes → Kepler gelangte mit der mathematischen Modellierung der Kepler'schen Gesetze anhand der Beobachtungen von Tycho Brahe zu der Erkenntnis, dass sich die Planeten auf einer elliptischen Bahn bewegen. Dies wurde später von Isaac → Newton theoretisch untermauert. Newtons *Philosophiae naturalis principia mathematica* (1687) waren bis zum ausgehenden 18. Jahrhundert das Standardwerk nicht nur der Himmelsmechanik, sondern auch der Physik. Ein wichtiger weiterer Schritt war Anfang des 20. Jahrhunderts erreicht, als durch Einsteins allgemeine Relativitätstheorie die Periheldrehung des Merkur (d.h. die Verlagerung des sonnenfernsten Punktes der Umlaufbahn des Planeten) erklärt werden konnte. Inzwischen sind durch rechenstarke Computer und moderne Teleskope sowie Instrumente im Weltraum viele neue himmelsmechanische Phänomene entdeckt und berechnet worden. Computer mit ausreichender Rechenleistung können z.B. die Entwicklung ganzer Planetensysteme simulieren. *UH*

Himmelsscheibe von Nebra Die 1999 bei einer Raubgrabung bei Nebra (Sachsen-Anhalt) entdeckte Himmelsscheibe stammt aus der Bronzezeit. Mit ihrem Alter von ca. 3700 bis 4100 Jahren ist sie die älteste bekannte Abbildung des Sternenhimmels. Die zum UNESCO-Weltkulturerbe gehörende Bronzescheibe wird heute im Landesmuseum für die Vorgeschichte Sachsen-Anhalts in Halle aufbewahrt. Sie hat einen Durchmesser von 32 Zentimetern und trägt Goldapplikationen, die ein Schiff, die Sonne, den Mond, 32 Sterne sowie zwei bogenförmige Elemente darstellen, die sogenannten Horizontbögen. Da das Gold dieser Applikationen keine einheitliche Zusammensetzung (und somit Herkunft) aufweist, ist

Die Himmelsscheibe von Nebra, Ende 3./Anfang 2. Jahrtausend v. Chr., Kat. Nr. 3

davon auszugehen, dass die Himmelsscheibe von Nebra im Laufe der Zeit verändert wurde. Zu diesem Thema hat die Archäologie mehrere Interpretationen entwickelt. *UH*

Hubble-Weltraumteleskop Das Weltraumteleskop Hubble für sichtbares Licht, Ultraviolett- sowie Infrarotstrahlung dient der Erforschung des Universums. 1990 wurde es mit dem → Space Shuttle Discovery ins All gebracht, wo es die → Erde umkreist und gemeinsam mit drei weiteren Teleskopen Teil des → Great Observatory Program ist.

Benannt wurde das Teleskop nach dem Astronomen Edwin Hubble, einem Pionier der Extragalaktischen Astronomie, die sich mit dem Universum außerhalb unserer → Milchstraße befasst. Es wurde als erstes der vier Teleskope des Great Observatory Program eingesetzt und hat ein sehr breites Aufgabenspektrum, das beinhaltet, Informationen über → Planeten in unserem → Sonnensystem und → Exoplaneten zu liefern, über → Sterne und → Galaxien im gesamten Weltall sowie zu → Schwarzen Löchern, → Dunkler Materie und → Dunkler Energie. Anfänglich waren die von Hubble gelieferten Bilder aufgrund eines fehlerhaften Hauptspiegels kaum zu verwerten – ein Problem, dass 1993 bei einer Space-Shuttle-Mission behoben wurde. Seitdem wurde eine Reihe von Wartungsmissionen durchgeführt, bei denen außerdem die Instrumente modernisiert worden sind. Hubble wird vermutlich nur noch wenige Jahre seine Arbeit tun: Für das Jahr 2018 ist sein Ersatz durch das James Webb Space Telescope geplant. Zudem verringert sich der Abstand zwischen Hubble und der Erde stetig, sodass das Weltraumteleskop, wenn keine Gegenmaßnahmen ergriffen werden, wohl 2024 die Erdatmosphäre erreichen und dort verglühen wird. *FL/UH*

Das Hubble-Teleskop im Weltraum, 13. Februar 1997

Impakt Wenn ein kleinerer auf einen beträchtlich größeren Himmelskörper prallt, spricht man von einem Impakt (oder Einschlag). Auf dem größeren Himmelskörper kann sich ein Einschlag- oder Impaktkrater bilden.

Ein Impakt ereignet sich beispielsweise, wenn ein → Meteorit auf die → Erde prallt, und tatsächlich haben Meteoriteneinschläge die Gestalt der Erde geprägt: In der Zeit, in der sich unser → Sonnensystem entwickelte (vor ca. 4 Milliarden Jahren), prasselten während des sogenannten Großen Bombardements zahlreiche Meteoriten auf die Gesteinsplaneten Erde, → Merkur, → Venus und → Mars und auch auf den Erdenmond nieder. Dies führte auf dem → Mond zur Bildung der Mondmeere und verhinderte auf der Erde die Entstehung einer stabilen Erdrinde. Auch setzten Impakte auf der Erde möglicherweise komplexe Reaktionen in Gang, deren Resultate die Entstehung des Wassers und der Ursprung des Lebens auf der Erde gewesen sein könnten.

Auch heute treffen jedes Jahr einer Schätzung zufolge 19 000 Meteoriten auf die Erde, die allermeisten von ihnen werden jedoch nicht einmal bemerkt. *FL/UH*

ISS ISS (International Space Station) bezeichnet die international betriebene bemannte → Raumstation und das größte Technologieprojekt der Geschichte. Auf ihr werden unter Weltraumbedingungen Experimente und Forschungen durchgeführt, die u. a. wichtige Erkenntnisse für auf der Erde verwendete Technologien versprechen. Die ISS kreist in einer Höhe von etwa 400 Kilometern und soll mindestens bis 2020 betrieben werden. Ob ein (technisch bis etwa 2028 möglicher) Weiterbetrieb über dieses Jahr hinaus stattfindet, ist zurzeit ungewiss. Dieser ist, da → Sojus-Kapseln zum Transport der ISS-Besatzung notwendig sind, nur unter Beteiligung Russlands möglich, und die Ukraine-Krise scheint sich auch auf das Weltall auszuwirken.

Die Internationale Raumstation ISS, aufgenommen vom Space Shuttle Endeavour aus, 24. März 2008

Beteiligt an der ISS sind, über die Raumfahrtorganisationen der jeweiligen Länder, die USA, Russland, Europa (mit 10 Ländern, von denen Deutschland der größte Beitragszahler ist), Kanada und Japan. Anfang 1998 wurde ein entsprechendes Abkommen unterzeichnet; noch im selben Jahr wurde als erster ISS-Bestandteil das russische Fracht- und Kontrollmodul Sarja ins Weltall gebracht. Heute misst die ISS etwa 110 × 100 × 30 Meter und ist somit die größte je gebaute Raumstation (und inzwischen auch die mit der längsten Einsatzdauer). Sie besteht aus dem Kontrollmodul, Wohn-, Logistik-, Andock- und Verbindungsmodulen, Luftschleusen für Weltraumausstiege, Stauplattformen, Roboterarmen etc. Auffällig sind die 16 riesigen Sonnenkollektoren, die die Energieversorgung sicherstellen.

Wesentlich für den Zweck der ISS, Experimente durchzuführen und das Universum zu erforschen, sind ihre Forschungsmodule: 2001 wurde das US-Forschungslabor Destiny installiert, 2008 das europäische Weltraumlabor → Columbus und 2008/09 das japanische Forschungsmodul Kibō. 2010 wurden die Beobachtungskuppel Cupola und das russische Forschungsmodul Rasswet angebaut (dem 2015 mit Nauka ein zweites russisches Forschungsmodul folgen soll). Eine Gitterstruktur hält alle ISS-Bestandteile zusammen.

Seit Ende 2000 halten sich → Raumfahrer für längere Zeit (bisher bis zu 213 Tagen) auf der ISS auf, sie gehören zu den als ISS-Expeditionen bezeichneten Langzeitbesatzungen. Diese haben bisher aus zwei bis sechs Raumfahrern bestanden, dem ISS-Kommandanten und sogenannten Bordingenieuren. ISS-Besucher (Raumfahrer und inzwischen sogar Weltraumtouristen, die für ihren Aufenthalt zahlen, → Afronaut) verweilen nur für einige Tage auf der Raumstation. *FL/UH*

Iwanowitsch, Iwan war der Name einer Schaufensterpuppe, mit der 1961 bei zwei Testflügen das Landesystem des sowjetischen Raumschiffs → Wostok geprüft wurde. Die Puppe wurde durch einen Schleudersitz aus der Kapsel katapultiert und landete mit einem Fallschirm auf der Erde. Nachdem Iwan Iwanowitsch beide Tests bestanden hatte, konnte Juri → Gagarin zu seinem Raumflug um die Erde starten. Heute wird Iwan Iwanowitsch im National Air and Space Museum in Washington aufbewahrt. *UH*

Der Testpilot Iwan Iwanowitsch

J

Jähn, Sigmund Sigmund Jähn (geb. 1937) war der erste deutsche → Raumfahrer. Zuvor war er für die DDR-Luftstreitkräfte und die in der DDR stationierte sowjetische Luftwaffe tätig gewesen und hatte an der sowjetischen Militärakademie J. A. Gagarin bei Moskau studiert. 1976 wählte ihn die DDR aus, in Moskau zum → Kosmonauten ausgebildet zu werden; 1978 flog Jähn in der sowjetischen → Sojus 31 zur → Raumstation Saljut 6, wo er zahlreiche Experimente im wissenschaftlich-technischen, aber auch im psychologischen und biologischen Bereich durchführte. Sein Flug im All dauerte sieben Tage.

Waleri Bykowski und Sigmund Jähn vor der Sojus-Kapsel, 1978

Als erster Deutscher im Weltraum wurde Jähn von der DDR sehr gefeiert, die ihm nicht nur die Auszeichnung »Held der DDR« verlieh, sondern auch viele öffentliche Einrichtungen nach ihm benannte. 2001 erhielt der Planetoid 1998 BF14 seinen Namen. Seit 1990 arbeitet Jähn als Berater für das Kosmonauten-Ausbildungszentrum Russlands und seit 1993 auch für die → ESA. In dieser Funktion hat er sich große Verdienste um die internationale Zusammenarbeit in der Raumfahrt erworben. *FL/UH*

Jupiter Jupiter (nach dem höchsten römischen Gott benannt) ist der fünfte und größte → Planet in unserem → Sonnensystem. Aufgrund seiner Beschaffenheit (seine oberen Schichten setzen sich u.a. aus ca. 90 Prozent Wasserstoff und 10 Prozent Helium zusammen) zählt er zu den → Gasplaneten, weshalb er auch als Gasriese bezeichnet wird. Sein Äquatordurchmesser beträgt rund 143 000 Kilometer, seine Entfernung zur → Sonne im Durchschnitt rund 778 Millionen Kilometer, er hat nicht weniger als 67 → Monde und ist eines der hellsten Objekte am Nachthimmel. *FL/UH*

Michael Benson, *Transit des Mondes Io, auf der Basis einer Aufnahme der Sonde Cassini am 1. Januar 2001*, 2011, Kat. Nr. 128

K

Kepler, Johannes Johannes Kepler (1571–1630) war ein deutscher Astronom, Mathematiker und Naturphilosoph und wie → Galilei ein Begründer der modernen → Astronomie. 1600 wurde er Assistent von Tycho Brahe, dem Hofmathematiker Kaiser Rudolfs II. in Prag; 1601 folgte er dem verstorbenen Brahe in dieser Funktion nach. 1609 thematisierte Kepler in *De Stella Martis* die Anziehungskraft zwischen → Erde und → Mond, wobei er den Einfluss des Mondes auf Ebbe und Flut nachwies; 1611 entwickelte (oder beschrieb er erstmals) das astronomische Fernrohr, das auch als Kepler-Fernrohr bezeichnet wird. 1627 erschienen seine *Rudolfinischen Tafeln*, welche Tafeln und Regeln zur Bestimmung der Planetenpositionen (→ Planet) enthalten und auf denen bis ins 18. Jahrhundert alle astronomischen Berechnungen basierten. Zudem entwickelte er die sogenannten Keplerschen Gesetze, welche die Gesetzmäßigkeiten der Umlaufbahnen von Planeten beschreiben. *UH*

Kopie eines verlorenen Originals, *Johannes Kepler*, 1610

Komet Komet ist die Bezeichnung für kleine Himmelsobjekte, die – anders als → Asteroiden – mit Felsbrocken und Staub durchsetzte Eisklumpen sind. Sie kommen in ungeheuerlich hoher Zahl in unserem Planetensystem vor. Sichtbar für das menschliche Auge ist vor allem der bis zu 100 Millionen Kilometer lange Schweif (weshalb Kometen auch als Schweifsterne bezeichnet werden). Ein Schweif entsteht, sobald ein Komet in das mittlere → Sonnensystem eindringt, da sich durch die Sonnennähe die Oberfläche des Kometen erhitzt. Zu den bekanntesten Kometen zählen der schon lange bekannte und sehr helle Halleysche Komet (der etwa alle 75 Jahre mit dem bloßen Auge zu beobachten ist) und der erst 1995 entdeckte Hale-Bopp, der 1996/97 eineinhalb Jahre lang von der Erde aus zu sehen war. *FL/UH*

Der Komet Lovejoy, aufgenommen von dem Astronauten Dan Burbank, 22. Dezember 2011

Kopernikus, Nikolaus Nikolaus Kopernikus (1473–1543), Arzt und hoher Regierungsbeamter des Fürstbistums Ermland in Preußen, betrieb neben seiner beruflichen Tätigkeit umfangreiche astromische und mathematische Forschungen und führte mit einfachen Instrumenten Beobachtungen der Himmelskörper durch. Seine astronomischen Studien veranlassten ihn, das seit der Antike gültige geozentrische ptolemäische Weltbild des griechischen Astronomen Claudius Ptolemäus (um 90–160 n. Chr.) – das zeitgleich auch von anderen Wissenschaftlern angezweifelt wurde – als unzutreffend zu bezeichnen und (was das eigentlich Neue war) ein wissenschaftlich überzeugendes Modell eines heliozentrischen Weltbildes zu entwickeln, das später als kopernikanisches Weltbild bekannt wurde. Entsprechende Überlegungen von Kopernikus sind schon in einem Manuskript des Jahres 1509 nachweisbar und waren Anfang der 1530er Jahre abgeschlossen, doch veröffentlichte er sie, von Freunden ermutigt, erst 1543 in *De revolutionibus orbium coelestium* (etwa: Über die Kreisbewegungen der Himmelskörper). In dieser für die Astronomie wegweisenden Schrift beschrieb er sein Modell, nach dem die → Erde nicht der stationäre Mittelpunkt des Universums ist, sondern sich mit den anderen → Planeten unseres → Sonnensystems um die → Sonne bewegt, wobei sich die Planeten um ihre eigene Achse drehen.

Diese Publikation leitete den Paradigmenwechsel in der Naturwissenschaft ein, der als kopernikanische Wende oder Revolution bekannt geworden ist; Kopernikus' Modell durch genauere astronomische Beobachtungen bzw. rechnerisch zu präzisieren und zu belegen, blieb u. a. Galileo → Galilei, Johannes → Kepler und Isaac → Newton überlassen. *UH*

Nach einem Gemälde von Otto Brausewetter, *Nikolaus Kopernikus, Himmelsbeobachtung bei Nacht*, um 1870/80

A B C D E F G H I J K L M N O P Q R S T U V W X Y Z

Koroljow, Sergei Der Raketenwissenschaftler und Weltraumpionier Sergei Pawlowitsch Koroljow (1907–1966) war ab den 1950er Jahren der wichtigste Wissenschaftler der sowjetischen Raumfahrt. Bereits in den 1930er Jahren arbeitete der Flugzeugkonstrukteur an der Entwicklung von Raketen; die Jahre 1938 bis 1944 verbrachte er nach falschen Anschuldigungen unter Stalin in brutalen Spezialarbeitslagern für Wissenschaftler. 1945 wurde er als Oberst der Roten Armee in das sowjetische Hauptquartier nach Berlin beordert, wo er Einzelheiten über das nationalsozialistische Raketenprogramm herausfand, deutsche Raketenwissenschaftler aufspürte und in die UdSSR brachte. Dort stieg er dann zum Leiter des sowjetischen Raketenprogramms auf und verhalf den Sowjets zu ihrer lange Zeit führenden Rolle in der Raumfahrt. Seine Kenntnisse und Ideen ermöglichten die Konstruktion der ersten Interkontinentalrakete R-7, die Entwicklung des → Satelliten → Sputnik und dass im Rahmen des → Wostok-Programms 1961 mit Juri → Gagarin der erste Mensch ins All flog. Die Schwedische Akademie der Wissenschaften fragte an, wer für den Bau des Sputnik verantwortlich sei, um ihm den Nobelpreis zu verleihen. Die offizielle Antwort lautete jedoch, dies sei das Verdienst des gesamten sowjetischen Volkes, woraufhin der Preis nicht verliehen wurde. 1964 begann Koroljow mit dem Bau der N-1-Rakete, der sowjetischen Mondrakete. Durch seinen frühen Krebstod im Jahre 1966 konnte er seine Arbeit nicht vollenden, ein gravierender Rückschlag für die sowjetische Raumfahrt. Im Westen bekannt wurde dieser geniale Pionier erst durch sein Staatsbegräbnis an der Moskauer Kremlmauer – bisher hatte man den Chef des streng geheim gehaltenen sowjetischen Raumfahrtprogramms als »Mister X« bezeichnet. *UH*

Sergei Koroljow, 1960

Kosmologie Die Kosmologie, eine Teildisziplin der → Astronomie, untersucht die Struktur und Entwicklung des Weltalls. Sie beschreibt ihren Forschungsgegenstand anhand von ständig verfeinerten physikalischen Modellen (wie dem Standardmodell der Teilchenphysik und Einsteins allgemeiner Relativitätstheorie), mit denen Bebachtungen der Astronomie (insbesondere mittels moderner Weltraumteleskope) und der Astrophysik erklärt werden.

Die Ursprünge der Kosmologie sind durch die Theologie geprägt; ihre naturwissenschaftliche Ausrichtung begann mit Nikolaus → Kopernikus (1473–1543), aus dessen Forschungen zu erschließen war, dass auch im Weltall physikalische Gesetze gelten. Wichtige Teilgebiete der aktuellen Kosmologie sind die Theorie des → Urknalls, die Erforschung der Entwicklung von → Galaxien sowie von Phänomenen wie der kosmischen Hintergrundstrahlung (→ Strahlung) (die auf die Expansion des Universums schließen lässt), → Dunkler Energie und → Dunkler Materie. *FL/UH*

Albrecht Koschorke, Auszug aus *Die Geschichte des Horizonts: Grenze und Grenzüberschreitung in literarischen Landschaftsbildern*

3. Der Lanzenwurf ins All

In Folge der breiten Rezeption der aristotelischen Schriften wird in den Gelehrtenkreisen auch die darin niedergelegte Kosmologie weitgehend verbindlich. Das betrifft vor allem das allgemeine Bild der Erde. »Seit dem XIII. Jahrhundert hat kein nennswerther Kosmograph mehr die Kugelgestalt der Erde ernstlich in Frage gestellt.«[1] Es liegt auf der Hand, daß dadurch die überkommenen Weltrandvorstellungen ihre Grundlage verlieren. Daß es eine Berührungslinie von Himmel und Erde gebe, daß Erdrand und Weltgrenze zusammenfielen, sind nurmehr entwirklichte, wider besseres Wissen fortexistierende Anschauungsgewohnheiten. Ein System von Fernwirkungen verdrängt die Mythen des Übergangs und der Berührung. So erklärt sich die Blüte einer sich säkularisierenden astrologischen Entsprechungslehre gerade zu der Zeit, in der die neuzeitliche Astronomie ihre ersten großen Triumphe feiert, bis ein physikalisch-materieller Begriff von Fernwirkung, abschließend formuliert durch Newtons Gravitationsprinzip, den astrologischen Praktikenbüchern weitgehend den Boden entzieht.[2] Kosmographie und Geographie treten in der Einteilung der Wissenschaften auseinander. Der Begriff des Weltrandes aber gewinnt neue Gestalt in den logischen Spekulationen der Scholastiker über die Ausdehnung des Kosmos.

Der Gang dieser Spekulationen soll hier insoweit umrissen werden, als sich in ihnen ein Strukturwandel des Denkens der Grenze zuträgt, der Modellcharakter für alle weiteren Untersuchungen hat. Nach der Auffassung des Aristoteles besteht der Kosmos aus mehreren konzentrischen Sphären, deren Mitte die Erdkugel bildet und die von endlicher Ausdehnung sind. Die Idee eines sphärischen Kosmos hängt mit der aristotelischen Lehre von den Örtern und der dazugehörigen Bewegungslehre zusammen. Dieser Lehre zufolge ist die Kreisbewegung die höchste, dem Göttlichen nächste Bewegung, weil sie ewig, gegensatzlos und in sich vollkommen ist. Sie beherrscht dementsprechend die höhere, supralunare Welt. Nur in der niederen, sublunaren Welt wirken die beiden entgegensetzten linearen Bewegungen des Aufwärts und Abwärts.

Von religiösen Ursprüngen wie der orphischen Kreismystik, später von der Seinslehre der Eleaten her hat in der griechischen Philosophie die Kugel als ontologische Gestalt des Vollkommenen oder als dessen geometrisches Symbol eminente Bedeutung.[3] Die zugrundeliegende Vorstellung ließe sich mit dem Begriff einer zyklischen Endlosigkeit umschreiben – nicht notwendig im Sinn einer prozessualen Verlaufsform der periodischen Wiederkehr, sondern als eine alles in sich selbst zurückführende, Anfang und Ende in jedem Punkt vereinigende Struktur – gegenüber der Idee einer progressiven Unendlichkeit, die dem Denken der Neuzeit eignet. Die ›runde‹ und ihrer reinen Ausdehnung nach durchaus endliche Endlosigkeit ist philosophisch entfaltet das, was an keine Grenze stößt, keine Veränderung verursacht oder erleidet, was alles, auch sich selbst, umschließt, was in sich und aus sich ist, indem es in sich entspringt und in sich endet. Dieser Begriff der gegensatzlosen Vollkommenheit ist weit von der Idee eines jede Grenze übersteigenden Unendlichen entfernt.

Die aristotelische Kosmologie ist einer solchen Formgebung des Vollkommenen verpflichtet. Der Kosmos als ganzer hat ebenso wie seine ineinanderliegenden Teile durch seine Kugelform die schlechthin ideale Gestalt. Daran knüpft Aristoteles die Schlußfolgerung an, daß es sich um eine einzige, zentrierte, endliche Weltkugel handeln müsse. Daraus ergibt sich weiterhin, daß außerhalb des Kosmos keine andere, verstreute Materie existieren kann. Nach der Logik der peripatetischen Raumauffassung bedeutet das zugleich, daß außerhalb des Kosmos kein Raum ist. Denn der Raum ist bestimmt als Aufenthaltsort von Körpern. »Der Raum reicht daher nicht weiter als die ihn erfüllenden Dinge.«[4]

Man kann den Abstand dieser Auffassung eines genuin körperbezogenen Raumes vom neuzeitlichen Begriff des Beziehungsraumes, eines apriorischen Koordinatensystems, in das gewissermaßen nachträglich die Körper sich einbeschreiben, nicht genügend betonen. Der Raum des Aristoteles ist ein Gefäß, ein Hohlraum, der nur existiert, wo Körper ihn umranden. »Der Raum ist kein Beziehungssystem zwischen den Dingen, sondern er ist die von außen her vollzogene Umgrenzung des von einem Ding eingenommenen Volumens.«[5] Das schließt die Denkmöglichkeit eines Vakuums aus. Auf den Kosmos übertragen, folgt daraus nach einer Formulierung der aristotelischen ›Physik‹:

> »Daher ist die Erde im Wasser, dieses in der Luft, diese im Äther, der Äther im Himmel, dieser jedoch nicht mehr in einem andern.«[6]

In der posthum redigierten Schrift ›Vom Himmel‹ wird das in mehreren Beweisgängen genauer ausgeführt.

> »Es ist also aus dem Gesagten klar, daß kein Körper draußen ist und daß keinerlei körperliche Masse draußen entstehen kann. Denn der gesamte Kosmos besteht aus der ganzen ihm zugehörigen Materie; und Materie ist ihm der natürliche wahrnehmbare Körper. Also existiert keine Mehrzahl von Himmeln, noch gab es sie oder kann sie entstehen. Sondern dieser Himmel ist einer und einzig und vollkommen.
>
> Gleichzeitig ist klar, daß es außerhalb des Himmels auch keinen Ort und kein Leeres und keine Zeit gibt. Denn in jedem Ort kann ein Körper existieren; leer nennt man nämlich das, worin zwar kein Körper ist aber doch sein kann. (…) Es ist aber gezeigt worden, daß außerhalb des Himmels ein Körper weder ist noch entstehen kann.
>
> Es ist also klar, daß draußen weder ein Ort noch das Leere noch die Zeit existiert. Also besteht das Dortige weder an einem Ort noch ist da eine Zeit, die es altern macht, noch gibt es irgendeine Veränderung an demjenigen, was jenseits des äußersten Umschwungs (der Himmelsrotation) eingeordnet ist; sondern es ist unveränderlich und unverletzlich und verbringt den ganzen Aion in dem besten Leben und dem selbstgenugsamsten.«[7]

Außerhalb der äußersten Sphäre existiert der Gott der aristotelischen Kosmologie, ihr unbewegter Beweger, auf den die Ordnung der physischen Welt, die Daseinsform im Raum und in der Zeit sich nicht erstrecken. Die oberste Himmelswölbung ist folglich zugleich Grenze und Nicht-Grenze, sie grenzt an etwas, das kein Raum ist und deshalb eine räumliche Begrenzung nicht kennt. Sie ist nicht physikalische Berührungslinie zwischen Körperraum und Leere, sondern ontologische Grenzscheide zwischen dem Sein und dem Nichts. »Die Himmelskugel hat hiernach also nach innen eine Hülle, nach außen dagegen nicht«, heißt es in einem Kommentar zur aristotelischen Physik.[8]

Anmerkungen

1 Konrad Kretschmer, *Physische Erdkunde im christlichen Mittelalter*, Wien 1889, S. 51.
2 Heinz Artur Strauß, *Der astrologische Gedanke in der deutschen Vergangenheit*, München/Berlin 1926, S. 8ff., 14. – Vgl. Gustav René Hocke, *Die Welt als Labyrinth. Manier und Manie in der europäischen Kunst*, Hamburg 1977, S. 133.
3 Dietrich Mahnke, *Unendliche Sphäre und Allmittelpunkt*, Stuttgart 1966 (Nachdruck der Ausgabe Halle 1937), S. 230ff.
4 Otto F. Bollnow, *Mensch und Raum*, Stuttgart 1963, S. 32.
5 Ebd., S. 29. – Das ist das genaue Gegenteil des transzendentalen Raumbegriffs bei Kant: »Der Raum ist eine notwendige Vorstellung a priori, die allen äußeren Anschauungen zum Grunde liegt. Man kann sich niemals eine Vorstellung davon machen, daß kein Raum sei, ob man sich gleich ganz wohl denken kann, daß keine Gegenstände darin angetroffen werden.« (Immanuel Kant, *Kritik der reinen Vernunft*, I, § 2, Hamburg 1956, S. 67).
6 Aristoteles, Physik 212b, in: *Aristoteles, Die Lehrschriften*, hrsg. von P. Gohlke, Bd. IV.I, *Physikalische Vorlesung*, Paderborn 1956, S. 126.
7 Aristoteles, Vom Himmel, I, 278–279, in: *Aristoteles, Werke*, Bd. 2, hrsg. von Olof Gigon, Zürich 1950, S. 86f.
8 P. Gohlke, in: *Aristoteles, Die Lehrschriften*, IV.I (s. Anm. 6), S. 324.

Kosmonaut Die Bezeichnung Kosmonaut (»Seefahrer im Weltraum«) wird für die → Raumfahrer der Raumfahrtprogramme der UdSSR und der heutigen russischen Raumfahrtbehörde → Roskosmos verwendet. Zu diesen zählt beispielsweise auch der Deutsche Sigmund → Jähn, da er im → Sternenstädtchen (Swjosdny Gorodok) in Russland ausgebildet wurde. *FL*

Kourou – Weltraumbahnhof Kourou liegt in Französisch-Guayana in Südamerika und ist der europäische Weltraumbahnhof, von dem aus auch die → Ariane-Raketen starten. Er befindet sich in einer sehr dünn besiedelten Region direkt an einem Waldgebiet, wodurch die Gefährdung von Menschen minimiert wird. Der eigentliche Grund, weshalb diese politisch zwar zu Europa gehörige, vom eigentlichen Kontinent aber weit entfernt liegende Gegend für den europäischen Weltraumbahnhof ausgewählt wurde, ist ihre Nähe zum Äquator: Dort erhalten die startenden Raketen durch die schnellere Rotation der Erde ein Maximum an zusätzlichem Schwung. *FL/UH*

Die Ariane-5-Rakete wird zur Startrampe gerollt, Kourou, 14. Februar 2011

Kranz, Eugene Eugene »Gene« Kranz (geb. 1933) war als Flugingenieur tätig, der ab 1964 als Flugdirektor für das → Gemini-Programm der → NASA arbeitete und dessen als White Team bezeichnete Schicht leitete; ab 1968 war er Leiter der gesamten NASA-Flugkontrolldivision inklusive des → Apollo-Programms. Kranz war 1970 maßgeblich an der Rettung der Apollo-13-Astronauten beteiligt; danach fanden die Missionen zur Weltraumstation → Skylab unter seiner Leitung statt. 1974 bis 1983 war er stellvertretender Direktor von NASA Missions Operations, zu deren Direktor er 1984 ernannt wurde. In dieser Zeit fielen auch die → Space-Shuttle-Flüge in seinen Verantwortungsbereich. 1994, nach dem erfolgreichen Abschluss der Shuttle-Mission STS-61, dem ersten Wartungsflug für das → Hubble-Weltraumteleskop, ging Kranz in den Ruhestand. *UH*

Neil Hutchinson, Eugene Kranz und Gerald Griffin im Kontrollzentrum in Houston, Texas, während des Starts von Apollo 17, 6. Dezember 1972, Kat. Nr. 84

Künstlerische Darstellung des kleinsten Objekts im Kuipergürtel, nach einer Aufnahme des Hubble-Teleskops vom 13. Januar 2010

Kuipergürtel Der Kuipergürtel liegt in unserem → Sonnensystem außerhalb der Bahn des → Neptun und umfasst Schätzungen zufolge mehr als 70 000 Objekte von mehr als 100 Kilometern Durchmesser; etwa 1000 sind heute registriert (im → Asteroiden-Hauptgürtel zwischen → Mars und → Jupiter hingegen sind nur ca. 200 vergleichbare Objekte bekannt). Als erstes Kuipergürtel-Objekt wurde 1992 der 1930 entdeckte → Zwergplanet → Pluto identifiziert. *FL/UH*

L

Laika Laika war eine Mischlingshündin und lebte auf den Straßen Moskaus, bevor sie 1957 als erstes Lebewesen in die Erdumlaufbahn geschickt wurde. An Bord des Satelliten Sputnik 2 bewies sie, dass Lebewesen in der Schwerelosigkeit überleben können. Geplant war, dass sie zehn Tage wichtige Daten zur Erde liefern sollte, nicht jedoch eine Rückkehr zur Erde – Laika sollte vergiftetes Futter fressen und ihr Tod viel früher eintreten als das Verglühen des Sputnik 2 in der Erdumlaufbahn (was nach 162 Tagen geschah).

Von Laika (deutsch Kläffer) wurden unscharfe Fernsehbilder gezeigt, die weltweit Aufsehen und Mitleid erregten. Lange Zeit hieß es, dass sie mehrere Tage im All überlebte, doch wurde 2002 bekannt, dass sie bereits einige Stunden nach dem Start an Überhitzung und Stress starb. Ihr Tod lieferte nicht nur Erkenntnisse, die die bemannte Raumfahrt erst ermöglichten, sondern entfachte auch eine weltweite Debatte über den Einsatz von Tieren für wissenschaftliche Zwecke. *UH*

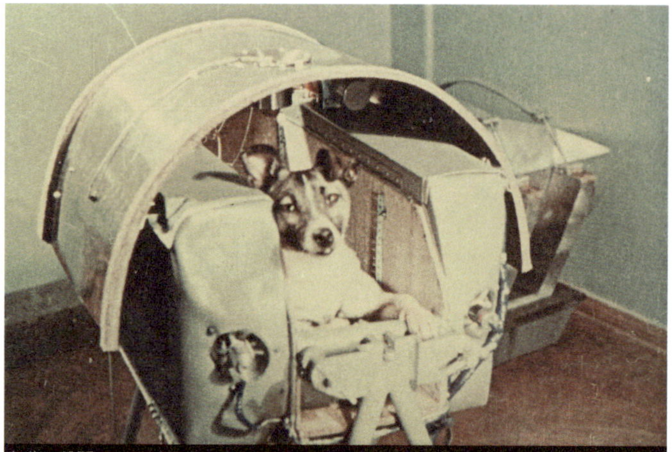

Laika, 1957

A B C D E F G H I J K L M N O P Q R S T U V W X Y Z

Langeweile

Interview mit dem Astrophysiker Matthias Steinmetz, die Fragen stellte Sonja Süß.

»DAS UNIVERSUM LÄUFT UNS DAVON«. Ein Physiker über Unendlichkeit und Langeweile

Her Steinmetz, Sie sind Professor für Extragalaktische Astrophysik. Wie ist das mit der Unendlichkeit?

Es ist knifflig. Der Mensch hat Probleme mit Endlichkeit und mit Unendlichkeit. Wenn man hört, etwas ist unendlich und man kann immer weiter weggehen, ist man nicht richtig zufrieden damit. Umgekehrt ist es so: Wenn man hört, etwas ist endlich und dort endet es, fragt man sofort: Und was ist dahinter? Die Antwort »nichts« ist aber auch nicht befriedigend.

Worin besteht das Problem der Endlichkeit? Die erscheint mir als Laie klarer: Wenn ich sterbe, bin ich nicht mehr da.

Viele, wenn nicht alle Weltreligionen leben davon, dass Menschen ein Problem mit der Endlichkeit des Lebens haben. Mit dem Universum ist es genauso. Die alten Griechen konnten gut mit der Vorstellung leben, dass das Weltall endlich ist. Heute fragen wir, was dahinter ist.

Aber für den Menschen ist ja erstmal alles endlich, das Leben wie der Tisch. Bei der Aussage »Das Universum ist unendlich« fragt man sich: Wie ist so etwas möglich?

Wenn wir ganz ehrlich sind, wissen wir es nicht. Es ist auch nur zur Hälfte wahr. Wir reden vom Urknallmodell, das heißt, das Universum hat einen Anfang. Jetzt kommt natürlich die Frage: Was war vor dem Urknall? Der Physiker kann sich da leicht rausreden. Der sagt: Mit dem Urknall wurde auch erst die Zeit erschaffen, und wenn es keine Zeit gibt, gibt es auch kein Davor. Wir wissen aber heute auch, dass sich das Universum immer weiter ausdehnen wird. Es wird immer weiter, immer größer, immer langweiliger.

Langweiliger?

Ja, es dehnt sich so weit aus, dass man irgendwann in ein paar Zehnmilliarden Jahren noch nicht mal die nächste Galaxie sehen wird, weil sie zu weit weg ist und das Licht nicht mehr zu uns kommen kann. Das heißt, das Universum wird furchtbar dunkel und langweilig.

Es ist also nicht nur so, dass sich die Wahrnehmung der Menschen ausgeweitet hat – sondern es ist das Universum, das sich beständig vergrößert?

Ja. Das Ganze findet sogar beschleunigt statt. Das Universum läuft uns sozusagen davon.

Wie weit können Sie als Physiker das Universum nachvollziehen?

Wir haben einen guten Messwert für das Alter des Universums, das sind 13,8 Milliarden Jahre. Die weitesten Objekte, die wir sehen, sind etwa 13 Milliarden Lichtjahre von uns entfernt, also 800 Millionen Jahre nach dem Urknall. Die kosmische Mikrowellen-Hintergrundstrahlung, also das Überbleibsel der frühen heißen Phase des Kosmos, entstammt einer Epoche, in der das Universum 380 000 Jahre alt war. Das heißt, das Universum können wir von dem Zeitraum, an dem es 380 000 Jahre alt war, bis zum heutigen Zeitpunkt sehen – nicht ganz lückenlos, aber im Prinzip sehen wir die gesamte Zeitspanne.

Aber wir wissen nicht, ob das im Jetzt noch existent ist.

Das ist richtig. Das ist aber auch nicht relevant, weil uns nur das beeinflussen kann, was wir sehen können. Das liegt daran, dass sich auch Kräfte nur mit Lichtgeschwindigkeit ausbreiten und so Einfluss nehmen können.

Der Mensch kann also nur das für real halten, was er auch wahrnimmt?

Ja. Es gibt einen sogenannten Lichtkegel, ein Bereich, der uns aus der Vergangenheit heraus beeinflussen kann. Und wenn etwas außerhalb dieses Lichtkegels ist, spielt es keine Rolle für uns, ob es da ist oder nicht.

Philosophisch wird es dann, wenn man versucht, über die Grenzen des Universums hinaus zu denken.

Genau. Das sind dann Fragen wie: Ist das Universum unendlich? Ich kann sagen, ich sehe nur diesen Lichtkegel von 13,8 Milliarden Jahre in die Vergangenheit. Wenn eine Unendlichkeit oder Singularität uns nahe kommt, haben wir allerdings größere Probleme.

Wie meinen Sie »näher kommt«?

Uns unmittelbar beeinflusst. Ob das Universum endlich oder unendlich ist, was kümmert mich das, wenn ich mein Mittagessen nicht bekomme. Wenn aber in der Nähe der Erde ein schwarzes Loch wäre, mit seiner unendlichen Dichte, würde das unmittelbare Konsequenzen für die Erde haben.

Sind wir derzeit bedroht von der Unendlichkeit?

Nein. Wir werden derzeit nicht von einem schwarzen Loch bedroht.

Wo sind die aktuellen Grenzen der physikalischen Erkenntnis?

Unser kosmologisches Modell, und das ist spektakulär, funktioniert von einem Zehntel eines Milliardstels einer Sekunde nach dem Urknall bis 13,8 Milliarden Jahre danach. Danach ist, was in Zukunft passieren wird, und davor brechen zurzeit unsere physikalischen Modelle zusammen. Das sind unsere Grenzen.

Langzeitmission Bei einer Langzeitmission sind Menschen auf engstem Raum längere Zeit isoliert, was physische und psychische Auswirkungen hat. Noch in diesem Jahrhundert soll ein bemannter Flug zum → Mars starten. Im Projekt Mars-500 z.B. wurde 2010 getestet, wie sich sechs Menschen verhalten, wenn sie 520 Tage isoliert von der Außenwelt verbringen. 2015 soll zudem eine Langzeitmission gestartet werden, bei der zwei Astronauten ein Jahr auf der → ISS verbringen. So will man herausfinden, welche Auswirkungen Schwerelosigkeit und Strahlung auf den menschlichen Körper und die Arbeitsfähigkeit einer Besatzung haben. *FL*

Laßwitz, Kurd Der Mathematiker, Physiker, Schriftsteller Kurd Laßwitz (1848–1910) wird als einer der Pioniere der → Science Fiction und als Begründer der deutschsprachigen Science Fiction bezeichnet. Mit seinen Veröffentlichungen wollte er nicht zuletzt belehren und seinen humanistischen und pazifistischen Auffassungen Ausdruck verleihen. Sein Roman *Auf zwei Planeten* (1897), eines der Hauptwerke der deutschen Science Fiction, inspirierte nachweislich mehrere Pioniere der Raumfahrt und übte auch Einfluss auf die Literatur des Expressionismus aus. Seit 1980 wird der Kurd-Laßwitz-Preis für herausragende Werke der deutschsprachigen Science Fiction verliehen. *UH*

Leonow, Alexei Alexei Leonow (geb. 1934) gehörte ab 1960 zur ersten Gruppe von → Kosmonauten. Am 18. März 1965 verließ er bei dem Flug Woschod 2 (→ Wostok) als erster → Raumfahrer während einer Mission das Raumschiff und schwebte mehr als zehn Minuten frei im Weltraum. Dieser erste → Außenbordeinsatz oder Weltraumspaziergang machte ihn berühmt. 1968 war er einer von drei Kandidaten für die Kommandantur eines bemannten Mondfluges, doch wurde das Mondflugprogramm der UdSSR nach der Mondlandung der USA eingestellt. Darüber hinaus hatte sich Leonow durch seinen Lebenswandel und Äußerungen gegenüber der internationalen Presse bei den Autoritäten unbeliebt gemacht.

Für das Projekt Apollo-Sojus, die erste sowjetisch-amerikanische Kooperation in der Geschichte der Raumfahrt, wurde Leonow 1975 als sowjetischer Kommandant ausgewählt: Das Raumschiff → Sojus 19 dockte an ein amerikanisches → Apollo-Raumschiff an. Später arbeitete Leonow als Ausbilder zahlreicher Astronauten wie Kosmonauten, außerdem schrieb er Bücher über seinen Weltraumspaziergang. *UH*

Alexei Leonow und Waleri Kubasow auf der Startrampe in Baikonur, 15. Juli 1975

Alexei Leonow steckt seinen Kopf aus dem Sojus-Simulator, neben ihm der amerikanische Astronaut Thomas P. Stafford, 19. Februar 1975

Liberty Bell Liberty Bell 7 ist der Name der Raumkapsel, in der der Astronaut Virgil → Grissom 1961 im Rahmen des → Mercury-Programms den zweiten erfolgreichen Weltraumflug der USA absolvierte. Die Kapsel (deren Glockenform Grissom veranlasst hatte, ihr den Namen Liberty Bell zu geben) wurde durch eine

Virgil Grissom vor der Liberty Bell, 19. Juli 1961

Mercury-Redstone-Rakete ins All befördert und erreichte eine Höhe von gut 190 Kilometern. Sie blieb also im suborbitalen Bereich, doch galten 100 Kilometer als entscheidende Höhe für einen Raumflug. Nach etwa zweieinhalb Minuten löste sich die Raumkapsel von der Rakete, nach weiteren fünf Minuten erreichte Grissom die geplante Höhe und zündete die Bremsraketen. Die Liberty Bell landete nach einer Viertelstunde Flug im Meer bei Florida, doch zündeten die Sprengbolzen der Luke aus unbekanntem Grund zu früh: In die Kapsel drang Wasser ein, Grissom musste diese unverzüglich verlassen, woraufhin sich sein Raumanzug mit Wasser füllte. Er wurde vor dem Ertrinken gerettet, die Liberty Bell aber versank im Meer. Erst 1999, 38 Jahre später, konnte sie mit Hilfe eines Hightech-Such- und Bergungsroboters aus einer Tiefe von rund 4800 Metern vom Meeresgrund geborgen werden. Heute befindet sich die Kapsel im Kansas Cosmosphere and Space Center. *UH*

Lichtjahr Die Strecke von fast 9,5 Billionen Kilometern, welche Licht im Lauf eines Jahres im luftleeren Raum zurücklegt, wird als Lichtjahr bezeichnet. Es wird in der Astronomie als Längeneinheit für Entfernungen im Weltall verwendet, in dessen unendlichen Weiten die Entfernung vom → Mond zur → Erde ziemlich gering ist: Sie beträgt lediglich ca. 1,3 Lichtsekunden (38 000 Kilometer). *FL/UH*

Schematische Darstellung des Inneren der Mercury-Kapseln

M

Mars Der Mars ist etwa halb so groß wie die → Erde und damit der zweitkleinste → Planet in unserem → Sonnensystem. Er ist der äußere Nachbar der Erde und hat zwei → Monde (Deimos und → Phobos). Aufgrund seiner orangeroten Farbe trägt der nach dem römischen Kriegsgott Mars benannte Planet auch den Namen »Roter Planet«. *FL/UH*

Der Mars, 1. August 2013

Mars Express (MEX) Die Mission Mars Express wurde 2003 gestartet und war die erste europäische Planetenmission überhaupt. Sie dient der vollständigen Kartografierung des → Mars. Die gleichnamige Sonde liefert wichtige Daten zur Geologie, Atmosphäre und Mineralogie des Roten Planeten. Durch die Stereoaufnahmen der vom → DLR entwickelten High Resolution Stereo Camera HRSC, die sich auf MEX befindet, ist es möglich, digitale Geländemodelle zu erstellen und Flüge über die Oberfläche des Mars zu simulieren. *FL*

Künstlerische Darstellung der Mars-Express-Sonde der ESA, 2004

Mars Rover Obwohl noch keine bemannten Raumflüge zum → Mars stattgefunden haben, wird dieser → Planet u.a. von Raumsonden intensiv erforscht. Die von der → NASA eingesetzten Sonden – oder Lander, da sie auf einem Planeten landen können – tragen den Namen Mars Rover (engl. *Rover*, Geländewagen). Es handelt sich bei ihnen um Wagen, die – anders als die stationären amerikanischen Mars Lander Viking 1 und 2 1976 bis 1980 – auf dem Planeten umherfahren. Mit zahlreichen Instrumenten führen sie Messungen durch und übermitteln deren Ergebnisse wie auch Bilder an die → Erde. Von der Erde aus werden die Rover ferngesteuert, doch agieren sie teilweise auch selbständig. Der erste Mars Rover trug den Namen Mars Pathfinder (1996/97), es folgten Spirit (2003–2011) und Opportunity (seit 2003).

Der jüngste Mars Rover, Curiosity (deutsch Neugierde), ist ein großenteils autonomer Rover, der bei der gleichnamigen NASA-Mission im November 2011 ins Weltall startete und im August 2012 auf dem Mars abgesetzt wurde. Das Fahrzeug soll den Planeten erkunden und untersuchen, ob es auf ihm Leben geben könnte. Es ist mit zehn Instrumenten ausgestattet, welche Daten über die Atmosphäre des Planeten, seine (für Lebewesen vielleicht zu hohe) Strahlung und sein Gestein sammeln. Diese Messdaten sowie Kameraaufnahmen sendet Curiosity zur Auswertung an die Erde. *FL/UH*

Künstlerische Darstellung des Mars Rovers Spirit bzw. Opportunity auf dem Mars, 2003

Marskanäle

Andreas Fischer

ICH SEHE WAS, WAS DU NICHT SIEHST: DIE MARSKANÄLE

Ein marsianischer Lehrmeister

Die erdgebundene Erforschung des Mars ist von der relativen Nähe der Planeten zur Erde abhängig, wodurch sich ein Rhythmus des ansteigenden und sich abschwächenden Interesses erklärt. Beobachtungen sind vor allem während der etwa alle zwei Jahre stattfindenden Opposition beider Himmelskörper günstig – sie befinden sich dabei auf einer gedachten Linie mit der Sonne –, wobei etwa alle 15 Jahre die Distanz am kürzesten ist, wenn sich der Mars auf seiner stark elliptischen Bahn im Perihel, also in Sonnennähe, befindet. Eine solche Konstellation ermöglichte im Jahr 1877 bahnbrechende Erkenntnisse, vor allem die Entdeckung der beiden Marsmonde Phobos und Deimos. Für die nachfolgenden drei Jahrzehnte von noch größerer Bedeutung war jedoch die Beobachtung der sogenannten Marskanäle durch den italienischen Astronomen Giovanni Schiaparelli (1835–1910), dem renommierten Direktor der Mailänder Brera-Sternwarte.[1]

Im Anschluss an eine fast achtmonatige Beobachtungsphase hatte der Astronom eine detailgenaue Karte der Marsoberfläche publiziert, auf der die bereits beschriebenen »Ozeane« zu sehen waren wie auch »Kontinente«. Diese hatten sich allerdings weiter in scharf umrissene »Inseln« aufgelöst, häufig voneinander abgegrenzt durch dunkel verlaufende lineare Strukturen, die er »Canali« nannte. Obwohl die aquatische Terminologie, wie bei der Kartografierung der Marsoberfläche üblich, nur zur Unterscheidung hell und dunkel gefärbter Areale gemeint war, lösten die vermeintlichen Kanäle weitreichende Spekulationen über vorhandene Wasserkreisläufe aus. Auch Schiaparelli hielt eine solche Hypothese nach anfänglichem Zögern für wahrscheinlich, er nahm an, dass das sich in einem bestimmten Rhythmus wiederholende Abschmelzen der offenbar schneebedeckten Polarkappen »gigantische Überschwemmungen« zur Folge hatte, die durch die geologischen Formationen abflossen (Abb. 1).

Die Kanäle ließen sich nur bei wenigen Gelegenheiten und für sehr kurze Augenblicke an der Grenze der Sichtbarkeit erkennen, ähnlich einigen scharfen Filmbildern, die zwischen unscharfe Aufnahmen montiert sind.[2] Auffallenderweise blieb es zunächst Schiaparelli vorbehalten, die Kanäle zu beobachten, was trotz seiner großen Reputation naturgemäß zu Skepsis führte, insbesondere nachdem er 1881 das mysteriöse Phänomen ihrer Verdoppelung konstatiert hatte, Gemination genannt. Allerdings verifizierten ab Mitte der 1880er Jahre zunehmend andere Astronomen einen Teil der Kanäle und ergänzten die Marskarten außerdem durch Neuentdeckungen. Ende des Jahrhunderts wurde schließlich ein spinnennetzartiges, die gesamte Oberfläche des Mars überziehendes Kanalsystem propagiert, das ein streng geometrisches Aussehen angenommen hatte.

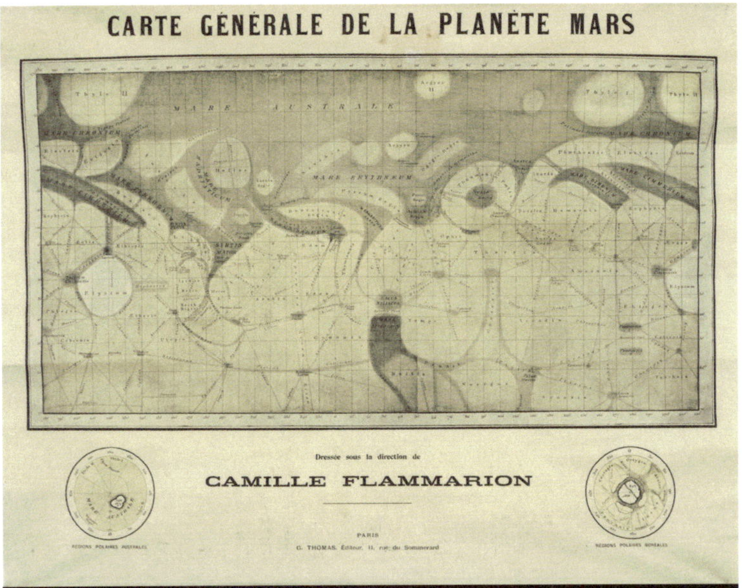

1 Giovanni Schiaparelli, *Generalkarte des Mars*, 1894, Kat. Nr. 125

Krieg der Welten
Die zentrale Figur bei dieser Entwicklung war der amerikanische Amateurastronom Percival Lowell (1855–1916), der 1894 ein Observatorium in Flagstaff, Arizona, gegründet hatte. Bereits im ersten Jahr sichtete er 184 Kanäle, mehr als doppelt so viele wie Schiaparelli. In der Folgezeit wuchs ihre Zahl auf annähernd 700 an (Abb. 2,3). Lowell popularisierte insbesondere die Vorstellung eines bewohnten Mars, wobei die geometrische Erscheinungsform der Kanäle als Hauptargument diente. (Der 1869 eröffnete Suezkanal bot eine irdische Referenz.) Seiner Meinung nach benötigte eine hoch entwickelte Spezies die gigantischen Bauwerke zur Sicherung ihres Überlebens auf dem »sterbenden« Planeten. Sie dienten der Bewässerung sich immer weiter ausbreitender Wüsten. Die im Teleskop sichtbaren Linien stellten jedoch nicht die Artefakte dar, sondern zeigten seiner Meinung nach angrenzende Vegetationsgürtel. Knotenpunkte waren entsprechend Oasen, die vermeintlichen Meere nun prärieähnliche Landschaften, da Kanäle gesichtet wurden, die sie durchzogen.

Lowells phantasievolle und detailreiche Schilderungen des Mars, ähnlich einem Reisebericht, beeinflussten nicht nur Wissenschaftler wie Schiaparelli, der sich – zumindest für einige Zeit – zu Spekulationen über intelligentes Leben auf dem Mars hinreißen ließ. Er entwarf ein harmonisches »Paradies der Sozialisten« (im Gegensatz zu Lowell, der eine oligarchisch beherrschte Gesellschaft ansiedelte). Sie trugen auch wesentlich zur weiteren Etablierung eines Marsmythos bei, der sich in Massenmedien und Populärkultur äußerte, etwa in einer »Blütezeit« der Marsliteratur.[3] Bekannte Werke sind *Der Krieg der Welten* von Herbert George Wells (1897/98) und *Auf zwei Planeten* von Kurd Laßwitz (1897).

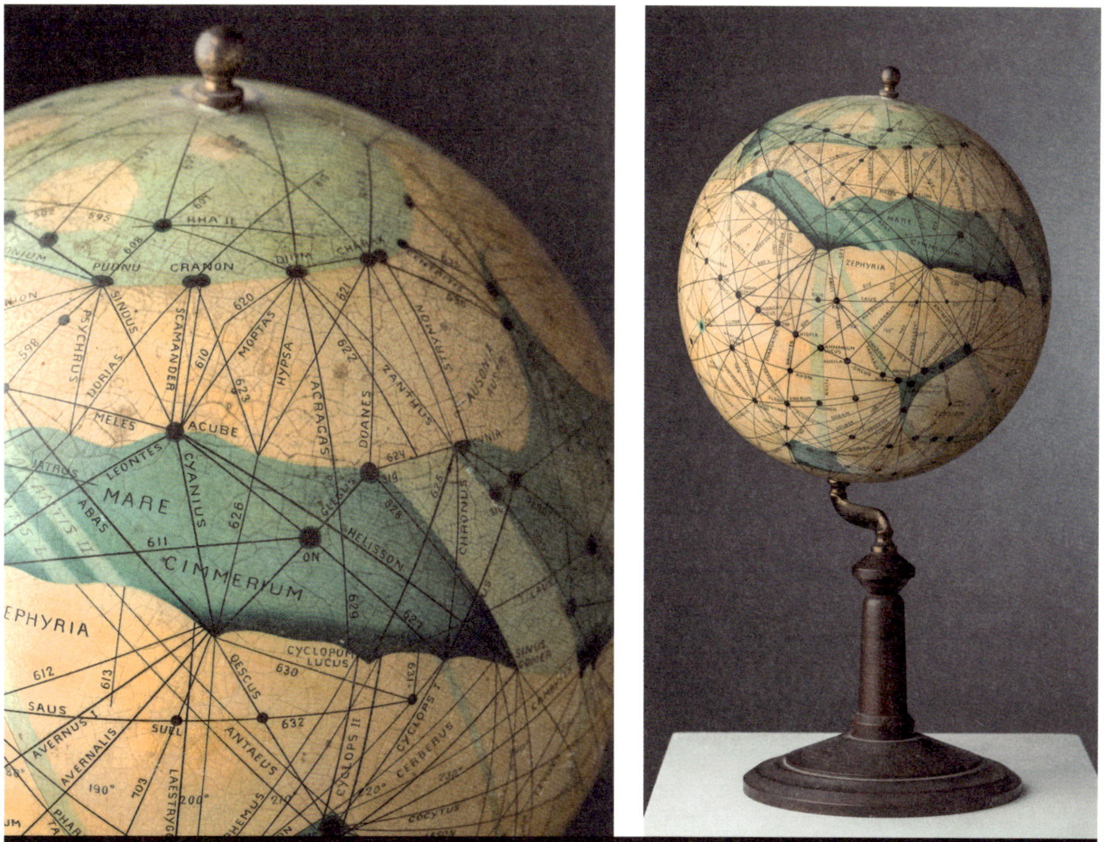

2,3 Percival Lowell, Marsglobus, 1909, Detail und Gesamtansicht, Kat. Nr. 124

A B C D E F G H I J K L M N O P Q R S T U V W X Y Z

Auch im Spiritismus – damals in Konjunktur – spielten Botschaften von der »zweiten Erde« eine Rolle, z.B. in Form übersinnlich empfangener Nachrichten in marsianischer Sprache durch das Genfer Medium Hélène Smith.[4]

Doch die Popularisierung und Fiktionalisierung des Mars ging mit dem allmählichen Verschwinden der Kanäle in der Astronomie einher. Kritik, Gegenargumente, alternative Erklärungshypothesen verdichteten sich. Einerseits wurde die Bewohnbarkeit des Mars in Frage gestellt, etwa durch spektralanalytische Befunde, anderseits präzisierten sich Theorien über optische Illusionen als Ursache der Kanäle. Indizien waren beispielsweise Widersprüche hinsichtlich ihrer Größe und Perspektive bei Beobachtungen aus verschiedenen Positionen. Insbesondere der englische Astronom Edward W. Maunders (1851–1928) lieferte entscheidende Beiträge, indem er 1894 zeigen konnte, dass Punkte, die auf einer gedachten Linie angeordnet waren, in einem geeigneten Betrachtungsabstand als lineare Struktur wahrgenommen werden. Er vermutete daher, dass kleine, vom Auge nicht scharf zu unterscheidende topografische Details der Marsoberfläche fälschlicherweise den Eindruck einer Linie erweckt hatten. 1902 hielt er außerdem Schulkindern in einiger Entfernung Marszeichnungen von Schiaparelli vor, bei denen die Kanäle weitgehend »entfernt« worden waren. Die Kinder, die angeblich niemals eine Marskarte zu Gesicht bekommen hatten, zeichneten sie wieder ein.[5]

Lowell beabsichtigte, solche Kritik mit dem fotografischen Medium zu entkräften. Allerdings waren bis zu Beginn des 20. Jahrhunderts nur wenige brauchbare Aufnahmen vom Mars entstanden, unter anderem wegen seiner relativ dunklen (wenig Licht reflektierenden) Oberfläche, die lange Belichtungszeiten verlangte, was zu unscharfen Bildern führte. Die außerdem nur gering aufgelösten Fotografien galten als »unrecognizable blotches«. Mit Hilfe einiger fototechnischer Verbesserungen gelangen schließlich Lowells Mitarbeiter Carl Otto Lampland (1873–1951) bei der Opposition von 1905 Aufnahmen, die auch von Gegnern ihrer Theorie als technischer Erfolg eingestuft wurden. Lowell erkannte allerdings auch 38 Kanäle (und einen Doppelkanal) und lancierte die sensationelle Nachricht über die Fotobeweise weltweit in den Massenmedien. Die Bilder, so Lowell in Anspielung auf den bereits populären Roman von Wells, stellten »doubt killing bullets from the planet of wars« dar.[6]

Die Aufnahmen – ihre Zahl erhöhte sich bei der nachfolgenden Opposition um 16 000 Bilder – repräsentieren in der Marsforschung die beginnende Ablösung von Karten als evidentes Medium zugunsten der Fotografie. Allerdings wurden sie in ähnlicher Form Gegenstand von Debatten, wie es die kartografischen Darstellungen gewesen waren. Einerseits wurden sie als das Ende der »Theorie der optischen Illusionen« gedeutet, auch dadurch stimuliert, dass die Fotografien häufig entsprechend bearbeitet waren oder Zeichnungen zur Interpretation gegenübergestellt wurden. Andererseits war nicht jeder Mars-Experte von der Beweiskraft der sehr kleinformatigen Aufnahmen überzeugt, auf denen sich vage die »üblichen Flecken« und sich bisweilen kaum vom Korn des Fotopapiers abhebende Formen erkennen ließen. Die Bilder wurden wie auch der Blick durch das Teleskop als etwas angesehen, das einen Betrachter mit einer starken Erwartungshaltung und ausgeprägter Vorstellungskraft in die Irre führen konnte.

Mythos der Vergangenheit

Der Astronom Eugène Michel Antoniadi (1870–1944) überzeugte schließlich »die Welt davon [...], dass das marsianische (Kanal-)Netzwerk nicht existiert«.[7] Der spätere Verfasser eines Standardwerkes über den Mars (1930)[8] war am Beginn seiner Laufbahn in Juvisy-sur-Orge bei Paris in der Sternwarte von Camille Flammarion (1842–1925) tätig, dem begnadeten Popularisator der Astronomie.[9] Antoniadi trug mit seinen Marsbeobachtungen und beeindruckenden Zeichnungen wesentlich dazu bei, dass Flammarion, ein Verfechter der Idee bewohnter Welten, die Kanäle auf »Schiapparellis Karten« bestätigen konnte. Allerdings nahm Antoniadi diesbezüglich eine zunehmend »agnostische« Haltung ein, nachdem ihm u.a. klar wurde, dass er die Mehrzahl der Kanäle nur aufgrund der publizierten Vorbilder hatte erkennen können. 1903, ein Jahr nachdem er Juvisy verlassen hatte, mündete seine Skepsis schließlich in eine »epochale« Marskarte, bei der die Kanäle keine prominente Rolle mehr spielten.[10]

Absolute Gewissheit erlangte er allerdings erst während der erneuten Perihelopposition im September 1909, wobei ihm das damals größte europäische Teleskop in der Sternwarte von Meudon zur Verfügung stand. Bereits die erste Beobachtung ließ ihn erkennen, dass »die Spinnennetze auf dem Mars dabei sind, ein Mythos der Vergangenheit zu werden«. Bei idealen atmosphärischen Bedingungen offenbarte sich ihm die Marsoberfläche »wie die Erde, als ich sie 1900 von einem Ballon in 4000 Metern Höhe sah«.[11] Der Planet erschien »bedeckt von einer unglaublichen Anzahl an Einzelheiten, unbewegt, ausnahmslos natürlich, unregelmäßig und ineinander übergehend, mit einem vollständigen Fehlen von Symmetrie«. Von den Kanälen folglich »keine Spur«. Später enthüllte sich ihm auch, dass Schiaparellis Beobachtungen mit realen Erscheinungen auf der Marsoberfläche korrespondierten. Vermeintliche Kanäle ließen sich auf »aneinanderstoßende Areale unterschiedlicher Färbungen« zurückführen, »gewundene, unregelmäßig gefleckte Streifen«, »Anordnungen komplexer Schattenwürfe«, »einzelne dunkle Flecken« usw. Anhand von Zeichnungen, die er Ausschnitten von Schiaparellis Karten gegenüberstellte, illustrierte er, in welcher Form der italienische Astronom (und seine Mitstreiter) topografische Konstellationen missdeutet hatte.[12] Nachdem weitere Forscher seine Beobachtungen bestätigt hatten, setzte sich in etablierten astronomischen Kreisen etwa ab 1912, also nach mehr als drei Jahrzehnten intensiver Debatten, ein weitgehender Konsens über die illusorische Natur der Kanäle durch.[13]

Das Bild von den Marskanälen lebte jedoch noch einige Zeit fort, vor allem übte es nach wie vor Einfluss auf die Populärkultur aus und inspirierte weiterhin die Science Fiction, z.B. den Mars-Zyklus (1912–1964) von Edgar Rice Burroughs. Auch Lowell verteidigte sein System energisch bis zu seinem Lebensende, einige seiner Mitarbeiter noch bis in die 1960er Jahre.[14] Das Ende der Kanäle markierten daher fotografische Aufnahmen der Mariner-Raumsonden, insbesondere die vollständige Kartografierung der Marsoberfläche. Sie zeigten eine weite, wüstenähnliche, von Kratern durchzogene Felslandschaft ohne Spuren von Bauwerken oder ihrer Erbauer. Erkennbar wurde auch, dass Lowells Marsbeobachtungen sich offenbar nur sehr begrenzt mit der Topografie der Planetenoberfläche erklären lassen.[15]

Die Wirkmächtigkeit des Marsmythos zeigte sich allerdings auch noch später, ironischerweise ausgelöst durch eine 1976 von der Raumsonde der Viking-I-Mission aufgenommene Fotografie. Sie dokumentierte eine gesichtsähnliche Formation in der Cydonia-Region, das sogenannte »Marsgesicht«, das in manchen Kreisen als eindrucksvoller Beleg für Aktivitäten einer vergangenen Zivilisation gedeutet wurde. 2001 wurde das zwischenzeitlich zur Pop-Ikone gewordene Antlitz jedoch entzaubert. Aufnahmen der Sonde Mars Global Surveyor zeigten, dass es sich lediglich um eine verwitterte, fortschreitend erodierende Felsformation handelt.

Anmerkungen

1 Zur Geschichte der Marskanäle siehe z.B. Crowe, Michael J., *The extraterrestrial life debate 1750–1900: the idea of a plurality of worlds from Kant to Lowell*, Cambridge [u.a.], Cambridge University Press, 1986, bes. S. 480–546.
2 Sheehan, W./Dobbins, T. A., The Canals of Mars Revisited, *Sky & Telescope* 2004, S. 114–117.
3 Abret, Helga/Boia, Lucian, *Das Jahrhundert der Masianer*, München 1984, S. 53.
4 Flournoy, Theodore, *Die Seherin von Genf*, Leipzig 1914 (franz. Original: *Des Indes à la planète Mars*, 1900).
5 Crowe (s. Anm. 1).
6 Zur Marsfotografie s. Tucker, Jennifer, *Nature Exposed, Photography as Eyewitness in Victorian Science*, Baltimore, Johns Hopkins University Press, 2005.
7 Crowe (s. Anm. 1), S. 524.
8 Antoniadi, E. M., *La planète Mars*, Paris 1930.
9 De La Cotardière, Philippe/Fuentes, Patrick, *Camille Flammarion*, Paris 1994.
10 Crowe (s. Anm. 1), S. 526.
11 Sheehan, William, *The Planet Mars: A History of Observation and Discovery*, Tucson, University of Arizona Press, 1996, Kap. 9.
12 Dick, Steven J., *Life on other worlds: the 20th-century extraterrestrial life debate*, Cambridge [u.a.], Cambridge University Press, 1998, S. 40–41.
13 Etwa G. E. Hale vom Mount Wilson Observatory, wo ein noch lichtstärkeres Teleskop installiert worden war, Antoniadi, E. M., *The Planet Mars*, Devon 1975 [1930], S. 35.
14 Z.B. Slipher, Earl C., *A photographic history of Mars, 1905–1961*, Cambridge, Mass. 1962.
15 Sagan, Carl/Fox, Paul, The Canals of Mars: An Assessment after Mariner 9, *Icarus* 25, 1975, S. 602–612.

Max Ernst, *Die Erde von der Maximiliana aus gesehen*, 1963, Kat. Nr. 205

Maximiliana (Abb. S. 88, 189) Das Künstlerbuch *Maximiliana ou l'exercice illégal de l'astronomie* (1964) von Max Ernst (1891–1976) vereint 34 Radierungen und 14 Blätter mit Lyrik, Prosatexten und einer Geheimschrift und gilt als eines der wichtigsten späten druckgrafischen Werke des Künstlers. Es entstand in Zusammenarbeit mit dem bedeutenden russischen Typografen Iliazd und dem Drucker Georges Visat. *Maximiliana* ist Max Ernsts Hommage an den autodidaktischen Astronomen und Lithografen Ernst Leberecht Tempel (1821–1889), der → Sterne und → Planeten entdeckt hatte – darunter den Planeten Nr. 65, dem er den Namen Maximiliana gab. Max Ernst erkannte in Tempels Leben Parallelen zu seinem eigenen – neben der Namensähnlichkeit stellte er fest, dass auch Tempel kein Diplom besaß, weshalb seine astronomischen Entdeckungen nicht gewürdigt wurden und er in Vergessenheit geraten war. Hierauf verweist der Titelzusatz »oder die widerrechtliche Ausübung der Astronomie«. Die Radierungen der *Maximiliana* zeigen vielfältigste Motive, von einer hieroglyphenartigen Schrift über kleine Lebewesen bis zu → Galaxien. *UH*

Meilensteine der Raumfahrt

1942 Unter Projektleiter Wernher von → Braun erreicht eine in Peenemünde (Usedom) gestartete → V2-Rakete (Aggregat-4-Rakete) eine (allerdings noch suborbitale) Höhe von mehr als 80 Kilometern, was als »erster Weltraumflug« bezeichnet wird.

Assistenten von Johannes Winkler bereiten den Start einer Flüssigkeitsrakete vor, 1932

1957 Der UdSSR gelingt es mit einer neuartigen Trägerrakete, den Satelliten → Sputnik 1 in eine Erdumlaufbahn zu befördern. Dieses im Westen als »Sputnik-Schock« empfundene Ereignis löst den Wettlauf ins All aus (s. auch → Wettlauf zum Mond), bei dem in den folgenden Jahren die UdSSR in Führung liegt.

1957 Die Hündin → Laika ist das erste Lebewesen, das in der Erdumlaufbahn einige Zeit überlebt (wenn auch nicht mehrere Tage, wie lange behauptet wurde).

1959 Im September schlägt die sowjetische Mondsonde Lunik 2 auf der Oberfläche des Mondes auf und war damit der erste von Menschen geschaffene Flugkörper, der einen anderen Himmelskörper erreicht. Im Oktober kreiste die Sonde Lunik 3, ausgestattet mit der Yenisey-2-Kamera, um den Mond und macht die ersten Aufnahmen von der bislang unbekannten Rückseite des Mondes.

1961 Der Russe Juri → Gagarin umrundet in dem Raumschiff → Wostok 1 erstmals die Erde und kehrt unversehrt zurück, er ist der erste Mensch im All.

1968 Mit der US-Mission → Apollo 8 erfolgt der erste bemannte Flug zum → Mond, auch wenn vorerst nur die Mondumlaufbahn das Ziel ist.

1969 Im Rahmen der US-Mission Apollo 11 betreten die ersten Menschen, Neil → Armstrong und Edwin Aldrin, den Mond.

1971 Für die im → Wettlauf zum Mond unterlegene UdSSR stehen nun bemannte → Raumstationen im Vordergrund: Die erste Raumstation Saljut 1 bleibt für 175 Tage im All. 23 Tage lang hält sich die Besatzung der → Sojus 11 dort auf, überlebt aber die Rückkehr zur Erde nicht.

1972 Apollo 17 ist der letzte bemannte Flug zum Mond, der im Rahmen des US-Apollo-Programms stattfindet. Die beiden amerikanischen Astronauten Eugene Cernan und Harrison Hagan Schmitt betreten als letzte Menschen den Mond.

Ab 1981 Die USA konzentrieren sich auf wiederverwendbare Raumschiffe. Das erste → Space Shuttle ist 1981 die Columbia, es folgen bis 1985 die Raumschiffe Challenger, Discovery und Atlantis und, ab 1992, die Endeavour. *UH*

Mercury-Programm Das erste bemannte Raumfahrtprogramm der USA verfolgte von 1958 bis 1963 das Ziel, einen Menschen im Weltraum die Erde umrunden zu lassen. Federführend für die Planung der Frühphase war die NACA (National Advisory Committee for Aeronautics), doch oblag die Durchführung der 1958 gegründeten → NASA. Anfang 1959 wurden 110 Kandidaten, die u.a. über eine hervorragende körperliche Kondition verfügen und als Test- oder Jetpilot erfahren sein mussten, auf ihre Tauglichkeit als → Astronauten für das Mercury-Programm

Virgil Grissom (links) und John H. Glenn (rechts) mit zwei Kollegen im Mercury Control Center, 1962

A B C D E F G H I J K L M N O P Q R S T U V W X Y Z

getestet. Sieben wurden ausgewählt und bildeten als Mercury Seven das erste amerikanische Astronautenteam: Alan Shepard, Virgil → Grissom, John → Glenn, Malcolm Scott Carpenter, Walter Schirra, Donald Slayton und Leroy Gordon Cooper.

Einer der Schwerpunkte des Programms war die Entwicklung und Erprobung der Mercury-Raumkapsel, die im Notfall durch eine Rettungsrakete vom Raumschiff getrennt werden konnte. Die Kapsel konnte von einem Astronauten von Hand gesteuert werden, ebenso aber vom Kontrollzentrum aus. Um im Meer zu landen, wurde sie mit einem Fallschirm-Landesystem versehen; wesentlich war zudem die Entwicklung eines Hitzeschildes. Getestet wurde die Funktionsfähigkeit der Kapsel mit einer Reihe unbemannter Flüge, bei denen teilweise Tiere an Bord waren, darunter die Affen → Miss Able und Miss Baker. Diese wie auch spätere Raumschiffe wurden durch Mercury-Redstone- und Mercury-Atlas-Raketen angetrieben. Im Mai 1961 drang Alan Shepard auf dem ersten bemannten Raumflug des Programms, der Mission Mercury-Redstone 3, ins All vor; im Juli gelang dies auch Virgil Grissom bei der Mission Mercury-Redstone 4 (→ Liberty Bell 7). Für die USA hatte das Zeitalter der bemannten Raumfahrt begonnen, auch wenn die Flüge zunächst noch suborbital waren. 1962 jedoch erreichte John Glenn mit der Mercury-Atlas 6 die Erdumlaufbahn und umkreiste als erster Amerikaner die Erde. *UH*

Merkur Merkur ist der erste und auch der kleinste → Planet in unserem → Sonnensystem. Er wurde nach dem römischen Götterboten benannt. Aufgrund seiner relativen Nähe zur Sonne ist seine Erforschung von der → Erde aus mit großen Schwierigkeiten verbunden, weshalb er auch vergleichsweise unbekannt ist. Seine Oberfläche ist von Kratern übersät (→ Impakt), die Atmosphäre ist sehr dünn. Auch ist bekannt, dass auf dem Merkur die Temperatur wesentlich stärker schwankt als auf anderen erforschten Planeten: Am Tage kann sich der Merkur aufgrund seiner Nähe zur Sonne auf bis zu 430°C erhitzen, nachts sinkt seine Temperatur auf der der Sonne abgewandten Seite auf bis -170°C. *FL/UH*

Meteorit Ein Meteorit ist ein Körper aus dem All, der nach dem Durchdringen der Atmosphäre auf die Erde geprallt ist. Bevor er in die Atmosphäre eindringt, wird er als Meteorid bezeichnet; sobald er sie erreicht hat, spricht man von einem Meteor. Die meisten Meteoriten sind Bruchstücke von → Asteroiden und stammen aus dem → Asteroidengürtel zwischen → Mars und → Jupiter. Wahrscheinlich haben Meteoriteneinschläge die Gestalt der Erde wesentlich mitgeprägt (→ Impakt). *FL/UH*

Meteorit, sog. Pallasit, gefunden 1749 in Krasnojarsk, Sibirien. Geschenk des Zaren Alexander I. an den preußischen König Friedrich Wilhelm III. im Jahr 1803, Kat. Nr. 285

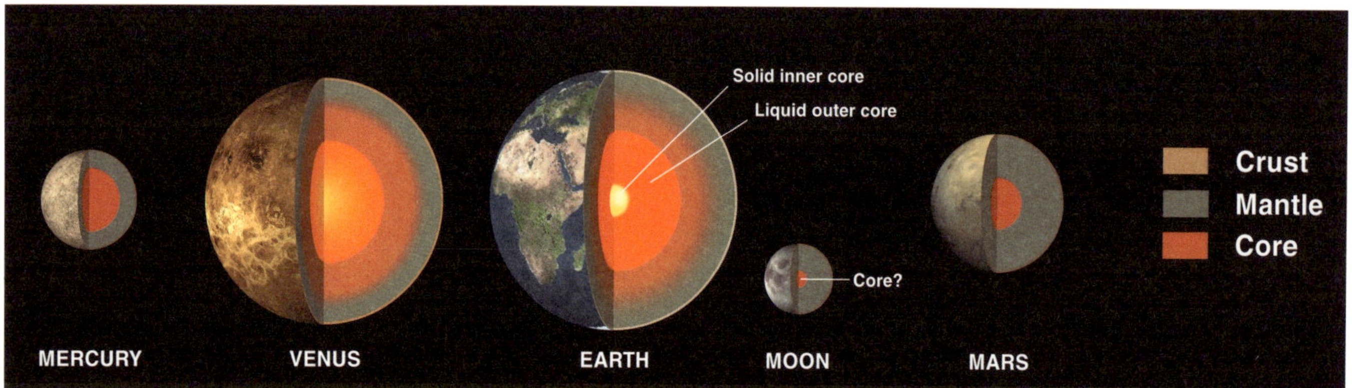

Schematische Darstellung des Aufbaus von Merkur, Venus, Erde, Mond und Mars

Milchstraße Die Milchstraße ist unsere eigene → Galaxie – oder zumindest ein Teil von ihr. Sie wird in klaren, dunklen Nächten als helles, wolkiges oder auch milchiges Band am Himmel sichtbar, doch tatsächlich handelt es sich um eine Spiralgalaxie (→ Spiralnebel). Man nimmt an, dass das Milchstraßensystem etwa 13,6 Milliarden Jahre alt ist. Alle der maximal 6000 mit bloßem Auge sichtbaren → Sterne des Nachthimmels gehören zum Milchstraßensystem.

Die Bezeichnung Milchstraße ist von dem Begriff → Galaxie (von griech. *gala*, Milch) abgeleitet, der wiederum auf eine griechische Sage zurückgeht: Herakles saugte an der Brust von Zeus' Gattin Hera, gebärdete sich dabei jedoch so ungestüm, dass Hera ihn zurückstieß. Ihre Milch spritzte über den Himmel, wo die Tropfen zu Sternen wurden. *FL/UH*

Hiroyuki Masuyama, *Milchstraße*, 2012, Kat. Nr. 118

MIR (Abb. Seite 92, 199) MIR (russ. Frieden) war eine bemannte → Raumstation der Sowjetunion. Sie umkreiste von 1986 bis 2001 in einer Höhe von durchschnittlich 385 Kilometern die → Erde und war mit ihren Maßen von 30 × 30 × 30 Metern zu ihrer Zeit das größte künstliche Objekt im Erdorbit.

Nachdem die MIR vom Weltraumbahnhof → Baikonur ins All geschossen worden war, sollte sie ursprünglich sieben Jahre lang als Forschungsstation dienen – daraus wurden 15 Jahre, in denen eine Vielzahl wissenschaftlicher Experimente durchgeführt und Erkenntnisse über längere Aufenthalte von Menschen im Weltall gewonnen wurden. Da die MIR wesentlich länger bestand als ursprünglich geplant, kam es in späteren Jahren zu technischen Problemen, 1997 sogar zu einem Feuer, das aber schnell gelöscht werden konnte. Zu diesem Zeitpunkt hielt sich auch der deutsche → Raumfahrer Reinhold → Ewald auf der MIR auf, die in den 1990er Jahren für internationale Raumfahrer geöffnet worden war. 1999 verließ die letzte feste Besatzung die MIR; 2001 erfolgte dann der kontrollierte Absturz. *FL/UH*

MIRKA Eine 154 Kilogramm schwere Kapsel namens MIRKA hat deutschen Ingenieuren und Wissenschaftlern aus Industrie und Forschung wichtige Erkenntnisse für die Entwicklung und den Bau aus dem All zurückkehrender Raumfahrzeuge geliefert. Eine russische Trägerrakete brachte MIRKA am 9. Oktober 1997 vom Weltraumbahnhof Plesetzk – 600 Kilometer nordöstlich von Sankt Petersburg – auf eine erdnahe Umlaufbahn. 14 Tage später landete die Kapsel planmäßig im Norden Kasachstans. Während des kontrollierten Wiedereintritts in die Atmosphäre wurden die Temperaturverteilung und der Wärmefluss am Hitzeschild sowie der an verschiedenen Punkten auftretende aerodynamische Druck gemessen. Die als Hitzeschild ausgebildete, selbsttragende innovative Außenstruktur der Kapsel erzielt gegenüber herkömmlichen Hitzeschutz-Konstruktionen eine Gewichtseinsparung von 40 Prozent. Durchgeführt wurde der Flug der ersten vollständig in Deutschland entwickelten Wiedereintrittskapsel im Auftrag des Deutschen Zentrums für Luft- und Raumfahrt (→ DLR). *DLR*

Vollmond, 1994

Mond Als »Mond« bezeichnet man für gewöhnlich den Erdenmond. Astronomische Objekte, die andere Planeten umkreisen, werden umgangssprachlich ebenfalls als Mond bezeichnet, sind offiziell aber natürlich entstandene → Satelliten. Sehr bekannte Monde fremder Planeten sind z.B. Io und Europa, die → Jupiter umkreisen, oder auch Titan, der nach unserem Erdenmond der zweitgrößte im Sonnensystem ist und seine Bahnen um den → Saturn zieht. In unserem → Sonnensystem gibt es 173 bekannte natürliche Satelliten, die um unsere acht → Planeten kreisen.

Von der → Erde abgesehen, ist der Erdenmond der einzige je von Menschen betretene Himmelskörper, und aufgrund seiner Nähe zur Erde konnte er zudem am besten erforscht werden. Bereits 1969 landeten die Astronauten Neil → Armstrong und Edwin Aldrin mit der Mondlandefähre von Apollo 11 auf der Mondoberfläche. Armstrong war der erste Mensch, der seinen Fuß auf den Mond setzte. Seither waren elf weitere Menschen dort.

Doch ist der Erdenmond nicht nur Objekt der Forschung – er erfüllt auch eine für die Erde wesentliche Funktion. So stabilisiert er die Rotation (die Drehbewegung) der Erde, die sonst viel unregelmäßiger ablaufen würde. Auf die Anziehung von Erde und Mond (wie auch von Erde und Sonne) sind zudem die Gezeiten zurückzuführen, also Ebbe und Flut, durch die die Rotation der Erde verlangsamt wird. Ohne den Mond wären die Tage viel kürzer, Winde viel heftiger, die Temperaturen würden viel stärker schwanken, sodass sich das Leben auf der Erde völlig anders entwickelt hätte. *FL/UH*

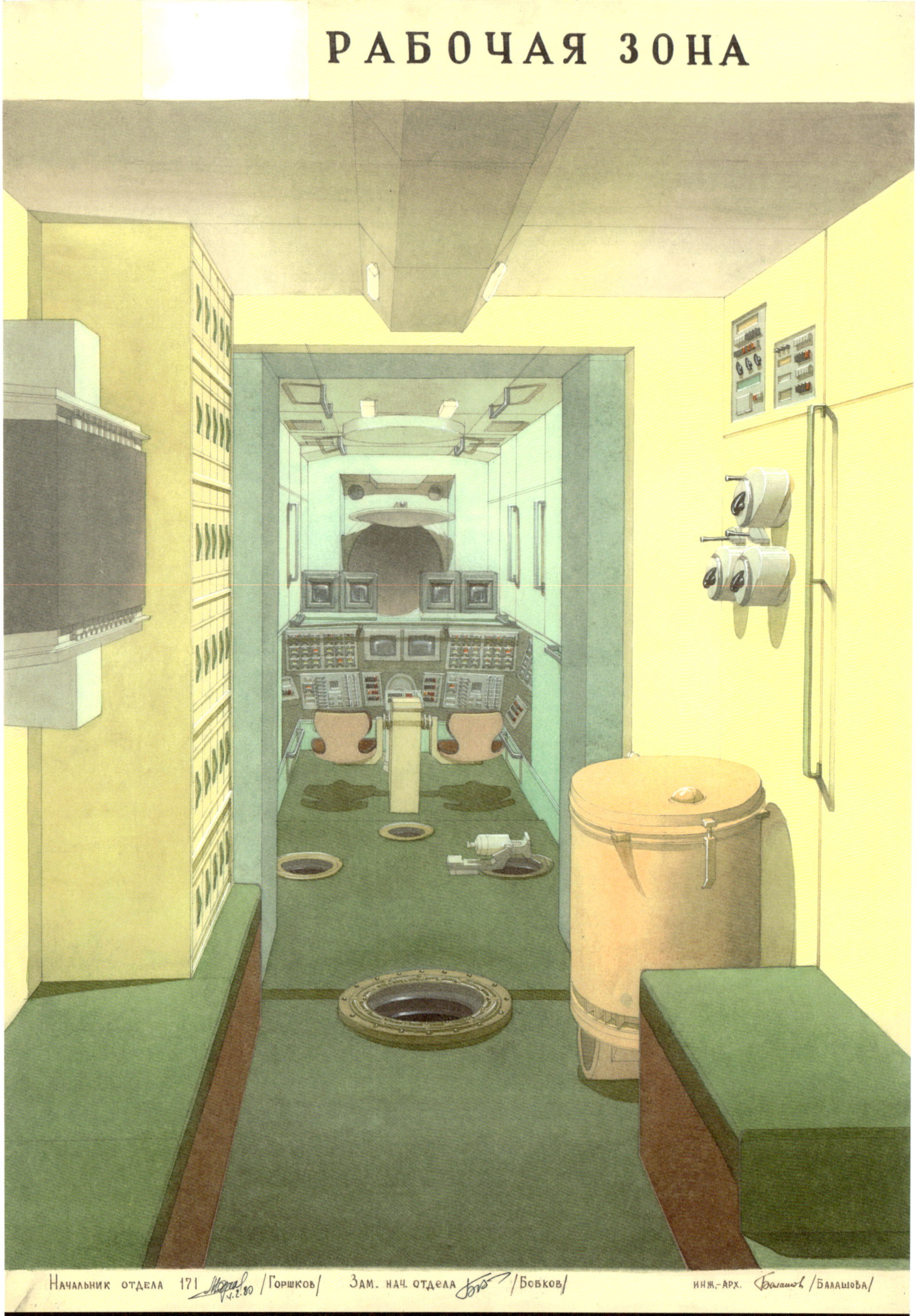

Galina Balaschowa, Innenraum des Arbeitsbereiches in der Raumstation MIR, Entwurfsvariante, 1980, Kat. Nr. 196

Mondgestein Mondgestein ist Gestein von unserem → Mond. Proben davon gelangten durch die → Apollo- und Luna-Missionen der USA bzw. UdSSR auf die Erde. Auch ist nachweisbar, dass es sich bei einer Anzahl von auf der Erde gefundenen Meteoriten um Mondgestein handelt: Da der Mond kaum eine Atmosphäre hat, kommt es dort häufig zu → Impakten. Diese lösen Gestein aus seiner Oberfläche, welches zur Erde geschleudert wird. *FL/UH*

Ein Stück Mondgestein, das die Apollo-11-Mission mitbrachte, schwebt in der ISS. Durch das Fenster ist ein Teil der Erde zu sehen, April 2009

Mondrover Asimov Der Mondrover Asimov ist eine Entwicklung der deutschen Forschergruppe Part-Time Scientists und soll im Rahmen des Wettbewerbs »Google Lunar X-Prize« bis Ende 2015 auf dem → Mond gelandet sein. Asimov (→ Science Fiction) besitzt eine autonome Navigation, wodurch die Fahrsicherheit des Rovers steigt und lange Signallaufzeiten per Fernsteuerung umgangen werden. *FL*

Der deutsche Mondrover Asimov, geplanter Start 2015

Moonwalker Als Moonwalkers werden die zwölf Astronauten bezeichnet, die den → Mond betreten haben. Dies waren im Rahmen der sechs Mondlandungen des → Apollo-Programms Neil → Armstrong und Edwin Aldrin (Apollo 11, 21. Juli 1969); Charles Conrad und Alan Bean (Apollo 12, 19. November 1969); Alan Shepard und Edgar Mitchell (Apollo 14, 5. Februar 1971); David Scott und James Irwin (Apollo 15, 30. Juli 1971); → John Young und Charles Duke (Apollo 16, 16. April 1972); Eugene Cernan und Harrison Schmitt (Apollo 17, 11. Dezember 1972).

Während der »Spaziergänge« auf dem Mond wurden vorrangig Experimente durchgeführt, fotografiert und Gestein gesammelt, doch ging man auch anderen Aktivitäten nach: So hatte Shepard Golfbälle mitgebracht, die er mit einem geologischen Instrument gleich mehrere Hundert Meter weit schlug, und die Crew von Apollo 16 fuhr mit dem Mondauto ein Rennen und stellte während dieses Lunar Grand Prix den Mond-Geschwindigkeitsrekord von 12 Stundenkilometern auf. *UH*

Stiefelabdruck eines Astronauten im Mondstaub, aufgenommen während der Apollo-11-Mission, 21. Juli 1969

Morgenstern → Abendstern und Morgenstern

N

NASA Die NASA (National Aeronautics and Space Administration) ist die US-amerikanische Bundesbehörde für zivile Luft- und Raumfahrt. Sie wurde 1958 gegründet, und ihr Hauptsitz ist in Washington, D.C. Ziel der NASA ist es, das Universum zu erforschen und nach Leben im All zu suchen.

Hierfür wurde seit den 1950er Jahren u.a. ein umfangreiches Raumflugprogramm realisiert: Die Entwicklungen dreier Raumfahrt-Großprojekte (→ Mercury-Programm, → Gemini-Programm, → Apollo-Programm) brachten 1969 die ersten Menschen auf den → Mond und beendeten so den → Wettlauf zum Mond. Von 1973 bis 1979 betrieb die NASA die → Raumstation → Skylab; 1972 bis 2012 wurde der Raumtransporter → Space Shuttle entwickelt und eingesetzt. Außerdem unterhält die NASA eine Vielzahl von Forschungseinrichtungen und -projekten sowie den Weltraumbahnhof Kennedy Space Center (s. → Cape Canaveral), führt Grundlagenforschung durch, sendet Forschungssatelliten, Raumsonden und Weltraumteleskope ins All (→ Mars Rover, → Great Observatory Program) und vieles andere mehr.

Seit 1998 gehören die USA über die NASA zu den an der Internationalen → Raumstation → ISS beteiligten Nationen. Auch wenn die Organisation ihr Space-Shuttle-Programm eingestellt hat, gelangen amerikanische → Astronauten mit russischen → Sojus-Raumschiffen zur → ISS. Zurzeit lässt die NASA im Rahmen ihres auf die Zusammenarbeit mit der Privatwirtschaft angelegten Programms Commercial Orbital Transportation Services (COTS) von dem Raumfahrtunternehmen SpaceX das Raumschiff Dragon entwickeln, das (mit einer vom selben Unternehmen gebauten Falcon-Trägerrakete) 2016 erste Astronauten zur ISS bringen soll. SpaceX wird von der NASA technisch unterstützt, trägt jedoch mehr als die Hälfte der Entwicklungskosten. Dafür wird die NASA später Flüge zur ISS kaufen. Für die 2030er Jahre ist ein bemannter Flug zum → Mars geplant – doch ist nicht auszuschließen, dass ein solches Projekt, wie andere auch, aus finanziellen Gründen eingestellt werden muss. *FL/UH*

Der kanadische Astronaut Chris Hadfield beobachtet eine in der Schwerelosigkeit schwebende Wasserblase, ISS, 21. Januar 2013

Nasmyth, James Hall Der schottische Ingenieur James Hall Nasmyth (1808–1890) war der Erfinder des Dampfhammers und der Dampframme. Er interessierte sich für Astronomie und baute 1827 ein kleines Spiegelteleskop mit einem Durchmesser von 6 Zoll (ca. 15 cm). Ab 1842 begann er, die Mondoberfläche systematisch zu erforschen, und entwickelte dafür ein leistungsstärkeres Spiegelteleskop. Nasmyth, der aus einer Künstlerfamilie stammte, fertigte mit seiner Hilfe detaillierte Zeichnungen von der Oberfläche des Mondes an. Gemeinsam mit dem britischen Astronomen James Carpenter (1840–1899) setzte er diese Zeichnungen im Jahre 1874 in dreidimensionale Gipsmodelle um, die die Oberfläche des Mondes mit Kratern und Bergen wiedergaben. Die Modelle wurden Grundlage für fotografische Inszenierungen, die Nasmyth und Carpenter 1874 in dem Buch *The Moon: Considered as a Planet, a World, and a Satellite* veröffentlichten. Die täuschend echt wirkenden Fotografien wurden als Heliotypien gedruckt und wirken auf den ersten Blick wie reale Abbildungen der Mondoberfläche. 1840 hatte der britische Fotopionier John William Draper die erste Daguerreotypie des Mondes angefertigt, aber die technischen Möglichkeiten des jungen Mediums Fotografie waren noch lange nicht so ausgereift, dass man hochauflösende Detailaufnahmen der Oberfläche des Mondes hätte machen können. Die Fotos von Nasmyth und Carpenter dienten den beiden auch dazu, ihre wissenschaftlichen Thesen über Gestalt und Beschaffenheit des Mondes zu untermauern. 1935 wurde ein Mondkrater nach Nasmyth benannt. *CD*

James Nasmyth, 1877

NEOshield NEOshield bedeutet: »Schutzschild gegen erdnahe Objekte«. Mit NEOs, »Near Earth Objects«, bezeichnet man Objekte wie Asteroide und Kometen, die der Erde gefährlich nahe kommen können. Im Mai 2013 wurden 9948 Asteroide und 94 Kometen als NEOs klassifiziert, die eine potenzielle Bedrohung für die Erde darstellen. Bereits im Januar 2012 wurde eine internationale Kooperation unter dem Namen NEOshield gegründet, um Methoden der Asteroidenabwehr zu evaluieren. Das Projekt ist auf dreieinhalb Jahre angelegt. 13 europäische, amerikanische und russische Partner aus Forschung und Industrie arbeiten an verschiedenen Abwehrstrategien wie z.B. der Ablenkung des Asteroiden

A B C D E F G H I J K L M N O P Q R S T U V W X Y Z

von seiner Umlaufbahn durch eine nukleare Explosion oder den gezielten Einschlag einer schweren Raumsonde, die den Asteroiden ebenfalls von seiner Bahn ablenken könnte. *CD*

Neptun Neptun – nach dem römischen Meeresgott benannt – ist der äußerste → Planet unseres → Sonnensystems und mit einem Durchmesser von knapp 50 000 Kilometern der viertgrößte. Er besteht in seinem Kern hauptsächlich aus Felsmaterial und verschiedenen Eisarten, die jedoch von äußeren gasförmigen Schichten umgeben sind, weshalb Neptun neben → Jupiter, → Saturn und → Uranus zu den → Gasplaneten oder Gasriesen zählt. Von Neptun sind 14 → Monde bekannt. *FL*

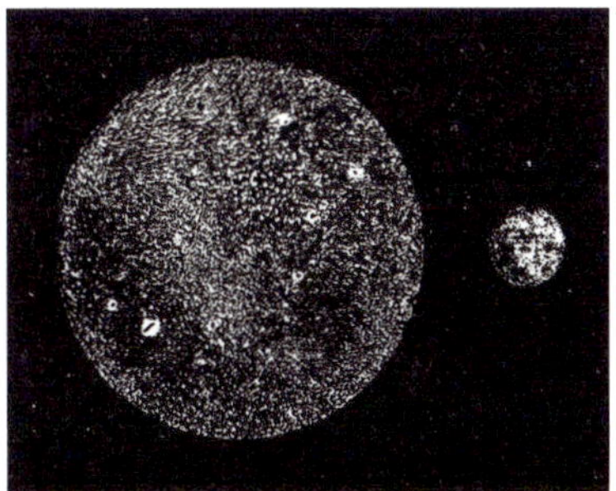

Neptun und Erde in ihrem tatsächlichen Größenverhältnis

Neutronenstern Ein Neutronenstern ist ein → Stern mit extrem hoher Dichte in seinem Endstadium. Er entsteht, wenn ein Stern nach seiner → Supernova nicht genug Masse hat, um zu einem → Schwarzen Loch zu kollabieren. Neutronensterne sind in mehrfacher Hinsicht außerordentlich: So verfügen sie nicht nur über eine höhere Dichte als andere Objekte im Kosmos, sondern auch über ein ungewöhnlich starkes Magnetfeld und Temperaturen, die bei der Entstehung dieser Sterne 100 Milliarden Kelvin betragen können. *FL*

Der Krebsnebel, zusammengesetzte Falschfarbenaufnahme aus Daten des Chandra X-Ray Observatory, des Hubble- und des Spitzer-Teleskops, 25. Oktober 2006

Newton, Isaac Der Physiker und Mathematiker Isaac Newton (1643–1727) gilt als einer der bedeutendsten Naturwissenschaftler überhaupt. 1687 publizierte er in seinem Hauptwerk *Philosophiae naturalis principia mathematica* (Mathematische Prinzipien der Naturphilosophie) die Grundlagen der klassischen Mechanik, d.h. die Grundgesetze der Bewegung oder Newton'schen Axiome sowie das Newton'sche Gravitationsgesetz, eines der grundlegenden physikalischen Gesetze. Seine Gravitationstheorie (→ Schwerkraft) hatte er mit Hilfe von Johannes → Keplers Beschreibungen der Planetenbewegungen entwickelt, und sie diente ihm wiederum dazu, die Bahnen von Kometen, die Daten von Tag-und-Nacht-Gleichen usw. zu berechnen. Newton bewies, dass die Bewegungsgesetze von irdischen Objekten auch auf Himmelskörper anwendbar sind, und

John Vanderbank zugeschrieben, *Isaac Newton*, um 1726

widerlegte durch seine Forschungen die letzten Zweifel am heliozentrischen oder kopernikanischen Weltbild (Nikolaus → Kopernikus), nach dem sich die → Erde wie die anderen → Planeten unseres → Sonnensystems um die → Sonne bewegt.

Darüber hinaus führte er wegweisende Forschungen zur Optik durch, baute 1672 das erste Spiegelteleskop, entwickelte (zur selben Zeit wie Leibniz) die Infinitesimalrechnung, publizierte Schriften zu seinen theologischen Auffassungen und vieles andere mehr. Newton war ab 1669 Mathematikprofessor am Trinity College in Cambridge und ab 1703 auch Präsident der – für die naturwissenschaftliche Revolution seiner Zeit maßgeblichen – Royal Society in London. *UH*

Nikolajew, Andrijan Andrijan Grigorjewitsch Nikolajew (1929–2004) war nach Juri → Gagarin und German Titow der dritte → Kosmonaut. Der Jagdflieger der Roten Armee wurde 1960 für das sowjetische Raumfahrtprogramm ausgewählt und umkreiste im August 1962 während des Weltraumfluges → Wostok 3 in vier Tagen 64 Mal die Erde. Seit 1966 zählte er zu den Kosmonauten, mit denen die UdSSR auf eine Mondlandung hinarbeitete. 1970 stellten Nikolajew und Witali Sewastjanow mit dem Flug von → Sojus 9 einen Rekord auf: Sie hielten sich 18 Tage lang in der Schwerelosigkeit auf – und machten so den Amerikanern ihren 1965 aufgestellten Rekord von 13 Tagen abspenstig.

Andrijan Nikolajew, 1962

Zurück auf der Erde, konnten sich die Kosmonauten nur sehr langsam wieder an die Schwerkraft gewöhnen, es trat ein Schwächezustand ein, der später als Nikolajew-Effekt bezeichnet wurde. Diesem wurde auf weiteren Raumflügen durch körperliches Training in der Schwerelosigkeit entgegengewirkt – Nikolajew und sein Kollege hatten dies zugunsten ihrer wissenschaftlichen Arbeit an Bord der Wostok vernachlässigt. Verheiratet war Nikolajew mit Walentina Tereschkowa, doch war die schon bald gescheiterte Ehe möglicherweise auf Betreiben Chruschtschows zustande gekommen und eine Propagandaaktion: Kurz vor der Hochzeit 1963 war Tereschkowa die erste Frau im All gewesen. *UH*

O

Oberth, Hermann Hermann Oberth (1894–1989) gilt zusammen mit Robert → Goddard und Konstantin → Ziolkowski als einer der Väter der modernen Raumfahrt und Raketentechnik. Als Jugendlicher wurde er von Autoren wie Jules → Verne beeinflusst. In dieser Zeit unternahm er medizinische Selbstversuche und war sich sicher, dass Menschen Weltraumflüge überstehen können. Die wissenschaftliche Basis für die Raketentechnik legte er in seiner Physik-Dissertation *Die Rakete zu den Planetenräumen* (1922, publiziert 1923), die mangels eines geeigneten Gutachters von der Heidelberger Universität abgelehnt wurde (und in der er bereits eine Rakete mit einem Ionentriebwerk präsentierte), sowie in *Die Wege zur Raumschiffahrt* (1929). In seinen Publikationen beschrieb Oberth Raketen, Mondlandungen, Satelliten, interplanetare Raumsonden und → Raumstationen, lange bevor diese Realität wurden.

Hermann Oberth, um 1930

Von 1928 bis 1929 arbeitete Oberth als wissenschaftlicher Berater des UFA-Regisseurs Fritz Lang bei dessen Raumfahrtfilm *Frau im Mond*. Bis 1938 unterrichtete er als Gymnasiallehrer in Siebenbürgen, führte jedoch ständig raketentechnische Experimente durch und arbeitete ab 1929 mit Wernher von → Braun zusammen. Wissenschaftliche Anerkennung erfuhr er 1938 mit einem Forschungsauftrag der TH Wien, 1940 wechselte er an die TU Dresden, 1941 bis 1943 war er unter von Braun an der Heeresversuchsanstalt in Peenemünde tätig. In die dortige Entwicklung der → V2 (Aggregat 4), der ersten funktionsfähigen Großrakete mit Flüssigkeitstriebwerk (deren Produktion und Einsatz im Zweiten Weltkrieg viele Menschenleben forderte), flossen Einzelerfindungen und Lösungsansätze Oberths ein, der dem Projekt aufgrund des immensen Produktionsaufwands jedoch kritisch gegenüberstand. Nach Kriegsende lebte er bei Nürnberg, 1955 bis 1959 arbeitete Oberth in Huntsville, Alabama, abermals unter Wernher von Braun mit weiteren, u.a. deutschen Wissenschaftlern an der Entwicklung von Raketen. *UH*

Orbit Als Orbit wird die in etwa ellipsenförmige Umlaufbahn eines Objekts um ein anderes, größeres Objekt im Weltall bezeichnet. → Planeten (wie die → Erde), → Kometen und → Asteroiden umkreisen beispielsweise die → Sonne, der → Mond umkreist die Erde, und die → Satelliten und Raumfähren befinden sich im Satellitenorbit der Erde. *FL*

P

Parabelflug Bei einem Parabelflug fliegt ein für diesen Zweck umgebautes Flugzeug (in Europa eines des Typs Airbus) eine Wurfparabel nach: Es fliegt steil nach oben und drosselt dann die Triebwerke, was zur Folge hat, dass es im Weiterflug eine Parabel beschreibt. Während dieser etwa 20 bis 25 Sekunden herrscht in ihm annähernde Schwerelosigkeit (Mikrogravitation). Früher trainierte man → Raumfahrer so für die Schwerelosigkeit, heute gibt es dafür jedoch bessere Methoden. Doch noch immer nutzen Wissenschaftler das Zeitfenster der Mikrogravitation, um Experimente unter ähnlichen Bedingungen wie im Weltall durchzuführen oder für die Raumfahrt entwickelte Technologien zu erproben. *FL/UH*

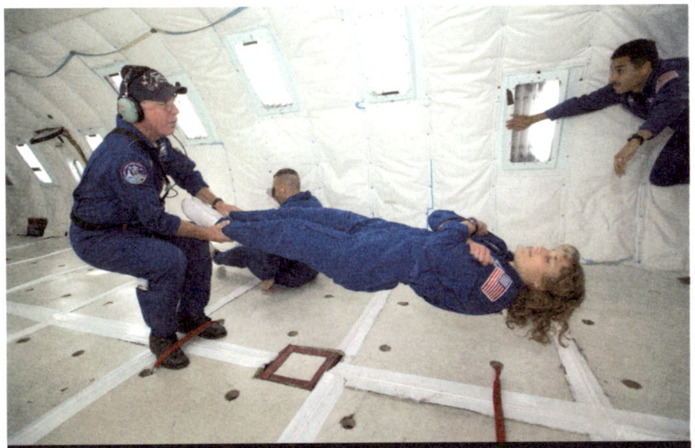

John Yaniec, der Versuchsleiter des Reduced Gravity Office, hilft der Astronautin Dorothy Metcalf-Lindenburger, sich während eines Parabelfluges zu stabilisieren, 13. Oktober 2004

Philae Philae ist der Lander der Raumsonde → Rosetta und soll 2014 auf dem → Kometen Tschurjumow-Gerasimenko landen. Mit zwei Harpunen soll sich der kleine Würfel in der Oberfläche des Kometen verhaken, da dort die → Schwerkraft sehr gering ist. Philae ist etwa 100 Kilogramm schwer und soll mit verschiedenen Instrumenten physikalisch-chemische Messungen auf dem Kometen vornehmen. Ziel ist es, die Entstehung des Lebens besser zu verstehen, was auf Kometen, die zu den ältesten und ursprünglichsten Himmelskörpern gehören, besser möglich ist als anderswo. *FL*

Schematische Darstellung von Philaes Landeanflug auf den Kometen 67P

Phobos Die beiden winzigen → Monde des Planeten → Mars, Phobos und Deimos, sind nach Söhnen oder Begleitern des Kriegsgottes Mars benannt. Ihre griechischen Namen bedeuten Furcht und Schrecken. Eine von mehreren Theorien besagt, dass es sich um »eingefangene« → Asteroiden handeln könnte, die vielleicht aus dem → Asteroidengürtel zwischen Mars und → Jupiter stammen (s. Abb. S. 247).

Phobos ist der größere der beiden Monde und mit Kratern übersät. Man geht davon aus, dass er ein »Rubble Pile« ist, dessen Brocken allein durch die → Gravitation zusammengehalten werden. Er kreist in weniger als 6000 Kilometern Entfernung um den Mars, sodass zu vermuten ist, dass die Gravitationskräfte des Mars Phobos anziehen und er in geschätzten 30 bis 100 Millionen Jahren auseinanderbrechen wird. Aus seinen Trümmern wird ein Ring um den Mars entstehen, der sich allmählich auflöst. *UH*

Phoenix Phoenix ist ein in Deutschland entwickeltes, flugfähiges Modell, mit dem Schlüsseltechnologien für ein wiederverwendbares Weltraum-Transportsystem entwickelt werden sollen. Es ist rund 7 Meter lang und mit einem neu entwickelten Flugführungs- und Steuersystem ausgestattet.

Auch die Raumsonde, die 2007 von der → NASA zum → Mars geschickt wurde und dort 2008 erfolgreich landete, trägt den Namen Phoenix. Sie sollte als stationäre Sonde nahe der nördlichen Polarregion des → Planeten die geologische Geschichte des dortigen Wassereises und Hinweise auf mögliches ehemaliges Leben auf dem Mars erforschen. Seit November 2008 ist der Funkkontakt zur Raumsonde abgebrochen. *FL*

Phoenix, entwickelt von Airbus

A B C D E F G H I J K L M N O P Q R S T U V W X Y Z

Die Planeten unseres Sonnensystems: Merkur, Venus, Erde, Mars, Jupiter, Saturn, Uranus, Neptun

Planet Ein Himmelskörper muss laut einer Vorgabe der Internationalen Astronomischen Union (IAU) des Jahres 2006 die folgenden Kriterien erfüllen, um als Planet klassifiziert zu werden: Er muss auf einer Umlaufbahn die → Sonne umkreisen, ausreichend Masse haben, um ein hydrostatisches Gleichgewicht und somit eine Kugelform anzunehmen, und die Umgebung seiner Umlaufbahn von weiteren Objekten geräumt haben. Bei → Pluto trifft das letztgenannte Kriterium nicht zu, weshalb er seit 2006 nur noch als → Zwergplanet gilt. Planeten außerhalb unseres → Sonnensystems werden als extrasolare oder → Exoplaneten bezeichnet. *FL/UH*

Planetarium Früher bezeichnete der Begriff Planetarium kleine transportable Geräte, die die Bewegung von Planeten nachvollziehen (und heute Orrery genannt werden, s. auch → Tellurium). Im modernen Sprachgebrauch sind damit große, überkuppelte und für die Besucher bestuhlte Säle oder Gebäude gemeint, die man auch Projektionsplanetarien nennt. Das weltweit erste dieser Projektionsplanetarien wurde 1923 im Deutschen Museum in München eröffnet. Die Innenseite der Kuppel bildet die Projektionsfläche für einen möglichst realistisch dargestellten Sternenhimmel, auf dem die Bewegungen von Sonne, Mond und weiteren Himmelskörpern simuliert werden. Ziel ist es, den Besuchern auf anschauliche und verständliche Weise mit modernen Techniken (häufig ein »Flug durchs Weltall«) astronomisches Wissen zu vermitteln. Ein Planetarium unterscheidet sich von einer Sternwarte, in der man durch ein Fernrohr oder Teleskop wirkliche Himmelskörper beobachten kann und die wissenschaftlichen Zwecken dient (s. Abb. S. 216). *UH*

Pluto Der erst 1930 entdeckte und nach dem römischen Gott der Unterwelt benannte Pluto galt früher als der neunte → Planet unseres → Sonnensystems, wurde aber aufgrund nicht erfüllter Kriterien für Planeten 2006 als → Zwergplanet klassifiziert. Er ist wesentlich kleiner als unser → Mond und besteht vermutlich aus Felsen und Eis. 2015 soll erstmals eine Raumsonde der → NASA nahe genug an Pluto vorbeifliegen, um ihn genauer untersuchen zu können. *FL/UH*

Der Zwergplanet Pluto

Polarstern Der Polarstern (auch Nordstern oder Polaris genannt) ist einer der bekanntesten → Sterne. Dieser helle, in fast jeder klaren Nacht sichtbare Stern steht immer an nahezu derselben Stelle, in unmittelbarer Nähe des Himmelsnordpols (der Verlängerung der Erdachse nach Norden), zeigt also zuverlässig den Norden an. Früher diente er deshalb als Lotsenstern, was aber erst seit einigen Jahrhunderten möglich ist: Der Himmelsnordpol beschreibt im Laufe von ca. 25 700 Jahren eine Kreisbahn am Himmel. Deshalb war der Polarstern in der Antike noch etwa 12° vom Himmelsnordpol entfernt, und in etwa 5000 Jahren werden andere Sterne seine »Funktion« als Nordstern übernommen haben.

Der Polarstern markiert das Ende des Sternbilds Kleiner Bär (oder Kleiner Wagen), dessen andere Sterne aber so lichtschwach sind, dass sie v.a. von hellen Städten aus kaum zu sehen sind. Nach diesem Sternbild lautet seine astronomische Bezeichnung → Ursa Minoris. *UH*

Der Polarstern ist der Stern in der Mitte, um den die anderen Sterne kreisen, aufgenommen nördlich von Budapest, 20. März 2010

Potočnik, Herman (Hermann Noordung) Mit seiner Entdeckung der geostationären Synchronbahn für → Satelliten und seiner Forschung zum Thema Langzeitaufenthalt (→ Langzeitmission) im Weltraum galt der Raumfahrttheoretiker Herman Potočnik (1892–1929) als Pionier der Raumfahrt, und dies schon 30 Jahre bevor Juri → Gagarin als erster Mensch ins Weltall fliegen sollte. Bereits im Jahr 1928 verfasste der Slowene, der auch unter dem Pseudonym Hermann Noordung schrieb, sein bahnbrechendes Werk *Das Problem der Befahrung des Weltraums*. Er beschrieb darin Raketenantriebe und geostationäre Orbitalstationen. Ideen, die kurze Zeit später von Wernher von → Braun aufgegriffen wurden. *StA*

Herman Potočnik, 1915/16

Pulsar Als Pulsar bezeichnet man einen schnell rotierenden → Neutronenstern, bei dem sich Rotationsachse und Symmetrieachse des Magnetfelds nicht entsprechen. Deshalb sendet der Pulsar – ähnlich wie ein Leuchtturm – Lichtkegel aus, die auch die → Erde regelmäßig überstreichen können. Für die Wissenschaft besonders interessant sind die Massenverhältnisse der Pulsare. So kann in einem Pulsar beispielsweise die einer Boeing 747 entsprechende Masse auf die Größe eines Reiskorns zusammengepresst sein. *FL*

Runaway-Pulsar, aufgenommen mit dem Chandra X-Ray Observatory C, 18. Februar 2014

Q R

Quasar Der aktive Kern einer → Galaxie wird im Englischen als »quasi-stellar radio source« – kurz: Quasar – bezeichnet. Quasare gehören zu den energiereichsten Objekten im Universum, was sich auch dadurch äußert, dass ihr Leuchten selbst aus großer Entfernung zu sehen ist. *FL/UH*

Künstlerische Darstellung eines Quasars mit Hilfe von Aufnahmen des Chandra X-Ray Observatory und des Spitzer-Teleskops. Der Quasar ist das orangefarbene Objekt in der Mitte der großen, unregelmäßig geformten Galaxie

Radioteleskop Effelsberg Das Radioteleskop Effelsberg bei Bad Münstereifel wurde 1972 in Betrieb genommen. Mit 100 Metern Durchmesser ist es eines der weltweit größten vollbeweglichen Radioteleskope und misst elektromagnetische Wellen, die von astronomischen Objekten im Spektralbereich der Radiowellen ausgesandt werden. Noch heute ist das zum Max-Planck-Institut für Radioastronomie in Bonn gehörige und technisch ständig weiterentwickelte Radioteleskop eines der modernsten Teleskope. Zu seinen Aufgaben zählen die Beobachtung von → Pulsaren, von Materie-Jets aus → Schwarzen Löchern, von kalten Gas- und Staubwolken und Sternentstehungsgebieten sowie von Kernen weit entfernter → Galaxien. *UH*

Das Radioteleskop Effelsberg, Kreis Euskirchen, Nordrhein-Westfalen, 2011

Rakete → Trägerrakete

Raumanzug Im Weltall ist ein Schutzanzug für → Raumfahrer unerlässlich. Die wichtigsten Funktionen eines solchen Raumanzuges sind die Bereitstellung von Atemluft und ein auf den ganzen Körper einwirkender Druck, damit der Sauerstoff aus den Lungen in alle Körperregionen transportiert werden kann. Während des »normalen« Aufenthaltes in einer Raumfähre oder -station tragen die Raumfahrer keinen Raumanzug, sondern einen feuerfesten Overall (Fluganzug); sie wechseln aber in kritischen Situationen wie Start oder Landung, in denen der Luftdruck in der Kabine außer Kontrolle geraten kann, zum Raumanzug. Während eines → Außenbordeinsatzes sind Raumanzüge zwingend, um das Überleben im Vakuum des Weltalls zu ermöglichen. Hierfür gibt es spezielle Raumanzüge, die den Raumfahrer zudem vor Kälte und kleinen → Meteoriten schützen und über eine mobile Sauerstoffquelle auf dem Rücken verfügen. *FL/UH*

Raumfahrer Ein Raumfahrer ist ein Mensch, der – im Rahmen einer Mission der bemannten Raumfahrt – in den Weltraum vorstößt. Je nach ihrer Herkunft werden Raumfahrer verschieden bezeichnet: → Astronauten werden oder wurden von der → NASA oder → ESA entsandt, → Kosmonauten von der Sowjetunion bzw. von Russland; inzwischen gibt es auch französische → Spationauten, chinesische → Taikonauten und einen → Angkasawan aus Malaysia. *FL/UH*

Bruce McCandless, der erste Mensch, der völlig frei im Weltraum schwebte, 7. Februar 1984

Raumstation Eine Raumstation ist eine Forschungseinrichtung im All, auf der Menschen längere Zeit leben können. Meistens befindet sie sich im Erdorbit und bewegt sich aus eigener Kraft nur zur Kurskorrektur fort, sodass sie auf Raumfahrzeuge (→ ATV, → Space Shuttle) angewiesen ist, die die Station selbst und die auf ihr lebenden Forscher ins All transportieren bzw. mit Nahrungsmitteln, Wasser, Sauerstoff etc. versorgen.

Nachdem die UdSSR im → Wettlauf zum Mond unterlegen war, konzentrierte sie sich auf die Entwicklung von Raumstationen und betrieb von 1971 bis 1991 die Raumstationen Saljut 1 bis Saljut 7. Die erste und bislang einzige amerikanische Raumstation → Skylab bestand von 1973 bis 1979; die sowjetische bzw. russische Raumstation → MIR von 1986 bis 2001. Seit 1998 gibt es die permanent bemannte Internationale Raumstation → ISS, eine internationale Kooperation zahlreicher Länder. 2011 wurde die erste chinesische Raumstation Tiangong 1 in Betrieb genommen. *UH*

Rekorde im Weltraum

Die ersten Lebewesen im Weltraum Ein Glas mit Fruchtfliegen, das am 20. Februar 1947 mit einer V2-Rakete knapp über die Grenze des Weltraums, die bei 100 Kilometern Höhe liegt, geflogen ist. Sie überlebten den Flug und landeten mit einem Fallschirm wieder auf der Erde.

Der erste Mensch im Weltraum war am 12. April 1961 der Russe Juri → Gagarin. Kurz darauf folgte ihm am 5. Mai 1961 Alan Shepard als erster Amerikaner.

Die erste Frau im Weltraum war die Russin Walentina Tereschkowa, die ab dem 16. Juni 1963 fast 3 Tage lang die Erde umkreiste.

Der erste Deutsche im Weltraum war Sigmund → Jähn, der am 26. August 1978 im Rahmen des russischen Weltraumprogramms ins All startete. Sein Aufenthalt im Weltraum dauerte 7 Tage.

Den ersten Weltraumspaziergang unternahm der Russe Alexei → Leonow am 18. März 1965.

Der erste Mensch auf dem Mond war der Astronaut Neil → Armstrong, der am 21. Juli 1969 im Rahmen der → Apollo-11-Mission den Mond betrat. *Der (bis heute) letzte Mensch auf dem Mond* war Eugene Cernan, der am 14. Dezember 1972 mit dem Ende der Apollo-17-Mission als letzter Astronaut den Mond verließ.

Der jüngste Mensch, der je in den Weltraum flog, war der Russe German Titow, der bei seinem Flug erst 25 Jahre alt war. *Der älteste* war der Amerikaner John → Glenn, der seinen letzten Flug mit 77 Jahren antrat.

Die kürzeste Zeit im Weltraum verbrachte Juri Gagarin, er war nur knapp 2 Stunden im Orbit unterwegs.

Die längste zusammenhängende Zeitspanne im Weltraum verbrachte der russische Kosmonaut Waleri Pojakow auf der → Raumstation → MIR. Er war insgesamt 437 Tage im Weltraum, vom 8. Januar 1994 bis 22. März 1995.

Die meisten Flüge in den Weltraum unternahm der Amerikaner Jerry Ross, der insgesamt 7 Mal dort war.

Der längste → Außenbordeinsatz dauerte 8 Stunden und 56 Minuten und wurde von den Amerikanern James Voss und Susan Helm an Bord der Internationalen Raumstation (→ ISS) ausgeführt.

Die meisten Außenbordeinsätze führte der Russe Anatoli Solojow aus. Er verließ in den 1990er Jahren 16 Mal die Raumstation MIR zu Arbeiten außerhalb der Station. *TvS*

Roboter Ein Roboter (von slaw. bez. tschech. *robota*, Arbeit, Zwangsarbeit) ist eine computergesteuerte, stationäre oder mobile Maschine, die Menschen Arbeit abnimmt. In der Raumfahrt gibt es den Robotertyp Rover (→ Mars Rover, → Mondrover Asimov), der sich auf der Oberfläche eines Himmelskörpers fortbewegt. In den 1970er Jahren verwandte die UdSSR drei Roboter-Mondmobile vom Typ Lunochod (russ. Mondgänger). Die Roboter Spirit (2003–2011) und Opportunity (seit 2003) sind US-Raumsonden zur Erforschung des Mars, die nicht auf eine Bodenkontrolle angewiesen sind. Die Mondrover des → Apollo-Programms wurden direkt von Menschen gesteuert und waren deshalb keine Roboter. Zu den Robotern könne hingegen sogenannte Lander zählen – Raumsonden, die auf einem Himmelskörper landen und bislang auf dem → Mond, dem → Mars, der → Venus und dem Saturnmond → Titan eingesetzt wurden. *UH*

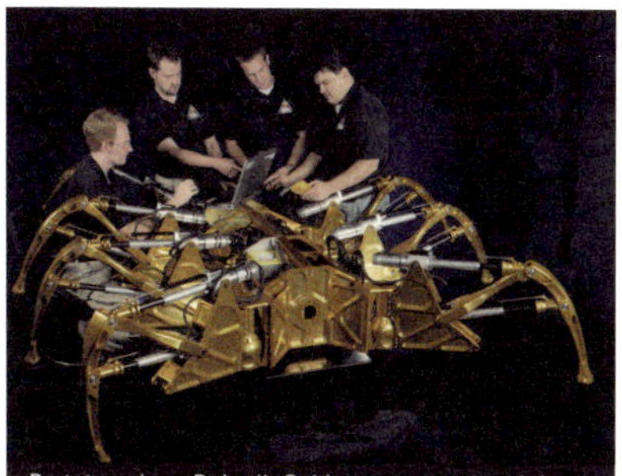

Prototyp eines Robotik-Spidernauts, NASA, Johnson Space Center, 12. August 2005

A B C D E F G H I J K L M N O P Q R S T U V W X Y Z

A B C D E F G H I J K L M N O P Q R S T U V W X Y Z

The Rocky Horror Picture Show

Walter Grasskamp

THE ROCKY HORROR PICTURE SHOW.
Kam die sexuelle Befreiung aus dem Weltall?

Als *The Rocky Horror Picture Show* 1975 in die Kinos kam, ließ der schleppende Kassenstart überhaupt nicht erahnen, was für ein nachhaltiger Publikumserfolg der Film bald sein würde. Ebenso alberne wie pittoreske Rituale im Zuschauerraum sorgten aber schließlich dafür, dass sich die Spätvorstellungen ausnahmen wie ein permanenter Kindergeburtstag für Berufsjugendliche und Dauer-Halloween für schräge Erwachsene – als hätte man aus dem düsteren Roman *Morels Erfindung* von Adolfo Bioy Casares ein leicht merkfähiges Partyrezept generiert. Um den Film hatte sich ein urbaner Kult etabliert.

Und so blieb es nicht aus, dass Experten darüber rätselten, woraus sich der Langzeiterfolg des Films nährte, dessen Plot schon rätselhaft genug ist: In einem lusttrunkenen Schloss schauerromantischen Zuschnitts, das sich zum Schluss überraschend als Abschussrampe und Raumschiff in Funktionseinheit erweist, versammelt der Film zwei Menschen und viele Menschenähnliche zu einer grotesken Nummernrevue. Mord und Kannibalismus kontrastieren mit der Schöpfung eines künstlichen, aber rundum befriedigenden Menschen, und konventionelle sexuelle Identitäten kollidieren mit anstößigen Spielarten entgrenzten Begehrens. Als Travestien von Adam und Eva stolpern die beiden verklemmten Verlobten Brad und Janet in ein Paradies der Lüste, wo sich ihre voreheliche Verlegenheit unter der besorgten Aufmerksamkeit der Außerirdischen in einem tiefen sexuellen Durchatmen löst – und zwischen all dem vermittelt Charles Gray als abgründig korrekte Parodie eines seriösen Disney-Tierfilmerzählers. So bot die plakativ-parodistische Aufladung des Films mit allerlei Spielarten des Begehrens die naheliegende Erklärung für den Erfolg vor einem Publikum, das hier seine eigenen Identitäten demonstrieren oder vorübergehend zur Disposition stellen konnte.

Im komödiantischen Lustzentrum des Films steht die separate Begattung der beiden braven Sexverzögerer Brad und Janet durch den schlauen Strapsteufel Frank-N-Furter, und der Coup des Außerirdischen lässt die Affäre so erscheinen, als käme die sexuelle Befreiung aus dem All. Natürlich kam, um Missverständnisse gar nicht erst aufblühen zu lassen, die sexuelle Befreiung nicht aus dem All, das hier nur ein weiteres Mal als Projektionsfläche der Erdlinge dient, sondern aus dem wachsenden Selbstbewusstsein verschiedener sexueller Subkulturen, denen die Drogenszene der 1960er Jahre ein Vorbild für die schleichende Durchsetzungskraft eines offiziell noch lange inkriminierten Habitus geliefert hatte.

Was die Bürgerrechtsbewegung, die Studentenunruhen und die Hippiekommunen für die Liberalisierung des öffentlichen Lebens in den Nachkriegsjahrzehnten bedeutet hatten, wurde nun zum Vorbild einer eigenen Demonstrationskultur, der ein sehr irdischer Christopher Street Day 1969 das Ausgangsdatum gestiftet hatte. Wie das Musical *Hair* 1968 die verstrubbelte Hippiekultur für die Kulturindustrie zurechtgebürstet hatte, so schien nun die *Rocky Horror Picture Show* das *coming out* der sexuellen Subkulturen in knallbunter Massenunterhaltung zu verharmlosen. Freilich nahm sich das ganze Unternehmen damals noch so gewagt aus, dass Meatloaf, wie er später zu Protokoll gab, aus den schon fortgeschrittenen Musikproben aussteigen wollte, als er zum ersten Mal des Hauptdarstellers Tim Curry in Netzstrümpfen und Korsage angesichtig wurde (Abb. 1).

Die 1975 – und auch heute noch – durchaus provokante Sabotage der Geschlechterrollen überblendet freilich, dass der Film auch ein subtiles Spiel mit den Genres der Trivialliteratur und den Rezeptionsformen des Kinos liefert: Zwischen *pulp fiction* und *double feature* ist das sinnliche Singspiel nicht nur ein Film über das Kino, sondern zugleich eine Collage aus romantischen Literaturmotiven und Legenden des Science-Fiction-Films.

Als rührende Apotheose des B-Movie lieferte die *Rocky Horror Picture Show* bereits eine amüsante Fassung jener Strategie kultureller Überlegenheit, die sich damals als *Dekonstruktion* akademisch einzubürgern begann und mit der bald nicht mehr zu spaßen war. Wie nebenbei liefert sie eine exemplarische Rezeptionsgeschichte des Science-Fiction-Genres, das ja selbst eine Art irdischer Rezeptionsgeschichte des Universums darstellt, und deshalb gehört dieser Film in jede ordentliche Kulturgeschichte des Weltraums.

Mit seinem Zitatenkonfetti erfüllt er zudem ein prägendes Kriterium des Pop, nämlich das der Kodierung des Materials für verschiedene und möglichst breite Publikumsschichten, von denen nicht jede verstehen oder goutieren muss, was der anderen zugänglich ist oder Vergnügen bereitet. Mit der Pop-Art teilt er sogar eine Leitreferenz: Schon 1956 hatte Richard Hamilton *Robby the Robot* als Eingangsmotiv für seinen Pop-Pavillon in der Ausstellung *This is Tomorrow* ausgewählt, jene Figur aus dem SF-Film *Forbidden Planet*, den die *Rocky Horror Picture Show* 20 Jahre später wieder zitierte.

1 Szene aus: *The Rocky Horror Picture Show*, v.l. Nell Campbell, Patricia Quinn, Tim Curry (Dr. Frank-N-Furter) und Richard O'Brian, 1974

Wenig dürfte sich freilich allen Zuschauern erschlossen haben, was für eine Blasphemie in der gar nicht so komischen Rockoper steckt: Ein Erlöser aus dem All und nicht aus dem Himmel, der seine Anhänger nicht für das ewige Leben, sondern für die irdischen Lüste rüstet; ein Teufel, nicht aus der Hölle, sondern mit kosmischem Migrationshintergrund, der viel mehr ist als nur ein gefallener Engel, weil er künstliche Menschen als Lustobjekte zu erschaffen versteht; ein Satan, der einen echten Menschen vorsätzlich totschlägt – das muss auch dann skandalös wirken, wenn man dem Film zubilligt, wie viel komische Distanzierung er durch seinen optimal besetzten und dementsprechend selbstverliebt agierenden Hauptdarsteller bietet.

Hält man etwa *Der Himmel über Berlin* (1987) von Wim Wenders dagegen, in dem der Engel Damiel (Bruno Ganz) keinen Menschen erschaffen kann, sondern einer werden will, erst recht das Hollywood-Remake *Stadt der Engel* (1998) mit dem großäugig dauerschmachtenden Nicolas Cage, dann begreift man erst die wahre Ungeheuerlichkeit der *Rocky Horror Picture Show*. Denn ihr Held ist weder ein gefallener Engel noch ein pervertierter Erlöser, sondern der obszöne Oberpriester einer als Lustspiel getarnten schwarzen Messe, in der ein Mensch geopfert und verspeist wird. Es ist der Satanismus des 19. Jahrhunderts, der hier recht leichthufig zitiert wird, denn Frank-N-Furter ist nicht nur das lebende Sexspielzeug, als das er sich allseits empfiehlt, sondern eben auch ein skrupelloser Mörder. Und wem unter den kollektiv verspaßten Habitués der Spätvorstellungen wird aufgefallen sein, dass auf dem Kleid, in dem Tim Curry antritt, als einziger Schmuck ein magentafarbenes Dreieck prangt, das wie ein auf die Basis gesetzter »Rosa Winkel« aussieht, mit dem Homosexuelle in den Konzentrationslagern des Nazi-Regimes markiert wurden (was übrigens auch das Erschrecken über die Enthüllung der deutschadeligen Herkunft des Doktor *von* Scott erklärt)? Damit wird Frank-N-Furter freilich als Täter und Opfer zugleich markiert, was dann vielleicht doch ein bisschen zu viel des Unguten ist.

Zum Schluss kennt man sich also gar nicht mehr so richtig aus vor lauter Anspielungen und Zitaten aus Kunst und Leben (»lost in time, and lost in space ... and meaning«, wie es in dem genialen und angemessen semiotischen Filmfazit heißt) und versteht, dass es in diesem Film überhaupt nicht um Außerirdische oder gar das Weltall geht, sondern um ein milieuspezifisches Generationenporträt aus Lesefrüchten, Filmfetzen und Konsumzitaten aus der US-Kultur der 1950er und 1960er Jahre; um jene Szenerie des *camp*, die Susan Sontag 1964 beschrieben und Andy Warhol 1965 schon zu verfilmen versucht hatte; um ein transsexuelles Klassentreffen in einem *Camp Canaveral* der schwarzen Romantik – um eine recht irdische Angelegenheit mithin.

Allerdings lieferte die außerirdische Verortung eine geniale Metapher für die Randständigkeit der in *Frankenstein Place* preisgegebenen sexuellen Identitäten in einer damals noch strikt heterosexuell zentrierten Alltags- und Medienkultur: Sie erlaubte es dem Film, sein halbnacktes Personal mit hochkulturellen Anspielungen und trivialen Querverweisen so zu bekleiden, dass es in dem feuchten Gruselschloss nicht frieren muss. Indem die *Rocky Horror Picture Show* ihrem Personal eine extraterrestrische Herkunft andichtete, machte sie also nur das Unwahrscheinliche deutlich, das diesem *coming out* wenige Jahre zuvor auf Erden noch angehaftet hätte. Selten war in der Kulturgeschichte eine motivische Ausrede so dekorativ und unterhaltsam, einleuchtend und pittoresk, so irreführend und verführerisch zugleich wie die außerirdische Ansiedlung der *Rocky Horror Picture Show*.

Röntgenstrahlung → X-Ray/X-Radiation

Roskosmos Roskosmos ist der Name der 1992 gegründeten zivilen Behörde mit Sitz in Moskau, die für die Weltraumaktivitäten der Russischen Föderation zuständig ist. Sie hat die wichtigsten Einrichtungen (darunter den Weltraumbahnhof → Baikonur und später auch das Ausbildungszentrum im → Sternenstädtchen) der zivilen sowjetischen Raumfahrt übernommen, die seit dem Start von → Sputnik 1 im Jahr 1957 als weltweit führend galt und in allen Bereichen orbitaler Stationen präsent war. *FL/UH*

Rosetta Die → ESA-Mission Rosetta erforscht die Entstehungsgeschichte des → Sonnensystems, indem sie einen von dessen ursprünglichsten Himmelskörpern untersucht: Mit der Lander-Einheit → Philae an Bord fliegt Rosetta seit März 2004 durch das Weltall. Ihr Ziel ist der → Komet Tschurjumow-Gerasimenko. Bisher kennen die Planetenforscher ihr Ziel nur von Teleskopbildern aus großer Entfernung. Seitdem wissen sie: Der Komet hat einen Durchmesser von rund vier Kilometern und eine unregelmäßige Form, etwa die einer Bade-Ente. Alle 12,6 Stunden dreht er sich um die eigene Achse. Mit insgesamt 21 Instrumenten auf Muttersonde und Lander, vom Bohrer bis zum Spektrometer, soll die Rosetta-Mission Aufbau und Eigenschaften des Kometen genau analysieren. Dessen Zustand erlaubt einen Blick in die Vergangenheit unseres Sonnensystems, da das Material aus seiner Entstehungszeit vor 4,6 Milliarden Jahren nahezu unverändert konserviert wurde.

Rosetta ist eine Mission der ESA mit Beiträgen ihrer Mitgliedsstaaten und der → NASA. Für Rosettas Lander Philae ist ein Konsortium unter der Leitung von → DLR, MPS, CNES und ASI verantwortlich. *DLR*

3D-Modell der Raumsonde Rosetta. Die Farben der Instrumente auf ihrer Oberseite und der Solarzellenausleger entsprechen nicht der Realität, 25. Juli 2006

Sänger, Eugen Eugen Sänger (1905–1964) war ein österreichischer Luft- und Raumfahrtpionier, den als Jugendlicher Kurd → Laßwitz' Roman *Auf zwei Planeten* inspirierte. Ab den 1920er Jahren forschte er zu Hyperschall-Raumflugzeugen und Raketen, danach an der TH Wien (die noch seinen ersten Dissertationsentwurf *Raketenflugtechnik* abgelehnt hatte) zum Raketenantrieb mit Flüssigtreibstoffen. Ab 1936 leitete Sänger die Raketentechnische Forschungsstation Trauen in der Lüneburger Heide. 1942 wurde er als unkooperativ entlassen; nach Kriegsende setzte er sich für eine friedliche Nutzung des Weltraums ein. In dieser Zeit entstanden zahlreiche weitere wichtige Arbeiten zu Fragen der Luft- und Raumfahrt, auch war Sänger wesentlich am Aufbau mehrerer Hochschul- bzw. Forschungsinstitute beteiligt (Forschungsinstitut für Physik der Strahlantriebe in Stuttgart, Raketenversuchsgelände Lampoldshausen, Fachbereich Raumfahrt der TU Berlin). 1961 bis 1964 konzipierte er für die Junkers-Werke einen Raumtransporter (RT-8). Erkenntnisse aus dieser Arbeit sollten später beim → Space Shuttle Verwendung finden. *UH*

Eugen Sänger, 1. April 1964

Satellit Ein Satellit umkreist einen Himmelskörper, wie z.B. einen → Planeten, oder ein anderes astronomisches Objekt in einer Umlaufbahn. Unterschieden wird zwischen natürlichen und künstlichen Satelliten. Bei natürlichen Satelliten handelt es sich oft um → Monde. Seit 1961 (→ Sputnik) sind immer mehr künstliche Satelliten ins Weltall gebracht worden. Die meisten von ihnen umkreisen die → Erde und dienen Forschungszwecken (wie z. B. → Raumstationen und die Weltraumteleskope des → Great Observatory Program), verfolgen kommerzielle Ziele (wie Kommunikations- oder Navigationssatelliten) oder haben eine militärische Funktion (wie Spionagesatelliten). Die Zahl dieser Erdsatelliten ist in den letzten Jahren rasant angestiegen und dürfte aktuell mehrere Tausend betragen – von winzigen, z.B. für den Amateurfunk eingesetzten Kleinsatelliten (Femtosatelliten wiegen weniger als 100 Gramm) bis zur riesigen Internationalen → Raumstation → ISS. Mit der wachsenden Anzahl von Satelliten und deren häufig nicht stattfindender Entsorgung entsteht der für die Raumfahrt nicht ungefährliche → Weltraumschrott.

Auch andere Planeten als die Erde werden – zu Forschungszwecken – von Satelliten umkreist, die die Bezeichnung Orbiter erhalten haben. *FL/UH*

Dornier System GmbH, Aeronomie-Satellit AEROS-B (Prototyp) zur Erforschung der oberen Erdatmosphäre mit Präsentationsgestell, 1972, Kat. Nr. 234

Saturn Der sechste und zweitgrößte → Planet in unserem → Sonnensystem ist der nach dem römischen Gott des Ackerbaus benannte Saturn (s. Abb. S. 98). Von der → Erde ist er der am weitesten entfernte Planet, der ohne Fernrohr oder Teleskop gut zu sehen ist. Mit solchen optischen Instrumenten sind zudem die Ringe des Saturn zu beobachten, die aus Eis- und Gesteinsbrocken bestehen und den Planeten auf Höhe seines Äquators umkreisen. Der Saturn selbst besteht jedoch zu mehr als 95 Prozent aus Wasserstoff und gehört deshalb zu den → Gasplaneten. Inzwischen sind auch 62 → Monde des Saturn entdeckt worden; der größte und bekannteste ist Titan. *FL/UH*

Scheitern Teil der Geschichte der Raumfahrt sind auch zahlreiche gescheiterte Projekte und tödliche Unfälle. Allein unter den → Astronauten und → Kosmonauten sind seit 1967 mehr als 20 Todesopfer zu verzeichnen, und wahrscheinlich verloren viele weitere, namentlich nicht bekannte Personen bei Testflügen oder Starts ihr Leben.

Weltweites Aufsehen erregten schon 1957 die Fernsehbilder der russischen Hündin → Laika, die im All an Überhitzung und Stress starb. Der offiziell erste tödliche Unfall der sowjetischen Raumfahrt ereignete sich 1967, als bei der Landung der Kapsel → Sojus 1 die Fallschirme versagten und der Kosmonaut Wladimir Komarow starb. 1971 kam es in der Landekapsel der Sojus 11 zu einem Druckverlust, der für drei Kosmonauten tödlich war.

Für die USA stand der Beginn der bemannten Missionen des → Apollo-Programms unter einem schlechten Stern, als 1967 noch vor dem eigentlichen Start der Apollo 1 drei Astronauten bei einer

Routineübung starben (Virgil → Grissom). Der charismatische Leiter des Programms, Eugene → Kranz, erklärte kurz darauf in einer wegweisenden Rede, dass zu früh zu große Risiken eingegangen worden seien, und stellte die Maxime »tough and competent« auf, was bedeutet, dass jeder Mitarbeiter für alle seine Tätigkeiten verantwortlich sei und nie etwas als selbstverständlich ansehen dürfe. 1970 war Kranz maßgeblich an der dramatischen Rettung der Apollo-13-Astronauten beteiligt, die von Millionen Menschen über die Medien verfolgt wurde. Aufgrund des Gelingens der Rettung bezeichnete die → NASA die Mission als »erfolgreichen Fehlschlag«. Zwei weitere Katastrophen ereigneten sich in der US-Raumfahrt, als 1986 die Raumfähre Challenger kurz nach dem Start explodierte und 2003 die Raumfähre Columbia bei ihrer Rückkehr aus dem All auseinanderbrach. Jeweils sieben Astronauten wurden getötet. *UH*

Schwarzes Loch Hat ein → Stern das Ende seines Lebens erreicht, verwandelt er sich in einen → Weißen Zwerg, einen → Neutronenstern oder (im Fall von sehr massereichen Sternen) in ein Schwarzes Loch, d.h., er konzentriert auf engstem Raum ungeheure Masse. Im Zentrum eines Schwarzen Lochs befindet sich ein Punkt unendlicher Dichte und → Gravitation. Es zieht alles in seiner Nähe Befindliche an und lässt selbst Licht nicht mehr entweichen (was zur Bildung des Begriffes Schwarzes Loch führte). Aus den genannten Gründen lassen sich Schwarze Löcher auch nicht direkt beobachten, man kann lediglich ihre Auswirkung auf ihre Umgebung untersuchen. Die Relativitätstheorie besagt, dass massive Objekte durch ihr Gravitationsfeld den Raum um sich herum krümmen. So können Schwarze Löcher daran erkannt werden, dass Lichtstrahlen in ihrer Nähe nicht mehr geradlinig verlaufen. *FL/UH*

Künstlerische Darstellung eines schnell rotierenden supermassiven Schwarzen Loches im Herzen der Spiralgalaxie NGC 1365

Stanislaw Lem, Auszug aus *Fiasco*

Der zwischen den Sternen liegende Raum ist nicht durch den direkten Flug zu bewältigen, wenn die einen Lebenden und Vernunftbegabten die anderen besuchen und wieder zurückkehren wollen. Selbst wenn die Raumfahrer mit lichtnaher Geschwindigkeit fliegen, bekommen sie weder die zu Gesicht, zu denen sie sich aufgemacht haben, noch sehen sie die wieder, die auf der Erde zurückgeblieben sind. Hier wie dort vergehen in wenigen Jahren Bordzeit mindestens Jahrhunderte. Diese kategorische Feststellung der Wissenschaft bot der Kirche Anlaß zu folgender theoretischer Reflexion: Der Schöpfer der Welt hat Begegnung der Geschaffenen verschiedener Sterne zu einem Hirngespinst gemacht. Er hat zwischen ihnen eine Sperre errichtet, die völlig leer und unsichtbar, aber dennoch nicht zu überwinden ist: als *seine* Abgründe, nicht die des Menschen. Die menschliche Geschichte läuft jedoch immer anders als das Denken, das sich auf ihre Vorhersage richtet. Die Schlünde des Alls erweisen sich als Sperre, die tatsächlich nicht zu durchdringen ist. Sie läßt sich durch eine Serie spezifischer Manöver jedoch *umgehen*.

Die Galaxis hat nur *eine* gemittelte Zeit – sie selbst ist die Uhr, die ihr Alter, also auch die Zeit anzeigt. Dort jedoch, wo höchste Intensität der Gravitation herrscht, unterliegt die galaktische Zeit heftigen Veränderungen. Sie hat Grenzen, an denen sie haltmacht: die Schwarzschildschen Kugeln, diese schwarzen Hülsen in sich selbst zusammengefallener Sterne. Diese Hülse bildet den Horizont der Vorgänge. Ein Gegenstand, der sich ihm nähert, verschwimmt vor den Augen eines entfernten Beobachters und verschwindet, bevor er die Oberfläche des Schwarzen Lochs erreicht. Die Zeit nämlich, von der Schwerkraft gedehnt, verschiebt das Licht erst in den Infrarotbereich und dann auf immer längere elektromagnetische Wellen, bis zuletzt auch nicht ein reflektiertes Photon mehr zu dem Zuschauer zurückkehrt – das Schwarze Loch verschluckt mit seinem Horizont für immer jedes Teilchen und jedes Krümchen Licht.

Der Reisende, der sich dem Schwarzen Loch nähert, wird durch die zunehmende Gravitation zusammen mit seinem Raumschiff zerrissen. Die Gezeiten der Schwerkraft ziehen dort jedes materielle Objekt zu einem Faden, dessen Verlängerung der Radius der schwarzen Kugel ist, in die er ohne Wiederkehr hineintaucht.

Der Kollapsar, dieser in sich selbst zusammengefallene Stern, kann nicht einmal auf einer beliebigen Trajektorie umflogen werden; die Kräfte der Gravitation töten die Reisenden und zerfetzen das Raumschiff, selbst wenn dieses der dichteste kosmische Zwerg wäre, ein Neutronenstern, eine Kugel aus Atomkernen, zu einer Härte ineinandergepreßt, gegen die Stahl weicher wäre als Gas. Der Kollapsar würde auch diese Kugel zu seiner Spindel strecken, zerreißen und im Nu verschlucken. Zeugnis der Verschwundenen wäre nur die als Todesfackel in das All entweichende Röntgenstrahlung.

So schnell werden Besucher von den Kollapsaren guillotiniert, die aus Sternen entstanden sind, die um das Mehrfache schwerer waren als die Sonne. Selbst wenn aber die Masse eines Schwarzen Lochs die der Sonne um das Hundert- oder Tausendfache überträfe, könnte die Gravitation an seinem Horizont gering sein wie die irdische. Dem Raumschiff, das dort hinkommt, droht zunächst keine Gefahr, und der Besatzung kann völlig entgehen, daß sie sich bereits unterhalb eines solchen Horizonts befindet. Sie wird jedoch nie wieder aus dieser unsichtbaren Hölle herauskommen können. Das Raumschiff wird ins Innere des gewaltigen Kollapsars gesogen und, auf sein Zentrum zufallend, im Verlauf von Tagen oder Stunden – je nach der Masse der Falle – vernichtet. Diese theoretischen Modelle solcher von der Gravitation verursachter Grabstätten waren von der Astrophysik am Ende des 20. Jahrhundert geschaffen worden, offenbarten aber – wie alles in der Geschichte der Erkenntnis – bald ihre Unzulänglichkeit. Sie waren angesichts der Wirklichkeit zu sehr vereinfacht. Die erste Korrektur kam von der Quantenmechanik: Jedes Schwarze Loch gibt Strahlung ab, allerdings um so schwächer, je größer es ist. Die gewöhnlich in den Zentren der Galaxie befindlichen Giganten werden ebenfalls einmal zugrunde gehen, mag ihre »Quantenverdampfung« auch hundert Jahrmilliarden anhalten. Sie werden als letzte Relikte vom Sternenglanz des Universums bleiben.

Schwerkraft Die Schwerkraft oder Gravitation ist eine der physikalischen Grundkräfte, die durch die Aussage beschrieben wird, dass Massen sich gegenzeitig anziehen, wobei der Körper mit der größeren Masse eine stärkere Wirkung auf den mit der kleineren Masse ausübt als umgekehrt und die Anziehungskraft mit der Entfernung der Körper voneinander abnimmt.

Resultat ist, dass auf der → Erde alle (nicht fixierten) Körper nach unten fallen, diese also ein Gewicht erhalten. Das Gewicht desselben Körpers ist beispielsweise auf dem → Mond geringer, da dieser über viel weniger Masse verfügt als die Erde.

Genau definiert wurden diese Phänomene von Isaac → Newton im Newton'schen Gravitationsgesetz, der zudem erkannte, dass die Schwerkraft auch im Weltall wirksam ist. Sie beeinflusst dort alles, vom kleinsten Partikel bis zu den → Galaxien. So bestimmt sie auch in unserem → Sonnensystem die Bahnen der → Planeten, Monde etc. *FL/UH*

Science Fiction Science Fiction ist ein Genre in der Literatur, im Film oder auch in der bildenden Kunst, das Menschen und Umwelt in einer (ganz oder teilweise) fiktiven Situation behandelt. Häufig ist eine Handlung in der Zukunft und auf fernen Planeten angesiedelt; wichtige Themen sind technische Entwicklungen, die teils Realität werden könnten, teils aber reine Spekulation sind,

A B C D E F G H I J K L M N O P Q R S T U V W X Y Z

A B C D E F G H I J K L M N O P Q R S T U V W X Y Z

Reisen durch Zeit und (Welt-)Raum sowie → Außerirdische. Viele Autoren nutzen die Science Fiction auch, um z. B. politischen oder ethischen Anschauungen Ausdruck zu verleihen.

Als Begründerin der literarischen Science Fiction gilt Mary Shelley mit ihrem Roman *Frankenstein* (1818). Im letzten Drittel des 19. Jahrhunderts begann eine erste Blütezeit mit den wissenschaftlichen Abenteuern von Jules → Verne sowie, später, den gesellschaftskritischen und technischen Romanen von H. G. → Wells. Ein wichtiger früher deutscher Autor war Kurd → Laßwitz. Anfang des 20. Jahrhunderts erschienen auch die ersten Science-Fiction-Comics; in den 1930er Jahren begann in den USA und anderswo das Goldene Zeitalter der Science Fiction. Zu den zahllosen bedeutenden Science-Fiction-Autoren des 20. Jahrhunderts gehören Isaak Asimow (*Foundation*-Zyklus, 1942–1993), Arthur Clarke (*2001: A Space Odyssee* [*2001: Odyssee im Weltraum*], 1968, auf der Grundlage von Stanley Kubricks Film, der wiederum auf Clarkes Kurzgeschichte *The Sentinel* [*Der Wachtposten*] von 1948 basierte), Ray Bradbury (*The Martian Chronicles* [*Die Mars-Chroniken*], 1950), Robert Heinlein (*Stranger in a Strange Land* [*Fremder in einer fremden Welt*], 1961), Stanislaw Lem (*Solaris*, 1961; → Symmetriade) und Ursula K. LeGuin (*The Dispossessed* [*Die Enteigneten*], 1974).

Stanislaw Lem, 1966

Schon einige der frühen Science-Fiction-Filme haben die Raumfahrt zum Thema, so z. B. → *Aelita* (1924) und *Frau im Mond* (1927; siehe → Countdown), bei dem Hermann → Oberth als raketentechnischer Berater mitwirkte. Das Raumfahrt-Untergenre erhielt mit dem → Wettlauf zum Mond weitere Impulse. 1966 wurden in den USA die ersten Folgen der Serie *Star Trek (Raumschiff Enterprise)* und in Deutschland der *Raumpatrouille Orion* ausgestrahlt; 1968 kamen Stanley Kubricks wegweisender Film *2001: A Space Odyssee (2001: Odyssee im Weltraum)* und in den 1970er Jahren weitere SF-Klassiker ins Kino – die *Star Wars*- und die *Alien*-Filme (ab 1977 bzw. 1979). Als neuere Beiträge zum riesigen Science-Fiction-Filmspektrum sind die SF-Parodie *Galaxy Quest* (1999) und der filmtechnisch innovative *Avatar* (2009) zu nennen, in dem Menschen einen anderen Planeten ausbeuten. *UH*

SETI SETI ist die Abkürzung für Search for Extra-Terrestrial Intelligence, die Suche nach außerirdischer Intelligenz (→ Außerirdische, → Wow!-Signal). 1960 fand das erste SETI-Experiment statt, bei dem der amerikanische Radioastronom Frank Drake, der am National Radio Astronomy Observatory in Green Bank, West Virginia, arbeitete, mit seinem Radioteleskop nach Funksignalen von Außerirdischen suchte. Vier Monate richtete er das Radioteleskop mit einem Durchmesser von 26 Metern täglich sechs Stunden lang auf die beiden Sterne Tau Ceti und Epsilon Centauri, die der Sonne nahe stehen und etwa 11 Lichtjahre von der Erde entfernt sind. Die Observation, die unter dem Projektnamen »Ozma« in die Geschichte eingegangen ist, zeigte jedoch keine bedeutsamen Signale. Seitdem gab es international zahlreiche SETI-Projekte, die mit Hilfe von Radioteleskopen und mittlerweile auch optischen Teleskopen nach Signalen von außerirdischen Intelligenzen suchen. *CD*

Sehen

August Strindberg, Auszug aus *Verwirrte Sinneseindrücke: Schriften zu Malerei, Fotografie und Naturwissenschaften*

Ein Blick zum Weltraum

Es war Ostersonntag, als der Seidenbast im Hagapark blühte. Der Seidenbast, der Blüte und Duft des Flieders trägt, ohne ein Flieder zu sein.

Wir wollten die Sonne tanzen sehen, wie die Legende sagte, an diesem Auferstehungstag. Als ich die Blicke zum Stern des Tages hob, sah ich zunächst nur eine leuchtende Klarheit, eine Wolke aus weißem Feuer, und ich verzichtete sofort auf das gefährliche Schauspiel.

Viele Ostersonntage sind seither vergangen, und es geschah schließlich, daß ich die Sonne sehen wollte, um ihre Flecken zu finden. Sie befand sich im Himmelsäquator, denn es war Tagundnachtgleiche. Indem ich die Blicke hob, sah ich zunächst nichts anderes als eine große, weiße Feuerwolke, die sich allmählich verdichtete, um eine goldgelbe Scheibe zu bilden, die in einer anderen Scheibe rotierte, die bald silberweiß, bald eisenschwarz war.

In diesem Augenblick packte mich der Gedanke: Ist die Sonne rund, weil wir sie rund sehen? Und was ist das Licht? Etwas außerhalb von mir oder etwas in mir, subjektive Empfindung?

Das Licht, eine Kraft, kein Stoff, sollte ja nicht sichtbar sein, da Kräfte sonst nicht sichtbar sind.

Sollte die Sonne möglicherweise das allenthalben gegenwärtige Urlicht sein, das mein mangelhaftes Auge nur als den runden gelben Fleck auf der Netzhaut erfassen kann?

Und was ist das Licht, wenn das Dunkel nicht sein Gegensatz ist, wovon man sich leicht überzeugt, indem man in einen dunklen Raum geht und auf die Augäpfel drückt. Eben diesen Versuch habe ich ausgeführt, wiederholt und kontrolliert.

Wenn ich im Dunkeln auf die Augäpfel drücke, sehe ich zunächst ein Chaos aus Licht, Sternen, Funken, die allmählich kondensieren und sich zu einer glänzenden Scheibe sammeln, die rotiert. Diese Scheibe beginnt dann, Garben aus rotem Licht zu werfen, die die Fackeln der Sonne imitieren, aber auch einem Sonnenfleck »en tourbillon« ähneln oder den Spiralnebeln in der Jungfrau oder den Jagdhunden.

Beim Maximum des Schmerzes, hervorgerufen durch den Druck, verschwindet die Sonne, und ein einziger blendender Stern bleibt zurück. Wird jetzt der Druck vermindert, endet das Lichtphänomen und ein Farbenspiel beginnt. In der Mitte erscheint ein Loch im Purpur der Skabiose, umgeben von einem milden Schwefelgelb und in der Zeichnung einem Sonnenfleck ähnlich. Ist es also das Innere des Auges, das der Astronom in Wort und Bild wiedergibt, und sind es die Linsen des Tubus, die er auf der lichtempfindlichen Platte fotografiert? Und dabei blieb ich für einen Augenblick stehen.

Indessen fiel mir eine Ophthalmoskopie mit Farbdrucktafeln in die Hände, und ich gestehe meine Verblüffung, als ich im Inneren des abgebildeten, stark beleuchteten Auges diese Bilder der Netzhaut sah, die die Lichtwolke, die Sonne, die konzentrischen Ringe, die Sterne, die Milchstraße und alle Phänomene des ganzen Himmelsgewölbes imitierten.

Wo fängt das Ich an, und wo hört es auf? Das Auge, der Sonne angepaßt? Oder das Auge, das Phänomen, genannt Sonne, erzeugend?

Schopenhauer sagt: »Die Welt mit dem unendlichen Raum, in welchem alles eingeschlossen ist, mit der Unendlichkeit der Zeit, in welcher sich alles bewegt, mit der wunderbaren Mannigfaltigkeit der Dinge, die beide erfüllen, sind nur cerebrale Phänomene.«

Die Sonne zeichnet einen imaginären Kreis auf das imaginäre Himmelsgewölbe. Dieser Kreis bildet einen Winkel von 23° auf dem Himmelsäquator.

Das Auge, gebildet von einer Kugel, besitzt einen runden gelben Fleck, ähnlich der Sonne, und dieser einzige lichtempfindliche Fleck im Auge liegt 23° über dem Eintritt des Sehnervs ins Auge.

Was könnte dieses bedeuten? Ist es möglich, daß der Mensch, als er sich aus dem Staub erhob und die Sonne offenen Auges betrachtete, auf dem inzwischen blinden Punkt geblendet wurde, und daß die Sonne, das allenthalben gegenwärtige Licht, sich einen neuen Brennpunkt geschaffen hat?

Oder hat die Erde, als sie die Achsenlage änderte, den Menschen gezwungen, sich um 23° zu erheben?

Wer das weiß, der sage es, und mag er zugleich erzählen, warum auch das Herz eine Neigung von 23° einnimmt!

*

(Obenstehender Aufsatz, gedruckt in *L'Initiation* im April 1896, gab Anlaß zum folgenden Änderungsvorschlag des Buddhisten Guymiot.)

Das Auge ist eine Reduktion des Auges Brahmas.

Das Universum ist geschaffen wie ein Mensch; jedes Ei Brahmas ist ein Sonnensystem und bildet eines der Augen Adam Kadmons, selbständig in der Unendlichkeit Akabas lebend.

Die Sonnensysteme sind zwei und zwei, um ein Augenpaar Adam Kadmons zu bilden. Alles, was in unserem Sonnensystem vor sich geht, ist analog zu dem, was in einem unserer Augen vor sich geht. –

In der Sonne ist soviel Licht, daß man das Mysterium des Lichtes, intim verbunden mit dem Mysterium des Auges, nicht fassen kann.

Um das Licht kennenzulernen, muß man dessen reflektierte Strahlen betrachten. Mit einiger Aufmerksamkeit lernt man beobachten, nicht die Produkte seiner Einbildung wie die sensiblen Visionäre, sondern das Grundwesen des Lichtes oder zumindest dessen Art, sich zu äußern.

Man muß ohne vorgefaßte Idee betrachten, nur um zu sehen, sonst sieht man seine Idee, was bei allen Visionären der Fall ist.

Das gewöhnliche Sehen findet durch die Superposition der Phänomene statt, die die beiden Netzhäute passieren; diese Phänomene sind nicht identisch und lassen sich unterscheiden. Man kann die leuchtende Scheibe des rechten und des linken Auges separat sehen. Jede Scheibe ist die Projektion einer Sphäre, und mit Aufmerksamkeit unterscheidet man die beiden Schichten der Substanz, die der Sitz der beiden Tätigkeiten ist.

Was im Auge des Menschen vor sich geht, geht auch in dem Adam Kadmons vor. Am Spiel des Lichtes in unserem Auge

A B C D E F G H I J K L M N O P Q R S T U V W X Y Z

können wir das Spiel des Lichtes im Kosmos studieren; die natürlichen Phänomene sind Wiederholungen ins Unendliche, so wie die Zahlen Wiederholungen der zehn Ziffern sind. Die Naturgesetze sind die regelmäßigen Serien der Zahlen; die Wunder sind das Fassen einer Zahl, unabhängig von der Serie, zu der sie gehört. Es gibt Zahlen, die zu keiner Serie gehören.

Die Farben sind die Rinde des Lichtes; der purpurschwarze Fleck ist ein Stoff, der auf der Lichtsphäre schwimmt, eingefaßt in einen Rahmen aus Licht: es ist eine Einkapselung. Eine wedische Schule sagt, diese rote Materie sei die Nahrung der Götter; eine andere Schule meint, sie sei ein Loch in der Sonnenscheibe, durch das die Seelen der Befreiten zu höheren Welten steigen. Die Okkultisten des Orients studieren die Natur durch das Licht. Die Kristalle, durch die sie sie betrachten, haben zum Zweck, das Licht zu analysieren, und nicht, ihnen in einer Laterna magica Bilder zu zeigen, die in ihrem Gehirn entstehen, diese niederen Phänomene der Mikrobie des Sinns.

Wenn der Astronom Kosmos zeichnet, zeichnet er das Innere seines Auges; beide entsprechen einander. Das Firmament ist ein geschlossenes Gewölbe; es ist die kosmische Hornhaut.

Der gelbe Fleck im Auge und in der Sonne sind analog; die Sonne bringt ebensowenig Licht hervor wie der gelbe Fleck; er kondensiert es teilweise. Die Sterne sind Licht, reflektiert von einem bestimmten Gewebe im kosmischen Auge, und wenn man das weiß, lächelt man wie ein Gott, wenn man die Elukubrationen eines Camille Flammarion liest, und man ist erstaunt über die Höhe der Dummheit, zu der menschliche Einbildung sich aufschwingen kann.

Hierauf bedenkt man, daß die Dummheit ein Faktum ist wie andere, und wenn man begriffen hat, daß die Erde eine Zelle in einem kosmischen Gewebe ist, das Licht reflektiert und absorbiert, und daß die Sterne das gleich sind, dann sagt man sich, daß wir, da wir eine dieser Zellen bewohnen, keine Möglichkeit hätten, durch kosmischen nutritiven Austausch eine andere ähnliche Zelle zu bewohnen, und daß demnach keine Vernunft in den astronomischen Phantasien walten könnte, welche nur betrügen, wenn sie vorgeben, die Sterne seien Sonnen, begleitet von Planetengefolgen.

Man muß die Ausdrücke Makrokosmos und Mikrokosmos ernst nehmen, um Wissen von der Natur zu erlangen. Nichts außerhalb des Menschen, was nicht auch im Menschen und den anderen Existenzformen vorhanden wäre.

Skylab Von 1973 bis 1979 betrieben die USA die → Raumstation → Skylab (etwa: Himmelslabor), auf der – nach umfangreichen anfänglichen Reparaturarbeiten – wissenschaftliche Forschungen durchgeführt wurden. Diese befassten sich u.a. mit den Auswirkungen der Schwerelosigkeit bei einem längeren Aufenthalt im All; doch auch mit den Spinnen → Anita und Arabella wurde ein Experiment durchgeführt.

Die Mission Skylab 1 beförderte die Raumstation ins Weltall; die dreiköpfigen Besatzungen Skylab 2 bis 4 hielten sich 1973 bzw. 1973/74 dort auf. Im Februar 1974 brachte das Apollo-Raumschiff des Skylab 4 die schnell sinkende Station in eine höhere Umlaufbahn, danach umkreiste sie unbemannt die Erde. Der Plan, Skylab erneut in eine höhere Umlaufbahn zu bringen, wurde nicht umgesetzt, da es für die technisch schnell veraltete Weltraumstation keine sinnvolle Verwendungsmöglichkeit gab. 1979 stürzte sie – trotz der Bemühungen der → NASA, sie in den Indischen Ozean zu lenken – über Australien ab. Skylab war die erste (und bisher auch letzte) Raumstation der USA, die sich heute an der Internationalen → Raumstation → ISS beteiligen. *FL/UH*

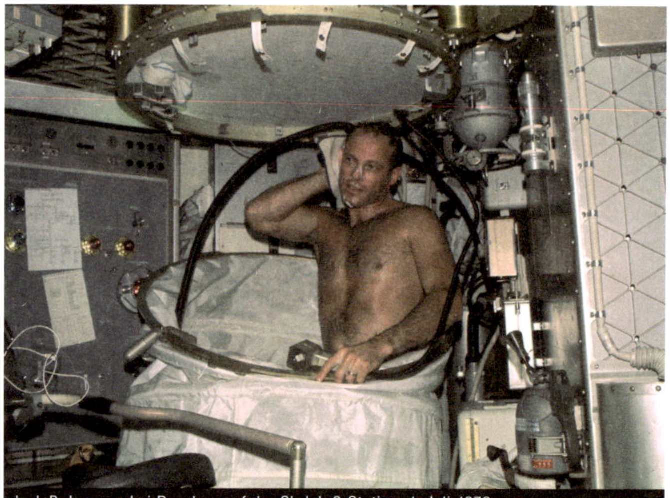

Jack R. Lousma bei Duschen auf der Skylab-3-Station, 1. Juli 1973

Sojus Sojus (russ. Vereinigung) ist sowohl die Bezeichnung für eine russische → Trägerrakete als auch für ein russisches Raumschiff. Die Sojus-Rakete ist die meistgeflogene und mit die zuverlässigste orbitale Trägerrakete. Sie wurde 1957 unter der Bezeichnung R-7 zum ersten Mal eingesetzt und war die erste (vorrangig militärischen Zwecken dienende) Interkontinentalrakete. Noch im selben Jahr beförderte sie auch den ersten → Satelliten, → Sputnik 1, ins Weltall. Den Namen Sojus erhielt die (bis heute immer wieder aktualisierte) Rakete im Jahr 1967, als sie als Träger des ersten Raumschiffes der Sojus-Reihe fungierte. Diese wurde unter Sergei → Koroljow entwickelt und hat Besatzungen zu den russischen → Raumstationen Saljut und → MIR gebracht. Seitdem die USA das → Space-Shuttle-Programm eingestellt haben, können → Raumfahrer nur mit Sojus-Raumschiffen zur → Internationalen Raumstation → ISS gelangen. Diese starten vom russischen Weltraumbahnhof → Baikonur. Die → ESA verwendet seit 2011 in einer europäisch-russischen Kooperation auch Sojus-Raketen, um

Objekte wie das Satellitennavigationssystem Galileo vom europäischen Weltraumbahnhof → Kourou in Französisch-Guayana aus ins All zu bringen. *FL/UH*

Die Triebwerke einer Sojus-FG-Rakete, 3. November 2013

Sonne Die Sonne ist der zentrale → Stern unseres → Sonnensystems, eines Planetensystems in der → Milchstraße. Sie liegt gut 27 000 → Lichtjahre vom Galaxie-Zentrum entfernt im sogenannten Orion-Arm und gehört mit einem Äquatordurchmesser von ca. 1,4 Millionen Kilometern zu den größeren Sternen. Durch ihre Masse dominiert sie die → Schwerkraft oder Gravitation (und somit die Bahnen der um die sie kreisenden Planeten) in unserem Sonnensystem. Dieses versorgt sie auch mit Licht und Wärme – sie hat eine Innentemperatur von über 15 Millionen Grad Celsius, an ihrer Oberfläche herrschen immer noch ca. 5700 Grad. Die Sonne besteht zu 75 Prozent aus Wasserstoff und zu 23 Prozent aus Helium (nur knapp 2 Prozent sind schwere Elemente wie Metalle) und erzeugt ihre ungeheuren Energiemengen durch Fusionen in ihrem Inneren.

Da die Sonne als Spender von Wärme und Licht eine für das Leben auf der Erde elementare Funktion hat, ist sie seit frühester Zeit von fast allen Kulturen verehrt worden; schon die antiken Astronomen beobachteten ihren Verlauf (besondere Bedeutung kam der Winter- und der Sommersonnenwende zu). Bereits in der Antike wurde auch das Phänomen der Sonnenfinsternis beobachtet und vorherberechnet. Dies bedeutet nicht, dass die Sonne plötzlich nicht mehr hell strahlt, sondern dass sie zu gewissen Zeiten und von bestimmten Gegenden von der Erde aus nicht zu sehen ist – nämlich dann, wenn der → Mond zwischen Erde und Sonne steht und die Sonne (die wegen ihrer größeren Entfernung von der Erde als etwa gleich groß wie der Mond wahrgenommen wird) teilweise oder ganz verdeckt. Die so entstehende partielle oder totale Sonnenfinsternis wird auf der Erde als Dämmerung bzw. als kurze Zeit andauernde Nacht erlebt. *FL/UH*

Berliner Schutzleute beobachten die Sonnenfinsternis, 17. April 1912

Sonnensystem Unser Sonnensystem besteht aus dem → Stern → Sonne und ihren acht → Planeten, dem → Asteroidengürtel sowie dem → Kuipergürtel, die sie umkreisen. Im gravitativen Feld der Sonne befinden sich außerdem → Asteroiden, → Kometen, → Zwergplaneten, → Monde und → Satelliten. Das Alter unseres Sonnensystems wird auf etwa 4,5 Milliarden Jahre geschätzt. Andere Sonnensysteme haben oft zwei Sonnen. *FL*

SpaceLiner Einsteigen in Europa, zurücklehnen und schon nach 90 Minuten am anderen Ende der Welt in Australien wieder aussteigen – das soll der beim Deutschen Zentrum für Luft- und Raumfahrt (→ DLR) untersuchte SpaceLiner in Zukunft ermöglichen. Das Konzept ist einfach: Der SpaceLiner soll wie das → Space Shuttle senkrecht starten und mit Raketentriebwerken bis in die äußeren Schichten der Erdatmosphäre beschleunigen. Die wiederverwendbare Booster-Stufe mit neun Triebwerken trennt sich nach der ersten Phase mit hohem Schub vom Orbiter, in dessen Kapsel 50 Passagiere Platz finden. Nach etwa acht Minuten sind alle Triebwerke abgeschaltet und der Orbiter kann seinen Gleitflug bis zu seinem interkontinentalen Ziel mit zunächst mehr als 20-facher Schallgeschwindigkeit und anschließender sanfter Verzögerung beginnen. Die Landung nach diesem »Suborbitalflug« soll wie mit einem Flugzeug auf einer normalen Landebahn stattfinden. Passagiere und auch Güter könnten so eines Tages innerhalb kurzer Zeit über große interkontinentale Entfernungen transportiert werden. Die Raketentechnologien der Raumfahrt würden auf diese Weise auch den Menschen für ihre Reisen über große Entfernungen auf der Erde nützlich sein. *DLR*

Space Shuttle Das Space Shuttle ist eine von der → NASA entwickelte Raumfähre, mit der es gelang, ein Raumfahrzeug wiederzuverwenden. Sie konnte sieben Astronauten und 24,5 Tonnen Nutzlast transportieren. Durch das Space Shuttle wurden Projekte wie der Bau der → ISS erst möglich (zu der 37 Flüge stattfanden);

Der SpaceLiner der DLR, Modell, 2014

Das Space Shuttle Endeavour bei der Landung im Kennedy Space Center, 1. Juni 2011

64 → Satelliten und Weltraumsonden wurden mit ihm ins All befördert; außerdem fanden 163 → Außenbordeinsätze und 9 Flüge zur russischen → Raumstation → MIR statt.

Nachdem die USA den → Wettlauf zum Mond gewonnen hatten, stand die Entwicklung einer wiederverwendbaren Raumfähre im Vordergrund. Erste Ideen entstanden bereits Mitte der 1960er Jahre; Anfang 1972 entschied sich die NASA für ein Modell, das aus Orbiter (dem Transportmodul für Besatzung und Nutzlast), Außentank und Booster (→ Trägerrakete) bestand; 1972 wurde mit dem Bau des Orbiter begonnen. In den folgenden Jahren war das Shuttle-Projekt durch nicht einzuhaltende Termine und ständig steigende Kosten zeitweise sehr in Frage gestellt. Es wurde gerettet, da die USA schwergewichtige Spionagesatelliten konstruiert hatten, die ohne eine solche Raumfähre auf der Erde hätten bleiben müssen.

Von April 1981 bis Juli 2011 wurden vom Startort Kennedy Space Center (s. → Cape Canaveral) aus insgesamt 135 Einsätze von den folgenden fünf Raumfähren durchgeführt: Columbia (1981–2003, am Ende des 28. Einsatzes verunglückt, sieben Todesopfer); Challenger (1983–1986, zu Beginn des 10. Einsatzes auseinandergebrochen, sieben Todesopfer); Discovery (1984–2011, 39 Einsätze); Atlantis (1985–2011, 33 Einsätze); Endeavour (1992–2011, 25 Einsätze). Nach dem Challenger-Unglück wurde der Shuttle-Betrieb für zweieinhalb Jahre unterbrochen und zahlreiche, v.a. sicherheitstechnische Verbesserungen vorgenommen. Das Programm wurde 2011 aus Kosten- und Sicherheitsgründen eingestellt – und weil die Raumtransporter anderer Nationen ähnliche Aufgaben übernehmen können.

Benannt wurden die Shuttles nach historischen Forschungsschiffen. Der Prototyp, der ab 1977 das Shuttle in der Atmosphäre erprobte, erhielt – auf »Wunsch der Öffentlichkeit« und trotz anfänglichen Widerstandes der Politik – nach dem Raumschiff der Science-Fiction-Fernsehserie *Star Trek* (*Raumschiff Enterprise*) den Namen Enterprise. *FL/UH*

Spationaut Der Begriff leitet sich vom lateinischen *spatium* und dem griechischen Wort *nautes* ab und bedeutet so viel wie »Seefahrer im Weltraum« (s. auch → Kosmonaut). Er bezeichnet die französischen → Raumfahrer. Der erste Spationaut, Jean-Loup Chrétien, startete 1982 ins Weltall. *FL*

Spiralnebel Ein Spiralnebel oder eine Spiralgalaxie ist (nach der Kategorisierung von Edwin Hubble, → Hubble-Weltraumteleskop) einer von mehreren Galaxietypen. In einer solchen → Galaxie liegen die Sterne in einer an eine Scheibe erinnernden Ebene. Diese besteht aus einem sehr dichten, hellen und sich vorwölbenden Zentralbereich (Bulge) mit sehr alten Sternen und davon ausgehenden, ebenfalls sehr leuchtkräftigen Spiralarmen mit relativ jungen Sternen, Staub und Gas. Dies bedeutet jedoch nicht, dass es außerhalb dieser Galaxiebereiche keine Sterne gäbe, sie sind nur weniger lichtstark. Beispiele für Spiralnebel sind der → Andromedanebel, aber auch unsere → Milchstraße. *FL/UH*

Die 20 000 Lichtjahre voneinander entfernten Spiralgalaxien NGC 1410 (links) und NGC 1409 tauschen Materie durch eine Pipeline aus (dunkler Strich), aufgenommen mit dem Hubble-Teleskop, 10. Januar 2001

Spitzer Space Telescope → Great Observatory Program

Sputnik Sputnik hießen die zehn → Satelliten, die die UdSSR von 1957 bis 1961 in die Erdumlaufbahn brachten. Sputnik 1, der erste künstliche Satellit überhaupt, war wohl nicht zuletzt ein Resultat des Ringens von USA und UdSSR um die Vorherrschaft im Weltraum: 1955 kündigte US-Präsident Eisenhower für das Internationale Geophysikalische Jahr 1957 einen Erdsatelliten an, nur Tage später reagierte die UdSSR mit einem ähnlichen Projekt.

Geplant war zunächst ein Satellit von etwa 1,5 Tonnen, dessen Entwicklung sich allerdings als so komplex herausstellte, dass er zu spät fertig geworden wäre. Die Lösung war ein winziger Satellit mit einem Gewicht von 86 Kilogramm und einem Durchmesser von 58 Zentimetern, der nur über eine minimale technische Ausstattung verfügte, aber Radiosignale senden konnte. Wesentlich beteiligt an seiner Entwicklung war Sergei → Koroljow. Sputnik 1 wurde im Oktober 1957 von einer R-7-Interkontinentalrakete (→ Sojus) vom Weltraumbahnhof → Baikonur aus ins All befördert. Seine Signale wurden überall auf der Welt empfangen. Im Westen löste der erfolgreiche erste Einsatz eines Satelliten durch die UdSSR den sogenannten »Sputnik-Schock« aus, denn es wurde klar, welche Fortschritte die sowjetische Raumfahrt gemacht hatte (und dass die USA durch die verbesserten sowjetischen Interkontinentalraketen angreifbar waren). Sputnik 1 verglühte 92 Tage nach seinem Start, als er wieder in die Erdatmosphäre eintrat.

Der Name Sputnik (russ. Weggefährte) geht auf Konstantin → Ziolkowski zurück. Dieser beschrieb 1895 in seinem Roman *Träume von der Erde und vom Himmel* einen Satelliten namens Sputnik, der mithilfe einer Flüssigkeitstreibstoffrakete (→ Trägerrakete) die Menschen den Weltraum erobern ließ. *UH*

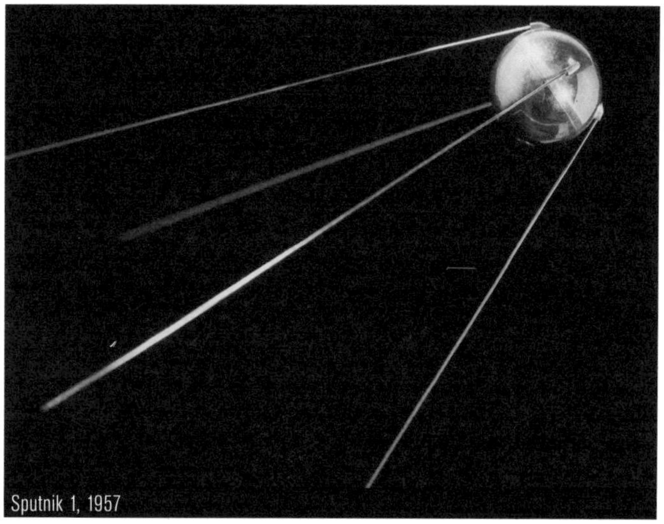

Sputnik 1, 1957

Stern Ein Stern ist ein Himmelskörper, der selbstständig leuchtet (im Gegensatz zu anderen astronomischen Objekten, die lediglich von Sternen angestrahlt werden, wie der → Planet → Erde vom Stern → Sonne). Er fügt sich mit anderen Sternen zu Doppel- bzw. Mehrfachsternsystemen zusammen oder bildet das Zentrum eines Planetensystems (→ Sonnensystem). Diese Systeme vereinigen sich wiederum zu → Galaxien oder zu Sternhaufen. Mit bloßem Auge sind am gesamten Nachthimmel bis zu 6 000 Sterne zu sehen.

Alle Sterne sind massereich, sehr heiß und aktiv; sie bestehen aus Gas (v. a. Wasserstoff und Helium), können in Größe, Farbe, Helligkeit und Alter aber ganz unterschiedlich sein. Eingeteilt werden sie z. B. nach Spektralklassen – d. h. nach ihrer Farbe und Temperatur (wobei die blauen und blauweißen Sterne die heißesten sind, die roten und rotbraunen die kältesten) – und auch nach Leuchtkraft- bzw. Größenklassen (I für die Überriesen bis V für die Zwerge).

Sterne bilden sich aus interstellaren Gaswolken. Diese bestehen v. a. aus Wasserstoff und ziehen sich unter ihrer eigenen → Schwerkraft immer mehr zusammen. Die Temperatur in ihrem Inneren steigt, und schließlich beginnt die Fusion von Wasserstoff- zu Helium-Atomkernen. So wird ein neuer Stern geboren, der v. a. aus Wasserstoff und zu einem geringeren Teil aus Helium besteht. Lange Zeit – für Millionen und Milliarden von Jahren (wobei besonders massereiche Sterne eine kürzere Lebensdauer haben) – wird durch das Verbrennen von Wasserstoff im Kern des Sternes Strahlungsenergie freigesetzt, denn zur Stabilisierung des Sternes müssen der aus der Schwerkraft resultierende Gravitationsdruck und der Strahlungsdruck im Gleichgewicht sein. Dieses kann, wenn der Wasserstoffvorrat verbraucht ist, nicht mehr gehalten werden. Der Strahlungsdruck nimmt ab, im Inneren des Sternes steigen Druck und Temperatur, die Heliumatome fangen an zu verschmelzen. Es entstehen andere, schwerere Atome, die riesige Energiemengen freisetzen. Am Ende ihres Lebens verlieren Sterne einen großen Teil ihrer Materie, entweder dadurch, dass diese in Form von planetarischen Nebeln entweicht (wonach ein → Weißer Zwerg zurückbleibt), oder durch das explosionsartige Abstoßen ihrer äußeren Gashülle in einer → Supernova. In diesem Fall endet ein Stern, je nach seiner ursprünglichen Masse, als → Neutronenstern oder als → Schwarzes Loch. *FL/UH*

Sternenstädtchen Die Siedlung Swjosdny Gorodok (deutsch Sternenstädtchen) in der Nähe von Moskau beherbergt das russische Ausbildungszentrum für → Raumfahrer und ist der Wohnort zahlreicher → Kosmonauten und ihrer Familien. Dort wurden alle Kosmonauten seit den 1960er Jahren auf Flüge ins All vorbereitet, heute trainieren dort Kosmonauten und andere, an bestimmten internationalen Missionen beteiligten Raumfahrer für ihren Aufenthalt im Weltraum. Neben einem Taucherbecken, um

Außeneinsätze zu trainieren, steht im Sternenstädtchen auch die weltweit größte Zentrifuge, bei der bis zu 22 g auf den Fahrer einwirken. *FL*

Das Juri-Gagarin-Kosmonautentrainingszentrum im Sternenstädtchen, 2005

Sternkarte Die Lage von → Sternen und Sternbildern am Himmel kann auf Sternkarten verzeichnet werden, auf denen man häufig Signaturen zur Darstellung der Helligkeit der Sterne verwendet. Für den gesamten Sternenhimmel (oder einen großen Teil davon) benötigt man viele Karten, die in einem Sternatlas zusammengefasst werden können.

Seit der Antike gibt es Karten einzelner Sternbilder. Sternkarten des ganzen Himmels wurden erstmals im 16. Jahrhundert veröffentlicht; 1603 erschien mit der *Uranometria* von Johann Bayer der erste Atlas mit den (sichtbaren) Sternen beider Hemisphären. Der erste Sternatlas, der zur Identifikation unbekannter Himmelskörper dienen sollte, wurde von dem Astrofotografie-Pionier Max Wolf (1863–1932) und dem österreichischen Astronomen Johann Palisa (1848–1925) erstellt. Sowohl Wolf als auch Palisa entdeckten zahlreiche Kleinplaneten und gaben später die 210 Blätter umfassenden Wolf-Palisa-Sternkarten heraus. Den modernen fotografischen Sternkarten (z. B. Digitized Sky Survey) liegen Teleskopaufnahmen zugrunde. *UH*

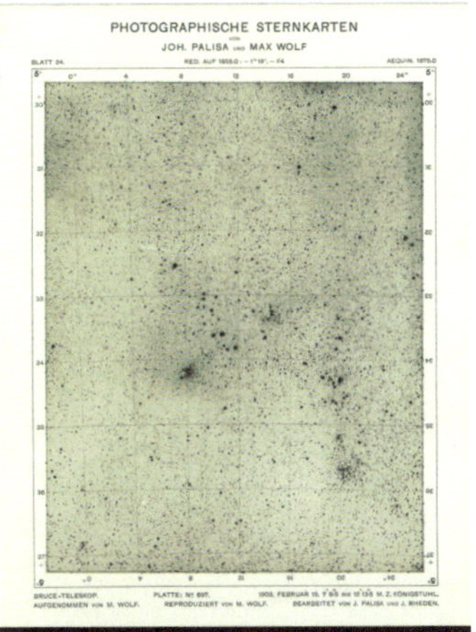

Johann Palisa und Max Wolf, Sternkarte, 1905–1907, Kat. Nr. 263

Strahlung – Kosmische und Hintergrundstrahlung Man unterscheidet zwischen der Kosmischen Strahlung und der Kosmischen Hintergrundstrahlung. Die Kosmische Strahlung ist eine auf die Erde treffende hochenergetische Teilchentrahlung, die ihren Ursprung in unserer → Sonne (Sonnenwinde und -eruptionen) und vor allem außerhalb unseres → Sonnensystems hat (in der → Milchstraße und fernen → Galaxien). Unabhängig davon gibt es die nicht von Sternen ausgehende Kosmische Hintergrundstrahlung. Sie ist die älteste messbare Strahlung und ein Überrest aus der Zeit des → Urknalls. Zugleich ist sie ein direkter Beleg für die Urknall-Theorie. Die Kosmische Hintergrundstrahlung erfüllt das gesamte Universum. *FL*

Supernova Eine Supernova ist das Endstadium eines → Sterns, die gigantische Explosion, durch die dieser vernichtet wird und kurzzeitig ungeheuer hell leuchtet. Es gibt zwei Arten von Supernova-Explosionen: Das Doppelsternsystem, in dem ein → Weißer Zwerg frisches Brennmaterial erhält und durch die hohe Energie schließlich explodiert. Und Typ 2, bei dem es sich um einen sehr massereichen Stern handelt, dessen Brennmaterial erschöpft ist. Dadurch wird der Stern instabil und kollabiert an der eigenen → Schwerkraft. Die dabei freigesetzte Energie erzeugt eine Supernova. Zurück bleibt ein → Neutronenstern oder ein → Schwarzes Loch. *FL*

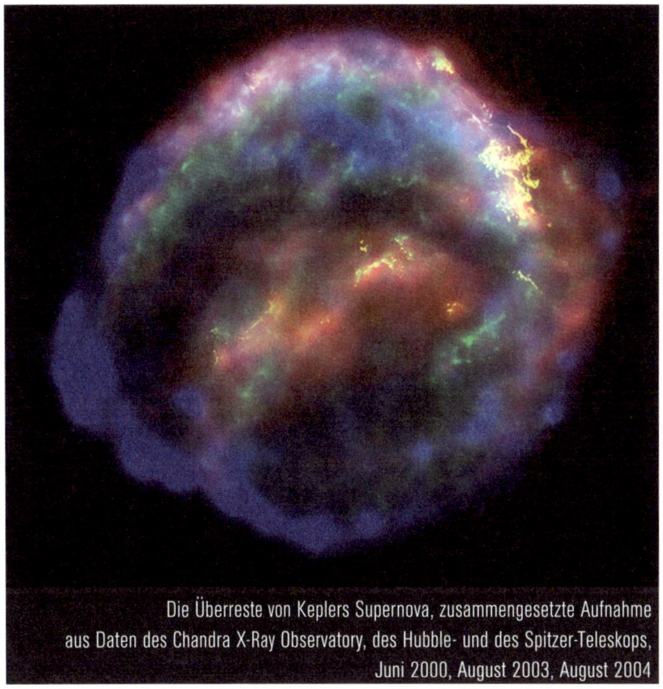

Die Überreste von Keplers Supernova, zusammengesetzte Aufnahme aus Daten des Chandra X-Ray Observatory, des Hubble- und des Spitzer-Teleskops, Juni 2000, August 2003, August 2004

A B C D E F G H I J K L M N O P Q R S T U V W X Y Z

Symmetriade

Stanislaw Lem, Auszug aus *Solaris*

Das Ende der Symmetriade ist gräßlich. Niemand, der es gesehen hat, erwehrte sich des Eindrucks, Zeuge einer Tragödie zu sein, wenn nicht gar eines Mordes. Nach etwa zwei, höchstens drei Stunden (dieses explosive Aufwuchern, diese Selbstvervielfachung und Selbstzeugung dauert nie länger) geht der lebende Ozean zum Angriff über. Das sieht so aus: die glatte Oberfläche runzelt sich, die schon zur Ruhe gekommene, mit verkrustetem Schaum bedeckte Brandung beginnt zu sieden, von den Horizonten aus preschen konzentrische Wellenzüge heran, genau solche muskulöse Krater, wie sie die Geburt eines Mimoids begleiten, aber diesmal sind ihre Ausmaße unvergleichlich größer. Der unterseeische Teil der Symmetriade wird zusammengedrückt, langsam hebt sich der Koloß, als sollte er aus dem Bereich des Planeten fortgeschleudert werden; die obersten Schichten der Ozean-Masse beginnen aktiv zu werden, kriechen immer höher, die Seitenwände hinauf, überziehen sie, fester werdend, und verstopfen die Ausgänge, aber das alles ist nichts gegen das, was sich gleichzeitig tief innen abspielt. Zuerst stocken für kurze Zeit die formenschaffenden Prozesse – das Auseinanderhervortauchen aufeinanderfolgender Architekturkompositionen –, dann unterliegen sie heftiger Beschleunigung; die bis dahin flüssigen Bewegungen des Durchdringens und der Faltung, das Emporflügeln von Grundnetzen und Gewölben, bisher rhythmisch und so sicher, als sollten sie Jahrhunderte überdauern, – das alles beginnt sich zu überstürzen. Der Eindruck wird übermächtig, daß der Koloß angesichts der ihm drohenden Gefahr gewaltsam auf irgendein Vollbringen hindrängt. Doch je mehr die Geschwindigkeit der Verwandlungen steigt, desto offensichtlicher wird die gräßliche, ekelerregende Metamorphose des Baustoffes selbst und seiner Dynamik. Alle diese Bündelungen wunderbar geschmeidiger Ebenen erweichen sich, erschlaffen, schlottern, es beginnen Ausrutscher aufzutreten, unfertige Formen, fratzenhafte, verstümmelte; aus den unsichtbaren Tiefen dröhnt anwachsendes Brausen, Gebrüll: wie durch Atemzüge einer Agonie ausgestoßen, reibt sich die Luft an den zusammenschrumpfenden Engpässen, schnarcht und orgelt donnernd in den Durchlässen, erregt in den einstürzenden Zwischendecken ein Röcheln wie aus irgendwelchen monströsen, von Schleimstalaktiten überwucherten Kehlen, aus toten Stimmbändern, und augenblicklich wird es um den Zuschauer trotz aller heftigst entfesselten Bewegung – immerhin der Bewegung des Zerstörens – vollkommen tot. Nur mehr der Ozean, der aus dem Abgrund heult und ihn mit tausenden Schächten durchmißt, hält aufblähend das himmelhohe Bauwerk aufrecht; es beginnt hinunterzutreiben, zusammenzusinken wie eine von Flammen erfaßte Wabe, aber hier und dort wird noch letztes Flattern sichtbar, kraftlose, von allem übrigen abgetrennte Regungen, blind, immer schwächer, bis die unausgesetzt von außen attackierte, unterspülte Riesenmasse mit der Langsamkeit eines Berges einstürzt und im Strudel ebensolcher Schaumwellen verschwindet, wie sie ihre titanische Entstehung begleitet haben.

Und was bedeutet das alles? Ja, was bedeutet das?

T

Taikonaut Fliegt ein → Raumfahrer im Rahmen des chinesischen Raumfahrtprogramms ins Weltall, ist er ein Taikonaut. Das Wort (eine Kombination aus chines. *taikong* [Weltraum] und griech. *nautes* [Seefahrer]) soll die chinesischen Raumfahrer von den → Astronauten und den → Kosmonauten abgrenzen und deutlich machen, dass China eigene bemannte Raumflüge durchführt. *FL/UH*

Tellurium Ein Tellurium (von lat. *tellus*, Erde) ist ein mechanisches Gerät, mit dem sich die Bewegungen von Erde und Mond demonstrieren lassen. Modelle dieser Planeten drehen sich an einem Arm um eine als »Sonne« dienende Lichtquelle und machen so deutlich, wie die Jahreszeiten, Mondphasen und Mondfinsternisse entstehen.

Ein frühes Tellurium ist auf einem Porträt aus dem Jahr 1631 nachweisbar, das seinen Erfinder, den Astronomen Wilhelm Schickhard, zeigt. Die ältesten erhaltenen Tellurien werden dem niederländischen Kartografen Willem Janzoon Blaeu (1571–1638) zugeschrieben. Eine Planetenmaschine, die außer Erde und Mond weitere Planeten enthält und deren Lauf um die Sonne demonstriert, wird Orrery genannt (eine alte Bezeichnung ist → Planetarium). *UH*

Jan Felkl, Tellurium, Ende 19. Jahrhundert, Kat. Nr. 268

Tiere im Weltall Vor dem ersten Raumflug eines Menschen wurde die Raumfahrttechnik mit zahlreichen Tieren erprobt. 1947 wurden in den USA mit → V2-Raketen als erste Tiere Fruchtfliegen und 1949 als erstes Säugetier der Rhesusaffe Albert II. ins All geschossen. Da sein Fallschirm versagte, überlebte Albert wie viele weitere Affen das Experiment nicht; 1959 aber kehrten → Miss Able und Miss Baker wohlbehalten zur Erde zurück. Das erste Tier, dass die Erdumlaufbahn (aber nicht wieder lebend die Erde) erreichte, war 1957 die russische Hündin → Laika; mehr Glück hatten drei Jahre später → Belka und Strelka. 1961 bewies der Schimpanse Ham in der Kapsel einer Mercury-Redstone-Rakete (→ Mercury-Programm), dass ein Flug ins All in einem → Raumanzug zu überleben ist. Noch 2013 schickte der Iran, der bis 2020 Raumfahrernation werden möchte, einen Affen ins All, der in einer Raumkapsel eine Flughöhe von 120 Kilometern erreicht haben soll und zur Erde zurückkehrte. *UH*

Tierkreis Als Tierkreis (fachsprachlicher: Zodiak) bezeichnet werden die überwiegend nach Tieren benannten Sternbilder, die

Die Ptolemäische Kosmografie, in: *Harmonia Macrocosmica*, Taf. 2, 1661, Kat. Nr. 273

in der Zone um die Ekliptik liegen, d.h. der scheinbaren Bahn der Sonne im Laufe eines Jahres (bei der es sich eigentlich um die Bahn der Erde um die Sonne handelt). Von der Erde aus gesehen, ziehen Sonne und Planeten auf dieser Bahn übers Firmament und bewegen sich jedes Jahr erneut durch die Bilder des Tierkreises: Widder, Stier, Zwillinge, Krebs, Löwe, Jungfrau, Waage, Skorpion, Schütze, Steinbock, Wassermann, Fische.

Das Konzept des Tierkreises entstand bereits im antiken Mesopotamien. Dort wurden der Tierkreis und die dazugehörigen symbolhaften Tierkreis- oder Sternzeichen (die für die Zeitabschnitte stehen, in denen die Sonne in etwa durch die Sternbilder zieht) wohl im 5. Jahrhundert v. Chr. erstmals zur Erstellung von Horoskopen verwendet, die sich auf das Geburtsdatum eines Menschen beziehen (siehe → Astrologie).

Der chinesische Tierkreis (die zwölf Erdzweige, welche die Jahre in einem Zwölf-Jahres-Zyklus nach Tieren benennen) lässt sich nicht auf den Sternenhimmel zurückführen, sondern auf ein Nummerierungsverfahren des chinesischen Kalenders. *UH*

Trägerrakete Eine grundlegende Voraussetzung für die Raumfahrt ist der Transport von Menschen und Nutzlasten ins Weltall. Dies geschieht mit Hilfe von Trägerraketen – Transportern, die über ein Raketentriebwerk verfügen. Ein solches Triebwerk funktioniert nach dem Rückstoßprinzip: Beim Verbrennen des Treibstoffes strömen heiße Gase mit hoher Geschwindigkeit aus, was einen kontinuierlichen Schub erzeugt. Da ein Raketentriebwerk nicht auf die Zufuhr eines Stoffes aus seiner Umgebung angewiesen ist, kann es auch im luftleeren Raum funktionieren.

Unterschieden wird zwischen Feststoff- und Flüssigkeitstriebwerken. Bei Ersteren wird durch das Verbrennen eines festen Treibstoffes das Gas erzeugt, das ausgestoßen wird und die Rakete nach vorn bewegt. Das relativ unkomplizierte Verfahren hat u.a. die Nachteile, dass das Gas relativ langsam ausgestoßen wird, eine einmal gestartete chemische Reaktion nicht mehr gesteuert werden kann und der bei der Verbrennung enstehende hohe Druck schwere Stahlwände erforderlich macht. Die komplexeren Flüssigkeitstriebwerke arbeiten meistens mit einer Kombination von v.a. flüssigem Wasserstoff und flüssigem Sauerstoff. Sie erzeugen eine ständige chemische Reaktion, die entstehenden heißen Gasmassen sorgen für einen starken, kontinuierlichen und regulierbaren Schub.

Die erste funktionsfähige Rakete mit Flüssigkeitstriebwerk war die → V2. Bekannte amerikanische Trägerraketen waren bzw. sind die Typen Atlas und Redstone (→ Mercury-Programm) Titan (→ Gemini-Programm) und Saturn (→ Apollo-Programm); für die sowjetische Raumfahrt wurden oder werden Trägerraketen vom Typ → Wostok (1958–1991), Woschod (1963–1976) und → Sojus (seit 1957) eingesetzt. Als europäische Trägerrakete ist die → Ariane zu erwähnen. Auch die Raumfähre → Space Shuttle galt als Trägerrakete. Bei ihr lieferten Feststoffraketen (Feststoff-Booster) den für den Start nötigen Schub und wurden dann abgeworfen. Für die weitere Fortbewegung sorgte ein Flüssigkeitstriebwerk. *FL/UH*

Trägerraketen der bemannten Raumfahrt

U

UFO Das Akronym UFO (Unidentified Flying Object – Unidentifiziertes Fliegendes Objekt) wird für vermeintliche Flugobjekte verwendet, für deren Erscheinen es keine rationale Erklärung gibt. Unterschieden wird zwischen »UFOs im engeren Sinne«, die auch nach sorgfältiger oder wissenschaftlicher Untersuchung rätselhaft bleiben. Bei den meisten Sichtungen erweisen sich die zunächst nicht identifizierbaren Objekte nach einer Prüfung jedoch als »UFO im weiteren Sinne«, als Gegenstände oder Phänomene, die sehr wohl erklärt werden können. Einige Abbildungen von UFOs zeigen sogenannte Fliegende Untertassen, die großen Einfluss auf das Bild ausgeübt haben, dass sich viele Menschen von den Raumfähren Außerirdischer machen. Mit UFOs und ihren Sichtungen befasst sich Protowissenschaft der Ufologie (Lou → Zinsstag). *FL/UH*

Zeichnung eines UFO-Modells, 1950

Unendlichkeit

Camille Flammarion, Auszug aus *Urania*

IV.
Die Unendlichkeit und die Ewigkeit
Die Zeit, der Raum und das Leben
Die himmlischen Horizonte

Doch wie! War dem so? Ein neues Weltall senkte sich zu uns herab! Millionen und aber Millionen von Sonnengruppen schwebten über uns und lösten sich zusehends in dem Maße, als wir aufstiegen, in eine ungeheure Sternenwolke auf. Ich versuchte den unendlichen Raum um mich herum in allen seinen Tiefen mit dem Auge zu durchdringen, und überall gewahrte ich ein ähnliches Leuchten, nach allen Entfernungen hin ausgestreute Sternenhaufen.

Das neue Weltall, in das wir eindrangen, bestand aus roten, rubin- und granatfarbenen Sonnen; mehrere hatten geradezu die Farbe des Bluts. Der Flug durch dasselbe war ein wahres Wetterleuchten. Pfeilschnell flogen wir dahin von Sonne zu Sonne, aber unaufhörliche elektrische Strömungen berührten uns wie die Ausstrahlungen eines Nordlichts. Welch sonderbare Aufenthaltsorte sind doch jene durch rote Sonnen einzigartig beleuchteten Welten! Darauf bemerkten wir in einer Gegend dieses Weltraums eine Gruppe von Nebensonnen, die aus einer großen Anzahl von rosenfarbenen und blauen Sternen bestand. Plötzlich stürzte sich ein ungeheurer Komet, dessen Kern einem riesigen Rachen glich, auf uns und hüllte uns ein. Erschrocken drückte ich mich an die Seite der Göttin, welche mir auf einen Augenblick in einem leuchtenden Nebel entrückt wurde. Doch wir fanden uns in einer dunklen Öde wieder, denn dieser zweite Weltraum war entschwunden, wie der erste.

»Die Schöpfung,« sagte sie, »besteht aus einer unendlichen Anzahl deutlich unterschiedener, durch die Abgründe des Nichts von einander getrennter Welträume.«

»Eine unendliche Anzahl?«

»Mathematischer Einwurf,« versetzte sie. »Freilich kann eine Zahl, so groß sie auch immer sein mag, nicht wirklich unendlich sein, da man sie ja immer um eine Einheit vermehren, oder sogar verdoppeln, verdreifachen, hundertfältig machen kann. Doch bedenke, daß der gegenwärtige Augenblick nur die Pforte ist, durch welche die Zukunft sich der Vergangenheit entgegenstürzt. Die Ewigkeit ist ohne Ende, und die Zahl der Welträume wird, wie sie, auch unendlich sein. Überdies bilden die Sterne, die Sonnen, die Welträume keine Zahl. Sie sind, um es besser auszudrücken, zahllos.

Blicke umher! Du siehst weiter, immer und überall neue himmlische Inselmeere, neue Weltenräume.«

»Es scheint mir, Urania, daß wir schon sehr lange und mit großer Schnelligkeit in einen grenzenlosen Himmel aufsteigen?«

»Wir könnten immer so fortaufsteigen,« versetzte sie, »nie würden wir eine bestimmte Grenze erreichen.

Wir könnten dort, zur Linken, zur Rechten, vor uns, hinter uns, abwärts, in gleichviel welcher Richtung dahintreiben; nie und nirgends würden wir auf eine Schranke stoßen.

Niemals, nie ein Ende.«

»Weißt du, wo wir sind? Weiß du, welchen Weg wir durchlaufen haben?«

»Wir sind in ... in der Vorhalle der Unendlichkeit, wie wir schon auf der Erde darin waren. Wir sind um keinen einzigen Schritt vorwärts gekommen!«

Uraniborg war der Name des Observatoriums, das der bedeutende dänische Astronom Tycho Brahe (1546–1601) in den Jahren 1576 bis 1580 auf seinem Lehen, der Insel Hven im Öresund, erbauen ließ. Dieses »Schloss der Urania« (der griechischen Muse der Astronomie) zog zur Zeit Brahes zahlreiche Astronomen und Studenten an. Es war das bedeutendste Observatorium der damaligen Zeit, eine schlossartige Anlage, die neben den Räumen für die astronomische Forschung Wohnungen und Bibliotheken, Wirtschaftsgebäude, ein Chemielabor und sogar eine Papiermühle und eine Buchdruckerei (für die Publikation der Forschungsergebnisse) umfasste – wie auch Werkstätten für den Bau der von Brahe entwickelten, teils riesigen astronomischen Präzisionsinstrumente. Mit diesen konnten kurz vor der Erfindung des Fernrohrs (1608 durch Hans Lipperhey) die bestmöglichen systematischen Beobachtungen der Planetenpositionen und -bewegungen durchgeführt werden.

Für Brahes neue Instrumente war Uraniborg bald zu klein, weshalb er 1586 in nur 100 Metern Entfernung das weitgehend unterirdische Observatorium Stjerneborg errichten ließ. Großzügig finanziert wurden beide Observatorien sowie Brahes Geräte und Mitarbeiter vom dänischen König Friedrich II. Unter dessen Nachfolger Christian IV. wurden die finanziellen Zuwendungen an Brahe immer geringer, sodass er 1597 nach Holstein ging und 1599 als Hofmathematiker an den Hof Kaiser Rudolfs II. in Prag. Seine dänischen Sternwarten waren bald zerstört; ihre Reste wurden Anfang des 20. Jahrhunderts ausgegraben. *UH*

Das Observatorium von Tycho Brahe, Zeichnung, 1553

Uranus Der Uranus ist viermal so groß wie die → Erde und der siebte → Planet in unserem → Sonnensystem (s. Abb. S. 98). Er zählt, wie auch der → Jupiter, zu den → Gasplaneten. Uranus hat 27 → Monde und ist von etwa 13 feinen Ringen umgeben, wobei noch weitere Monde in den Ringen vermutet werden. Durch den Methangehalt in seiner Atmosphäre wirkt der Planet blaugrün. Benannt wurde er nach dem in der römischen Mythologie den Himmel verkörpernden Gott Uranus. *FL*

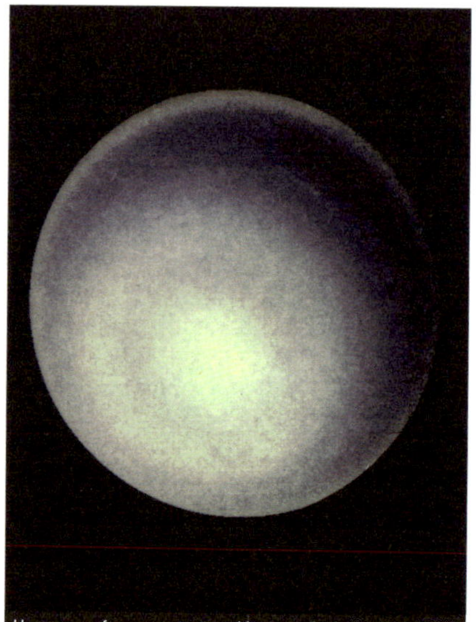

Uranus, aufgenommen von Voyager 2, 1. Januar 1986

Urknall Als Urknall wird die Entstehung des Universums beschrieben, doch ist er nicht als eine Art Explosion zu verstehen, sondern bezeichnet vielmehr die gemeinsame Entstehung von Materie, Raum und Zeit aus einer ursprünglichen Singularität.

Die Urknall-Theorie ist eine Schlussfolgerung aus der Beobachtung der → Kosmologie, dass sich → Galaxien immer weiter voneinander entfernen, das Universum also immer mehr expandiert – es muss folglich auf einen Anfang zurückzuführen sein. Dessen ungefährer Zeitpunkt konnte u.a. dadurch bestimmt werden, dass die entferntesten Objekte im Universum 13 Milliarden Lichtjahre entfernt sind, und die meisten Astronomen gehen davon aus, dass sich der Urknall vor etwa 13,8 Milliarden Jahren ereignet hat. Ein Beleg für den Urknall ist auch das Vorhandensein der → Kosmischen Hintergrundstrahlung, die als Überbleibsel der Phase nach dem Urknall identifiziert wurde (s. auch Abb. S. 235). *FL/UH*

V

V2 Bei dieser ersten einsatzfähigen Großrakete mit Flüssigkeitstriebwerk handelt es sich um eine Rakete vom Typ A4 (Aggregat 4), die ab 1939 unter Wernher von → Braun an der Heeresversuchsanstalt in Peenemünde entwickelt wurde. Ein Flüssigkeitstriebwerk ermöglicht eine ständige chemische Reaktion von flüssigen Treibstoffkomponenten und Oxidator. Es entstehen heiße Gasmassen, die mit hoher Geschwindigkeit ausströmen und einen kontinuierlichen Schub erzeugen.

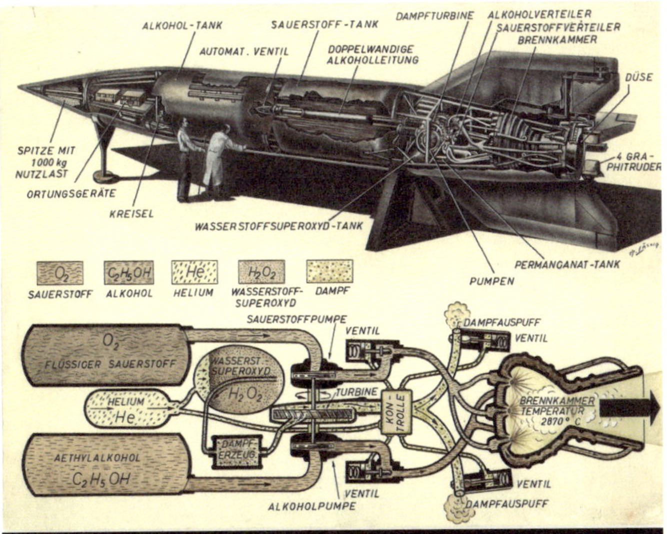

Erik Theodor Lässig, *Aggregat A4 (spätere V2)*, 1956, Kat. Nr. 29

V2 ist die Abkürzung für »Vergeltungswaffe 2«, den Namen, den NS-Propagandaminister Joseph Goebbels der mit Sprengsätzen bestückten A4-Rakete gab. Sie wurde vom NS-Regime ab 1944 als angebliche »Wunderwaffe« eingesetzt. Die V2 hatte eine Reichweite von 250 bis 300 Kilometern, die sie innerhalb von 5 Minuten zurücklegte, sodass gegen diese Waffe keine Vorwarnung möglich war. Schätzungen gehen davon aus, dass bei Bombardierungen durch V2-Raketen ca. 8000 Menschen getötet wurden; allein die Produktion der V2 mit KZ-Häftlingen hat ca. 20 000 Menschenleben gefordert.

Bei Kriegsende fielen den Amerikanern A4-Raketen (teils mitsamt der mobilen Startrampen, Treibstoff und Betriebsanleitung) in die Hände, die in die USA gebracht wurden und dort als Grundlage für die Weiterentwicklung der Raketentechnik dienten. Daran wirkten auch führende deutsche Raketentechniker mit, unter ihnen Wernher von Braun, die im Rahmen der Geheimoperationen Paperclip und Overcast in die USA übersiedelten. Bereits 1946 wurde bei einem wissenschaftlichen Einsatz eine Flughöhe weit jenseits der 100 Kilometer erreicht, die die Grenze zwischen Erdatmosphäre und Weltraum definieren – die A4 war als erstes vom Menschen gebautes Objekt in den Weltraum vorgestoßen. *UH*

Venus Die Venus ist der zweitinnerste → Planet unseres Sonnensystems und fast so groß wie die → Erde (s. Abb. S. 98). Sie dreht sich als einziger Planet unseres → Sonnensystems im Uhrzeigersinn. Die Venus – nach der römischen Göttin der Liebe benannt – ist nach dem → Mond das hellste natürliche Objekt an unserem Nachthimmel und ist an ihrer Oberfläche etwa 500 Grad heiß. *FL*

Verne, Jules Der französische Schriftsteller Jules Verne (1828–1905) gehört zusammen mit Kurd → Laßwitz und H. G. → Wells zu den Begründern der Science-Fiction-Literatur. Der Durchbruch gelang dem zuvor mäßig erfolgreichen Schriftsteller und Börsenmakler 1863 mit seinem ersten Roman *Cinq semaines en ballon (Fünf Wochen im Ballon)*, der durch die Beschreibung eines lenkbaren Ballons (im 19. Jahrhundert!) der Science Fiction angehört. Noch im selben Jahrzehnt verfasste Verne weitere Science-Fiction-Reiseabenteuer: *Voyage au centre de la terre, De la terre à la lune* und *Autour de la lune (Reise zum Mittelpunkt der Erde, Von der Erde zum Mond* und *Reise um den Mond)*. In den beiden letztgenannten Büchern nahm er die Mondfahrt um ca. 100 Jahre vorweg.

Félix Nadar, *Jules Verne*, um 1878

Vernes Romane erschienen im Jugendbuchverlag von Pierre-Jules Hetzel, der ihm die Idee zu diesen publikumswirksamen Stoffen geliefert hatte und durch den er auch die Bekanntschaft von Erfindern und Naturwissenschaftlern machte, seinen »fachlichen Beratern«. Seine wissenschaftlichen Utopien waren, nicht zuletzt dank zahlreicher Übersetzungen, in einer vom technischen Fortschritt und von Entdeckungsreisen begeisterten Zeit außerordentlich erfolgreich. Sie werden bis heute gelesen und sind im 20. Jahrhundert auch vielfach verfilmt worden. *UH*

Voyager Zunächst sollte das Voyager-Programm der → NASA lediglich die äußeren Planeten unseres → Sonnensystems, insbesondere → Jupiter und → Saturn, erkunden. Hierzu wurden 1977 zwei Sonden, Voyager 1 und 2, ins All geschickt. Das Programm läuft wider Erwarten bis heute und hat mittlerweile seine Ziele erweitert: die Erforschung des Alls außerhalb unseres Sonnensystems. Voyager 1 ist mit einer Entfernung von etwa 127,5 Astronomischen Einheiten (AE), d. h. von ca. 19 Milliarden Kilometern (Stand: Juni 2014), das der Erde fernste vom Menschen gebaute Objekt. An den beiden Voyager-Sonden befindet sich in einer Hülle auch

A B C D E F G H I J K L M N O P Q R S T U V W X Y Z

je eine vergoldete Kupferplatte, auf der Audio- und Bilddaten als Botschaften für Außerirdische gespeichert sind. Auf der Hülle ist erklärt, wie diese Informationen entschlüsselt und abgespielt werden können. *FL*

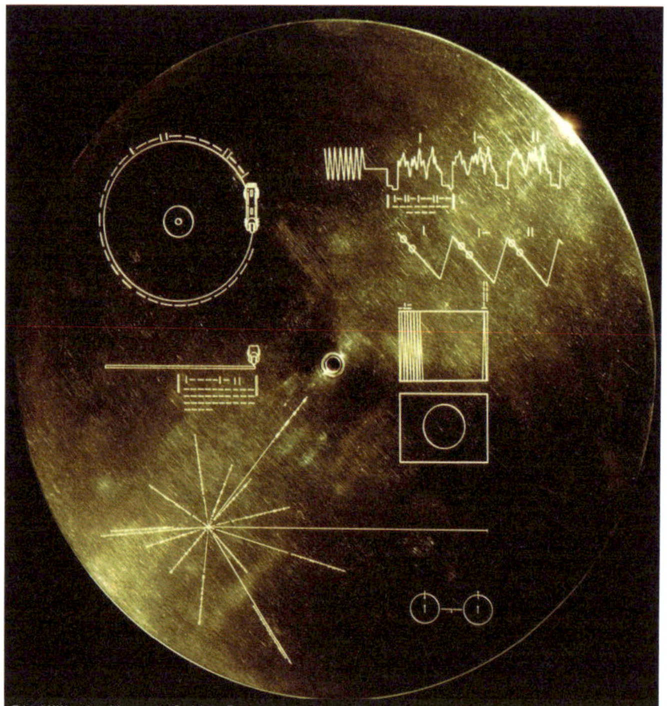

Die Hülle der Voyager Golden Record mit Abspielanleitung, 1977

Vril-Gesellschaft Als Vril-Gesellschaft wird in Texten, die den Verschwörungstheorien oder Pseudowissenschaften zuzurechnen sind, eine Geheimgesellschaft bezeichnet, die vom Anfang bis zur Mitte des 20. Jahrhunderts bestanden und Anteil am Aufstieg des Nationalsozialismus gehabt haben soll. Ihr Name geht auf den Roman *The Coming Race (Das kommende Geschlecht)* (1871) des englischen Autors Edward Bulwer-Lytton zurück, in dem eine Menschenrasse über eine außergewöhnliche psychische Energie namens Vril verfügt. Angeblich nutzte die Vril-Gesellschaft zur NS-Zeit ihr Geheimwissen, um Pläne für untertassenförmige Raumfahrzeuge (Reichsflugscheiben) zu entwickeln und dem NS-Regime zur Verfügung zu stellen. *UH*

Peter Sauerer, *Brunhild*, 2012, Kat. Nr. 270

Vyomanaut Der Begriff stammt aus dem alt-indischen Sanskrit, in dem *vyomsgami* »etwas, das sich am Himmel bewegt« bedeutet, und dem griechischen *nautes* (Seefahrer). Indien, das für das Jahr 2015 seinen ersten Raumflug angekündigt hat, hat 2010 diese Bezeichnung für die künftigen → Raumfahrer des Landes gewählt. *FL*

W

Weißer Zwerg Ein Weißer Zwerg ist der Überrest eines zuvor »ausgebrannten« relativ massearmen → Sterns, in seinem Inneren finden keine Kernfusionen mehr statt. Weiße Zwerge sind etwa erdgroß und stark verdichtet, ihre Leuchtkraft ist nur noch gering und besteht lediglich aus der abstrahlenden Restwärme. Es wird angenommen, dass aus einem heißen Weißen so im Laufe von Jahrmillionen ein kühler Roter und schließlich ein kalter Schwarzer Zwerg wird. Jedoch ist unser Universum noch nicht alt genug, um Schwarze Zwerge zu erzeugen (s. auch → Urknall). *FL*

Wells, Herbert George Der englische Schriftsteller H.G. Wells (1866–1946) zählt zusammen mit Kurd → Laßwitz und Jules → Verne zu den Begründern der modernen Science-Fiction-Literatur (→ Science Fiction). Schon während seines Studiums der Naturwissenschaften begann er zu schreiben und verfasste sowohl wissenschaftliche als auch fiktionale Werke. Mit Büchern wie *Die Zeitmaschine* (1895) und *Krieg der Welten* (1898) wurde er weltberühmt, und er führte Themen wie Zeitreisen und die Invasion Außerirdischer auf die Erde in die Literatur ein. Dabei thematisierte er naturwissenschaftliche Erkenntnisse ebenso wie gesellschaftspolitische Überlegungen. Seine Romane wurden mehrfach verfilmt. Orson Welles realisierte 1938 eine Hörspielfassung von *Krieg der Welten* und löste damit in den USA eine Massenpanik aus, weil die Hörer die Alien-Invasion für real hielten. *CD*

H. G. Wells, 1926

Weltraumbiene Zusammen mit dem deutschen Astronauten Alexander → Gerst ist auch eine in Kunstharz gegossene Bundesbiene als Botschafterin der Kunst- und Ausstellunghalle der Bundesrepublik Deutschland, Bonn, mit an Bord der → ISS (Mission 2014). Die Bundesbienen wurden 2012 als Bestandteil des Internationalen Vogelflughafens, aus dessen Weiterentwicklung die Ausstellung *Outer Space* entstanden ist, auf dem Dach der Kunsthalle angesiedelt. Als die Kuratoren der Ausstellung gefragt wurden, ob sie nicht zusammen mit Alexander Gerst ein kleines Objekt auf die ISS schicken wollten, fiel die Wahl auf die kleine Astronautin. Die Biene ist eines natürlichen Todes gestorben und wurde von dem Bonner Imker Klaus Maresch für die Mission zur Verfügung gestellt. Die Weltraumbiene hat auch einen Platz in der Ausstellung *Outer Space*, wo eine leere Vitrine auf ihre Mission verweist, bis sie zusammen mit Gerst im Dezember 2014 zur »Welcome Home Party« wieder in die Bundeskunsthalle zurückkehrt. *TvS*

Die in Kunstharz gegossene Weltraumbiene, 2013, Kat. Nr. 6

Weltraumimagination

Alexander C. T. Geppert

INFRASTRUKTUREN DER WELTRAUMIMAGINATION: AUSSENSTATIONEN IM 20. JAHRHUNDERT

Der Weltraum hat das 20. Jahrhundert geprägt. Er war nicht einfach immer schon da, »out there«, sondern wurde seit der Zwischenkriegszeit in einem zuvor unbekannten Ausmaß erfunden und erdacht und zugleich politisiert wie militarisiert. Trotz – oder wegen – seiner Unzugänglichkeit wurde der Weltraum damit geschichtsmächtig. In ungebrochener, indes nur selten ausgesprochener Kontinuität zu den großen imperialen Weltprojekten des 19. Jahrhunderts galt es spätestens seit der Nachkriegszeit als ausgemacht, dass der die Welt umgebende Raum in naher Zukunft ›erobert‹ und bald darauf die Kolonialisierung unseres Sonnensystems einsetzen werde. Glaubte man den Experten, handelte es sich beim kollektiven Ausgreifen in die räumliche Unendlichkeit lediglich um eine Frage der Zeit, waren die technischen Möglichkeiten doch längst geschaffen und galten als genauso unbegrenzt wie das in Wissenschaft und Fortschritt gesetzte Vertrauen.

1 Weltraumstation, in der die Fliehkraft im kreisenden Wohnraum zur Schwerkraft wird

Eine solche, von der Betonung einer schnellen Abfolge sogenannter ›space firsts‹ – der erste künstliche Erdsatellit (1957), der erste Mensch im Weltraum (1961), die erste Mondumkreisung (1968), der erste Mann auf dem Mond (1969) – geprägte Meistererzählung der konsekutiven ›Weltraumeroberung‹ verstellt den Blick für Grenzen und Kontingenzen des Erschließungsprozesses. Was sich aus der Rückschau als ein direkter Weg zum Mare Tranquillitatis darstellen mag, entpuppt sich bei näherem Hinsehen als alles andere als zwingend. Für vier Jahrzehnte, von Hermann Oberths *Rakete zu den Planetenräumen* (1923) bis in die frühen 1960er Jahre, galt keineswegs eine Landung auf dem Mond als primäres Ziel des Menschheitsprojektes einer vertikalen Expansion des natürlichen Habitats. Zum Fluchtpunkt allen zukunftsschwangeren Weltraumdenkens wie zum extra-terrestrischen Sehnsuchsort schlechthin avancierte vielmehr eine andere, deutlich konkretere technoszientistische Utopie: die Errichtung einer bemannten Raumstation, der sogenannten Weltraumwarte oder Außenstation. 1955 bezeichnete Heinz Gartmann (1917–1960), der produktivste westdeutsche Weltraumpopularisierer der Nachkriegszeit, diesen menschlichen Außenposten im Erdorbit als »Hauptargument aller Weltraumfahrt«, während für den *Rheinischen Merkur* mit der Errichtung eines derartigen »Wachposten[s] am Himmel« eine neue Epoche der Menschheitsgeschichte beginnen werde (Abb. 1).[1]

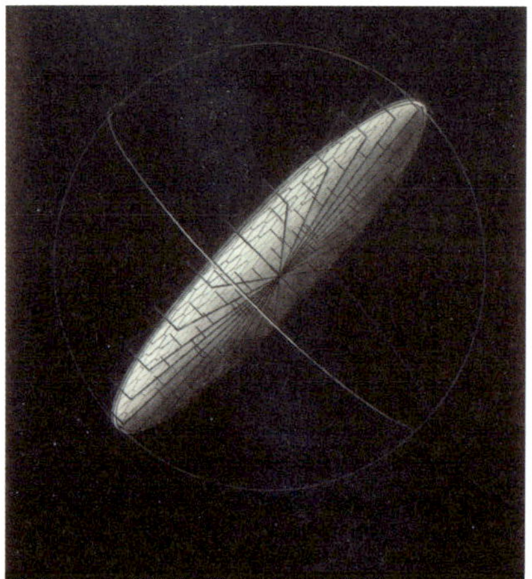

2 Hermann Oberths Konzept eines Weltraumspiegels

Dieses Hauptargument war die konsensuell gegebene Antwort auf das bereits Ende der 1920er Jahre formulierte ›kosmonautische

3 Die Originalbildunterschrift lautet: »Die Raumstation, 1730 km über der Erde; ein ›Raumtaxi‹ schwebt vor der Landekoje; der Mann im Raumanzug trägt auf dem Rücken Sauerstoffflasche und Funkausrüstung, in den Händen hält er eine kleine Rakete, mit der er sich fortbewegt«, Zeichnung von Rolf Klep, 1953, aus: *Westermanns Monatshefte* 94, August 1953, S. 53

Paradox‹. Aufgrund der zu überwindenden Erdanziehungskraft sei der allererste Schritt auf dem Weg in die Weiten des Universums bereits der schwierigste. »Die Reise von der Außenstation zu den Planeten ist leichter zu bewältigen als die Fahrt zur Außenstation respektive deren Bau! [...] Ist diese gesichert, so ist dann alles andere relativ leicht! Zur Realisierung der Weltraumfahrt genügt bereits die Realisierung der Außenstation!«, erklärte der österreichische Ingenieur Guido Freiherr von Pirquet (1880–1966) mit großer Emphase.[2] Von Oberth in Form eines gigantischen Spiegels mit einem Durchmesser von 100 Kilometern vorgedacht, von Pirquet 1928 *en détail* berechnet und zeitgleich von dem slowenischen Offizier Herman Potočnik (1892–1929) konzeptionell ausgestaltet und weiter entwickelt, stand die Errichtung einer bemannten Außenstation im Erdorbit im Zentrum aller Expansionslogik, als infrastrukturelle Vorbedingung des von dort zu erfolgenden Aus- und Übergreifens in die unendlichen Weiten des Weltraums (Abb. 2, 5).[3]

Wernher von Braun (1912–1977), zu diesem Zeitpunkt Leiter des deutschen »Rocket Team« bei der US Army, griff das in Europa entwickelte Itinerar nach dem Zweiten Weltkrieg auf und propagierte es vehement. Insbesondere durch die bekannten Artikel für die Zeitschrift *Collier's Weekly*, die 1953 auch in deutscher Übersetzung im S. Fischer Verlag erschienen und breiten Widerhall in der Presse fanden, wurde das Raumstationsszenario massenwirksam popularisiert (Abb. 3). Die Außenstation galt als das Kernstück eines konsekutiven Dreischritts in den Weltraum, den der amerikanische Analyst Dwayne A. Day rückblickend als das »Von Braun-Paradigma« bezeichnet hat. Zunächst würde eine solche, permanent besiedelte Raumstation errichtet, als Beobachtungswarte und Raketenbasis zur militärischen Sicherung der irdischen »Raumhoheit« (»space superiority«), aber auch als letzter Außenposten einer Zivilisation auf dem Sprung in den Raum und als Brückenkopf für alle nachfolgenden Expeditionen in das Sonnensystem. Von dort würde in einem zweiten Schritt die Erkundung des Mondes vorangetrieben, zunächst automatisiert, später bemannt, mit dem Ziel, eine bewohnte Basis zu errichten. In einem dritten und (nur vorläufig) letzten Schritt würden schließlich Expeditionen zum Mars folgen, ebenfalls mit der Absicht einer dauerhaften Besiedlung (Abb. 4). »Für eine solche Weltraumexpedition, von der die Wissenschaftler immer ernsthafter sprechen, wäre eine Raumstation die unabdingbare Voraussetzung«, kommentierte *Der Spiegel* im Herbst 1951 und bestätigte damit das internationale Primat des Paradigmas. Schnell entwickelte sich das von Wernher von Braun gegenüber konkurrierenden, etwa

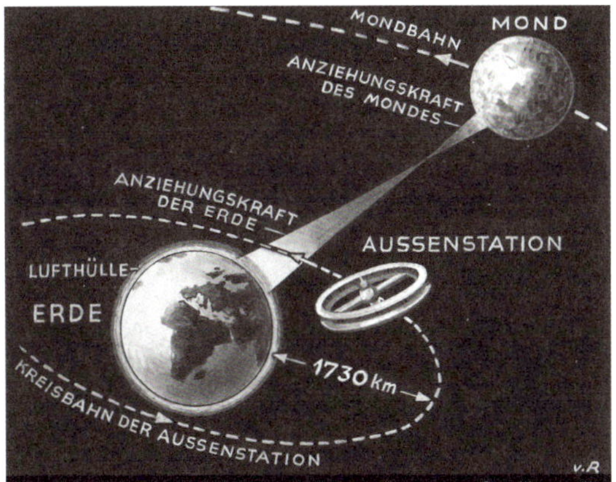

4 »Die bemannte Weltraumstation ...«: Bemannter Satellit um die Erde. Zeichnung der Gebrüder Hans und Botho von Römer

5 Von Harry E. Ross für die einflussreiche British Interplanetary Society entwickeltes und von Ralph Andrew Smith (1905–1959) gezeichnetes Alternativmodell einer Raumstation, das den ursprünglichen Weltraumspiegel stärker in den Vordergrund stellte

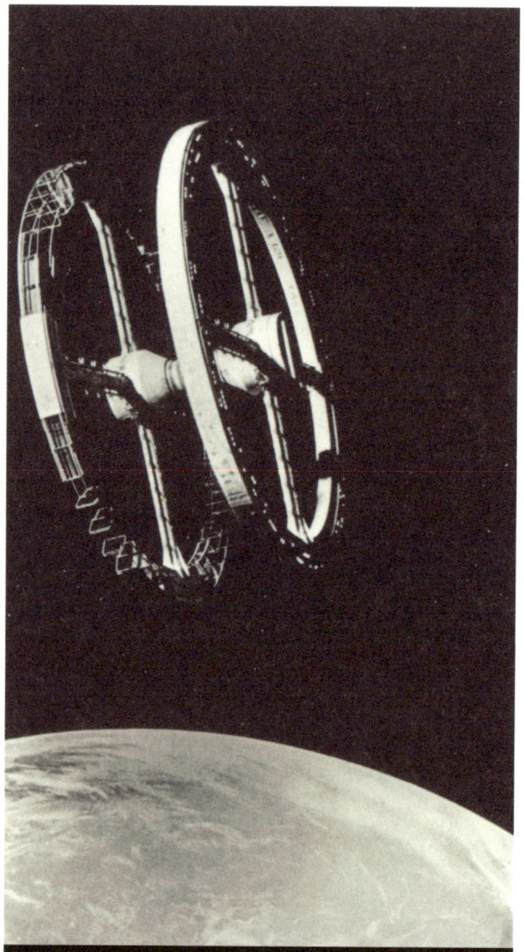

6 Die radförmige Raumstation in Stanley Kubricks *2001 – A Space Odyssey*, 1968

westdeutschen und britischen Alternativvorschlägen favorisierte Modell eines gewaltigen Weltraumrades zur immer wieder zitierten Ikone der globalen Astrokultur des 20. Jahrhunderts, die ihren Höhepunkt in der radförmigen Raumstation in Stanley Kubricks *2001 – A Space Odyssey* (1968) fand, dem wohl einflussreichsten Science-Fiction-Film des Weltraumzeitalters (Abb. 6).[4]

Seit den frühen 1970er Jahren sind Raumstationen Realität. Das Ende der Mondfokussierung im Post-Apollo-Zeitalter führte zu einer Renaissance des früheren, bis Anfang der 1960er Jahre dominanten Itinerars. Die russische Raumstation Saljut 1 wurde im April 1971 für ein halbes Jahr im Erdorbit stationiert, das amerikanische Skylab zwei Jahre später. »Bemannte Stationen als Stützpunkte im Weltraum erschließen der Raumfahrt neue Möglichkeiten«, konstatierte der Bundesminister für Forschung und Technologie Heinz Riesenhuber im Februar 1985: »Das Ziel ist eine ständige Präsenz des Menschen im Weltraum.«[5] Aus der von US-Präsident Ronald Reagan Anfang 1984 angekündigten Raumstation »Freedom« ging zehn Jahre später, nach Ende des Kalten Krieges, das von 14 nationalen Partnern gemeinsam betriebene Projekt einer Internationalen Raumstation (ISS) hervor. Deren 1998 begonnener Bau wurde 2011 abgeschlossen; mit geschätzten Kosten von etwa 100 Milliarden Euro gilt die ISS als das teuerste zivile Projekt aller Zeiten.

Ähnlich wie das Weltraumdenken des 20. Jahrhunderts beständig zwischen ›science‹ und ›fiction‹, zwischen ›Wissenschaft‹ und ›Kunst‹ oszillierte, haben sich die Funktionen, die solchen gewaltigen, zuvor rein imaginären Infrastrukturprojekten zugeschrieben wurden, in ihrer jeweiligen Gewichtung, nicht aber im Grundsatz verschoben. Schon in Oberths und Potočniks Konzepten war ein doppelter, zugleich rückwärtsgewandter und vorwärtsgerichteter Nutzen angelegt. Einerseits wurde der wissenschaftlich-praktische Charakter einer Außenstation als »Weltraumvorstadt der Erde« betont, als Beobachtungsposten zur Kontrolle von Klima und Wetter genauso wie des politischen Gegners. Andererseits sollte ihr Bau immer nur einen Zwischenschritt, der »Weltraumbahnhof« eine Etappe und ein Sprungbrett auf dem Weg zu den Sternen darstellen.[6]

Wenn heute Kritiker der ISS vorwerfen, in wissenschaftlicher Hinsicht bislang weder grundlegend Neues hervorgebracht zu haben noch als Basisstation für weitergehende Missionen ausgelegt zu sein, stellen sie beide prinzipiell möglichen Funktionen einer Raumstation in Frage – und bezweifeln damit die Existenzberechtigung dessen, was seit den 1920er Jahren als infrastrukturelle *conditio sine qua non* jeder zukünftigen Raumfahrt galt. Ihre ursprüngliche Rolle als Fluchtpunkt des Weltraumdenkens und utopischer Sehnsuchtsort des 20. Jahrhunderts hat die Außenstation mit ihrer Realisierung im 21. Jahrhundert nicht zuletzt deshalb eingebüßt, weil sich zwischenzeitlich die Vorstellungen von menschlicher Präsenz im All gewandelt haben. Trotz einer permanent bewohnten, die Erde alle 91 Minuten umkreisenden Außenstation im Orbit bleibt der Weltraum eine lebensfeindliche, zutiefst fremde Umwelt – und damit Imaginationsraum wie Projektionsfläche *par excellence*.

Anmerkungen

1 Gartmann, Heinz, *Träumer, Forscher, Konstrukteure: Das Abenteuer der Weltraumfahrt*, Düsseldorf 1955, S. 39; Baumeister, Joachim, »Wachposten am Himmel«: Die Eroberung des Weltalls durch Errichtung einer Außenstation, *Rheinischer Merkur* 26, 26. Juni 1953, S. 20.

2 Von Pirquet, Guido, Fahrtrouten: Der Weg zum Mars, *Die Rakete* 2, September 1928, S. 134–140, hier S. 140; vgl. auch Ley, Willy, The Birth of the Space Station (II), *Galaxy: Science Fiction* 6, Mai 1953, S. 84–91, hier S. 88.

3 Oberth, Hermann, *Die Rakete zu den Planetenräumen*, München 1923, hier S. 86–89; ders., Stationen im Weltraum, in: Ley, Willy (Hrsg.), *Die Möglichkeit der Weltraumfahrt: Allgemeinverständliche Beiträge zum Raumschiffahrtsproblem*, Leipzig 1928, S. 216–239; von Pirquet, Guido, Kann der Mensch die Erde verlassen?, *Reichspost*, 1. Januar 1928, S. 18f.; ders., Die Außenstation, das Sprungbrett ins Weltall, in: Gesellschaft für Natur und Technik (Hrsg.), *Weltraumfahrt – Utopie? Zehn Beiträge*, Wien 1948, S. 22–28; Noordung, Hermann [Pseudonym Herman Potočnik], *Das Problem der Befahrung des Weltraums: Der Raketen-Motor*, Berlin 1929.

4 Day, Dwayne A., The Von Braun Paradigm, *Space Times* 33, 1994, S. 12–15; Raumstation: Modernes Damoklesschwert, *Der Spiegel* 5, 26. September 1951, S. 26–28, hier S. 28; von Braun, Wernher/Kaplan, Joseph, et al., *Station im Weltraum: Die technischen, medizinischen und politischen Grundlagen des Raketenflugs in den Weltraum*, Frankfurt a. M. 1953; vgl. Wernher von Braun Papers, Library of Congress, Manuscript Division, 52/3.

5 Bundesministerium für Forschung und Technologie, *Die Weltraumstation: Beiträge der Bundesrepublik Deutschland*, Bonn 1985, S. 5, 3.

6 Weltraumvorstadt der Erde, *Hobby* 11, November 1959, S. 9–15.

Bibliografie

Day, Dwayne A., The Von Braun Paradigm, *Space Times* 33, 1994, S. 12–15

Ducrocq, Albert, *Plate-forme pour le cosmos*, Paris 1962

Fritz, Alfred, *Astropol: Ferien auf einer Außenstation im Weltraum*, Reutlingen 1951

Geppert, Alexander C.T. (Hrsg.), *Imagining Outer Space: European Astroculture in the Twentieth Century*, Basingstoke 2012

Launius, Roger D., *Space Stations: Base Camps to the Stars*, Washington, D.C. 2003

Neufeld, Michael J., »Space Superiority«: Wernher von Braun's Campaign for a Nuclear-Armed Space Station, 1946–1956, *Space Policy* 22, 2006, S. 52–62

Westfahl, Gary, *Islands in the Sky: The Space Station Theme in Science Fiction Literature*, San Bernardino, CA 1996

Weltraumkrankheit Die Schwerelosigkeit im Weltall führt dazu, dass das menschliche Gleichgewichtsorgan aus dem Takt gerät. Aus diesem Grund werden viele → Raumfahrer zu Anfang ihres Aufenthalts im Weltall regelrecht seekrank – ihnen wird übel, sie haben Kopfschmerzen oder sind desorientiert, wobei diese Symptome mehr oder weniger stark ausgeprägt sein können. In der Regel verzichtet man darauf, die Weltraumkrankheit mit Medikamenten zu behandeln, was als nicht wünschenswert erscheint. Stattdessen geben die Raumfahrer ihrem Körper die Möglichkeit, sich an die Schwerelosigkeit zu gewöhnen. Aus diesem Grund führen sie in den ersten Tagen ihres Raumflugs auch keine potenziell gefährlichen Einsätze aus. *FL/UH*

Weltraumschrott Als Weltraumschrott oder -müll werden künstliche Objekte ohne Funktion unterschiedlichster Größe bezeichnet, die um die → Erde kreisen. Es handelt sich beispielsweise um Reste von nicht mehr einsatzfähigen oder auch unkontrolliert abgestürzten → Satelliten oder von Raketenstufen, die nach erfüllter Funktion im All geblieben sind. Da sich diese Schrottteile mit sehr hoher Geschwindigkeit im Orbit bewegen, können selbst die kleinsten von ihnen großen Schaden anrichten.

Weltraumschrott birgt eine Anzahl von Risiken: Immer größer wird das der Beschädigung oder Zerstörung von Satelliten. 2009 stießen ein ausgemusterter russischer Kommunikationssatellit und ein Satellit des Kommunikationssystems Iridium zusammen, zerstörten sich gegenseitig und erzeugten weiteren Weltraumschrott. Die → ISS musste schon mehrmals ihre Umlaufbahn korrigieren, um eine Kollision mit Weltraumschrott zu vermeiden. Schon kleine Schrottteilchen können die bei → Außenbordeinsätzen getragenen → Raumanzüge durchdringen und so das Leben von → Raumfahrern gefährden. Einige Schrottteile erreichen nach dem Wiedereintritt in unsere Atmosphäre auch die Erde. Befürchtet wird nicht zuletzt der sogenannte Kessler-Effekt: Erreicht der Weltraumschrott erst einmal eine kritische Masse, treffen ständig Schrottteilchen aufeinander, fragmentieren und vermehren sich. Eine solche Kettenreaktion könnte dazu führen, dass keine Raumfahrt mehr möglich ist.

Schätzungen gehen von mehr als 600 000 Objekten Weltraumschrott mit einem Durchmesser von mehr als einem Zentimeter aus. Viele der kleineren Objekte sind von der Erde aus nicht zu beobachten; lediglich ca. 13 000 Schrottobjekte haben das Space Surveillance System der USA und ein ähnliches russisches System im Visier. Die → ESA ist dabei, das System Space Situational Awareness ins Leben zu rufen. Zudem haben die Raumfahrtagenturen Müll-Vermeidungsstrategien entwickelt: Raketen werden so ausgerüstet, dass sie wieder in die Erdatmosphäre eintreten und dort verglühen. Objekte in einer hohen Erdumlaufbahn wie Satelliten werden am Ende ihrer Nutzungsdauer in eine noch höhere und von der Raumfahrt nicht benötigte Umlaufbahn, den sogenannten Friedhofsorbit, befördert. Auch gibt es Überlegungen, den europäischen Weltraumfrachter → ATV – einem Müllwagen vergleichbar – Weltraumschrott einsammeln zu lassen. *FL/UH*

Wendt, Guenter Der deutsch-amerikanische Ingenieur Guenter Wendt (1924–2010), der während des Zweiten Weltkriegs in Deutschland Flugzeugbau studierte und 1949 in die USA auswanderte, war bis 1967 im Auftrag des Luft- und Raumfahrttechnikkonzerns McDonnell Aircraft für die Betriebssicherheit der Raumschiffe der → Gemini- und → Mercury-Progamme zuständig. Nach dem Unglück der Mission Apollo 1 (→ Apollo-Programm) wechselte er 1967 zu North American Rockwell, dem Produzenten der Apollo-Raumschiffe. Bis 1975 arbeitete er als Padleader im Kennedy Space Center (s. → Cape Canaveral), war also für die Startvorbereitungen an der Startrampe (engl. *launch pad*) verantwortlich. So war er die Person, die mit den Astronauten vor dem Start die letzten Worte wechselte und die Kommandokapseln verschloss. Bevor er 1989 in den Ruhestand ging, fiel die Sicherheit der → Space-Shuttle-Missionen in seinen Aufgabenbereich. Zudem wirkte Wendt als Berater bei zahlreichen Film- und Fernsehproduktionen mit. *UH*

Guenter Wendt (2. von rechts mit Helm) überreicht Alan Shepard, dem Kommandanten von Apollo 14, einen weißen (Blinden-)Stock, eine Anspielung darauf, dass Shepard mit 47 Jahren der bei weitem älteste Astronaut sein würde, der den Mond betritt, 31. Januar 1971

Wettlauf zum Mond Im Zuge des Kalten Krieges wollten in den 1950er und 1960er Jahren die UdSSR wie die USA über den Rivalen auf der Erde auch im Weltraum die Oberhand gewinnen. Dieses Konkurrenzverhältnis fand im Wettlauf zum Mond seinen Höhepunkt.

Seit den 1950er Jahren verfügten beide Staaten über ein Weltraumprogramm, und lange Zeit hatten die Sowjets die Nase vorn:

Leonid Breschnew verfolgt das Andockmanöver beim Sojus-Apollo Test Project (ASTP) im Fernsehen, 17. Juli 1975, Kat. Nr. 96

1957 konnten sie mit → Sputnik 1 den ersten Satelliten in die Erdumlaufbahn schießen; 1961 umkreiste Juri → Gagarin als erster Mensch die → Erde; 1966 landete die unbemannte sowjetische Luna 9 auf dem → Mond. Die USA sahen sich in Zugzwang. Kurz nach Gagarins Erdumrundung erklärte Präsident John F. Kennedy, dass das Land noch im selben Jahrzehnt einen Menschen zum Mond und wieder zurück bringen würde. Tatsächlich gelang den USA nach teilweise empfindlichen Rückschlägen (unter anderem mit der Apollo 1, die noch vor dem Start drei Menschen das Leben kostete) 1969 mit der Mission Apollo 11 die erste bemannte Mondlandung (→ Apollo-Programm). Als erster Mensch betrat Neil → Armstrong den Mond, wenig später hissten die US-Astronauten dort die amerikanische Flagge. Die USA blieben die einzige Nation, die bis 1972 Menschen zum Mond brachte, doch wurde das Mondprogramm der → NASA kurz darauf aus Kostengründen eingestellt.

In der Folgezeit schwächte sich das Konkurrenzverhältnis zwischen den USA und der UdSSR im Weltall allmählich ab: 1975 kam es zu einer ersten Annäherung, als die sowjetische Rakete → Sojus und eine Apollo-Rakete im Weltall aneinander ankoppelten. Bei der Internationalen → Raumstation → ISS kooperieren seit 1998 Russland, die USA und weitere Staaten. *UH*

Die Landekapsel von Wostok 1, gelandet in der Nähe der Stadt Engels, Oblast Saratow, 12. April 1961, heute in der Ausstellung des russischen Raumfahrtkonzerns RKK Energija

Wostok Wostok (russ. Osten) ist der Name einer sowjetischen → Trägerrakete und auch die Bezeichnung für die mit ihr gestarteten Raumschiffe. Die Trägerrakete wurde zunächst entwickelt, um eine höhere Nutzlastkapazität zu gewinnen, dann wurden ein Gerätemodul mit der Rakete und eine kugelförmige Landekapsel zum Wostok-Raumschiff kombiniert. Dieses wurde bei dem ersten bemannten Weltraumflug Wostok 1 mit Juri → Gagarin eingesetzt, dem zwischen 1961 und 1963 fünf weitere bemannte Wostok-Raumflüge folgten (mit Wostok 6 flog 1964 Walentina Tereschkowa als erste Frau ins All). Die Wostok-Raumschiffe waren Einsitzer und flogen auf einer relativ niedrigen Umlaufbahn. Steuermöglichkeiten und Missionsdauer waren stark begrenzt. Die neue → Sojus-Raumschiffserie war 1963/64 noch nicht ausgereift, als die sowjetische Raumfahrt eine Antwort auf das amerikanische → Gemini-Programm für erforderlich hielt: Um den Westen glauben zu lassen, dass die UdSSR einen weiteren Raumschiff-Typus entwickelt hätte, wurden die Wostok-Raumschiffe leicht modifiziert (hatten z.B. nun drei Sitze). Sie erhielten den neuen Namen Woschod (russ. Sonnenaufgang) und wurden von 1964 bis 1966 verwendet. *FL/UH*

WOW!-Signal Am 15. August 1977 zeichnete das Radioteleskop Big Ear der Ohio State University 72 Sekunden lang ein außergewöhnlich starkes Signal auf, das um ein 30-faches stärker war als das Hintergrundrauschen. Big Ear war Teil des Ohio-SETI-Programms: Schon seit Jahren waren die Radioastronomen auf der Suche nach extraterrestrischen Signalen (→ SETI, → Außerirdische). Signale wurden aber nicht akustisch, sondern als Zeichencode aufgezeichnet. Jerry Ehman, der die Daten auswertete, notierte neben dem ungewöhnlichen Messergebnis »Wow!«, was dem einmaligen Signal seinen Namen gab. Bis heute ist nicht klar, welchen Ursprung es hatte, und es hat sich nie wiederholt. *CD*

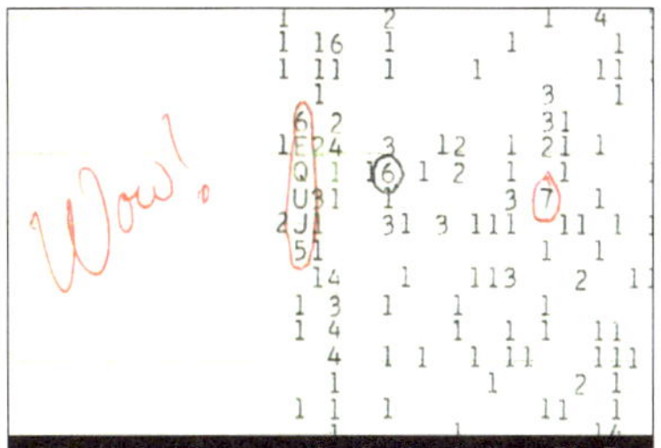

Die Aufzeichnungen des Radioteleskops Big Ear und die Anmerkung von Jerry Ehman, August 1977

Wurmloch Ein Wurmloch ist eine hypothetische topologische Besonderheit des Raum-Zeit-Kontinuums, das durch dieses eine Art Abkürzung darstellen würde. Der Begriff wurde 1957 von dem amerikanischen Physiker John Archibald Wheeler geprägt, der eine Analogie mit einem Wurm herstellte, der, wenn er sich durch einen Apfel frisst, mittels eines Tunnels zwei Seiten eines Raumes verbindet. Ein weiterer Terminus ist Einstein-Rosen-Brücke, denn das theoretische Konstrukt wurde 1935 erstmals von Albert Einstein und Nathan Rosen beschrieben und könnte eventuell aus speziellen Lösungen von Feldgleichungen der allgemeinen Relativitätstheorie resultieren.

Für das Reisen im Weltall wären Wurmlöcher zwar ideal, um von einem Punkt zu einem anderen zu gelangen, mangels jeglicher konkreter Erkenntnisse gehören sie jedoch der Science Fiction an. *UH*

X Y

X-Ray/X-Radiation Röntgenstrahlen (engl. X-rays) sind elektromagnetische Wellen wie z.B. Licht (das für Menschen sichtbar ist), Infrarot- und UV-Strahlung, aber in einem höheren Energiebereich. Sie entstammen zahlreichen Quellen im Weltall – inzwischen sind Hunderttausende von astronomischen Objekten bekannt, die häufig allein im Röntgen- und im noch höheren Gammastrahlenbereich sichtbar werden. Genutzt werden diese Strahlen von der Röntgenastronomie, die durch die relativ junge Gammaastronomie ergänzt wird. Um diese von der Erdatmosphäre absorbierten Bereiche des elektromagnetischen Spektrums zu erfassen, sind zahlreiche Röntgen- und Gammastrahlensatelliten bzw. -teleskope in den Weltraum entsandt worden. Die für das Messen der Röntgenstrahlung derzeit wichtigsten Weltraumteleskope sind das XMM-Newton der → ESA (XMM bedeutet X-Ray Multi-Mirror) und das Röntgenteleskop Chandra X-Ray Observatory der → NASA (→ Great Observatory Program). *FL/UH*

Young, John John Watts Young (geb. 1930) ist der US-Astronaut, der zurzeit auf die längste Karriere zurückblicken kann. Er war von 1962 bis 2004 als Astronaut und in leitenden Positionen für die → NASA tätig. 1965 unternahm er mit Virgil → Grissom im Raumschiff Molly Brown (Mission → Gemini 3) den ersten Zweimannflug der amerikanischen Raumfahrt; 1966 war er Kommandant des Raumschiffes Gemini 10. Zweimal flog er zum Mond: Im Mai 1969 erreichte er mit der Mission → Apollo 10 als Pilot des Kommandomoduls die Mondumlaufbahn, in der die Mondlandefähre getestet wurde; mit der Apollo 16 war er im April 1972 der neunte Mensch auf dem Mond (→ Moonwalker). 1981 gehörte er mit Robert Crippen als Kommandant des → Space Shuttle Columbia zu den Astronauten, die den ersten Space-Shuttle-Flug überhaupt durchführten; 1983 flog er erneut mit der Columbia ins All. Durch seine vielfältigen Aktivitäten ist Young Inhaber einer Anzahl von Rekorden: Als jeweils bislang Einziger steuerte er vier verschiedene Raumfahrzeuge, war viermal Kommandant einer Mission, absolvierte in drei US-Raumfahrtprogrammen jeweils zwei Flüge und unternahm zwei Jungfernflüge. *UH*

John Young, April 1969

Z

Zinsstag, Lou Die in Basel lebende Sekretärin einer Versicherungsgesellschaft Lou Zinsstag (1905–1984) war eine Schweizer »UFO-Forscherin« und Autorin von Publikationen über → UFOs (darunter *UFO-Sichtungen über der Schweiz 1949–1959*, 1959). Ihr Interesse für UFOs begann in den 1950er Jahren mit der Lektüre von Donald Keyhoes *Flying Saucers from Outer Space (Der Weltraum rückt uns näher)* sowie von *Flying Saucers Have Landed (Fliegende Untertassen landen)* von Desmond Leslie und George Adamski. Von 1957 bis 1964 war sie Mitarbeiterin des bekannten Ufologen und Bestseller-Autors Adamski, für dessen Get Acquainted Program (das die Menschheit mit → Außerirdischen vertraut machen soll) sie das Schweizer Sekretariat einrichtete. Auch nach dem Bruch mit Adamski führte sie in Basel ein UFO-Sekretariat und -Archiv. Zinsstag gab an, dass sie zweimal in ihrem Leben selbst ein UFO gesehen habe, 1957 über Basel und 1961 im deutschen Odenwald. Ihr umfangreicher Nachlass wird in der Universitätsbibliothek Basel aufbewahrt (s. auch Abb. S. 193). *UH*

Aus den Fotoalben der UFO-Forscherin Lou Zinsstag, *Beim Pilzsuchen im Wald entdeckt*, 1905, Kat. Nr. 175

Ziolkowski, Konstantin Konstantin Eduardowitsch Ziolkowski (1857–1935) war wie Hermann → Oberth und Robert → Goddard ein Vordenker der Raumfahrt. Von Jules → Verne und anderen Science-Fiction-Autoren angeregt, verfasste er selbst Geschichten über dieses Thema. Infolge einer Scharlacherkrankung als Kind war er fast taub, weshalb er sich vor der Aufnahme seines Studiums autodidaktisch weiterbildete. Er studierte u.a. Physik und Astronomie, arbeitete als Mathematiklehrer und stellte zahlreiche praktische Überlegungen zur Luft- und später insbesondere zur Raumfahrt an. 1895 nannte er als mögliches Zukunftsprojekt einen Weltraumturm und einen Weltraumlift (der zu einer → Raumstation führen könnte); weitere Themen waren der Betrieb von Raumstationen sowie die Nutzung des Weltalls und seiner Ressourcen. Ziolkowksi erkannte, dass für Flüge ins Weltall Raketen mit Flüssigtreibstoffen erforderlich sein würden, er befasste sich mit Kühlsystemen und der Steuerung von Raketen und gab mit der von ihm erstmals entwickelten Raketengrundgleichung dem Prinzip der Stufenrakete eine wissenschaftliche Basis. In der UdSSR fand er erst Beachtung, als 1923 mit dem Erscheinen von Hermann Oberths Abhandlung *Die Rakete zu den Planetenräumen* die wissenschaftliche Beschäftigung mit der Raketentechnik einsetzte. In dieser Zeit fanden Ziolkowskis Ideen zunehmend Verbreitung; auch das Raumschiff in Alexei Tolstois Roman → *Aelita* greift auf seine Ideen zurück. *UH*

Konstantin Ziolkowski, um 1920/30

Zwergplanet 2006 legte die Internationale Astronomische Union (IAU) fest, dass diejenigen Himmelskörper als Zwergplaneten bezeichnet werden, die sich auf einer Umlaufbahn um die Sonne bewegen, ausreichend Masse haben, um ein hydrostatisches Gleichgewicht und somit eine Kugelform anzunehmen, kein → Satellit sind und die Umgebung ihrer Umlaufbahn (im Gegensatz zu einem → Planeten) *nicht* von weiteren Objekten geräumt haben. Das letzte Kriterium war ausschlaggebend dafür, dass die IAU gleichzeitig → Pluto vom Planeten zum Zwergplaneten umklassifizierte. *FL*/UH

THEMEN RÄUME

Wenn der Himmel schief wäre,
würde er deswegen nicht niedriger.

Daniil Charms

Seit Menschengedenken ist der Weltraum Sehnsuchtsort und Projektionsfläche, aber auch Ort von Unbekanntem und Bedrohlichem gleichermaßen. Um sich den Himmel vertraut zu machen, haben die Menschen Götter und Engel in ihn hineingeschrieben, den Lauf der Gestirne studiert und aus den astronomischen Beobachtungen Rückschlüsse für ihren Alltag gezogen. Anhand der regelmäßigen Bewegungen der Himmelskörper war es möglich, Jahreszeiten festzulegen und den Kalender zu entwickeln. Der Lauf von Sonne und Mond diente der Orientierung. Gleichzeitig wurde den Gestirnen eine besondere Kraft zugesprochen, sich unmittelbar auf das menschliche Schicksal auszuwirken. Schon im alten Babylon wurden die Sterne gedeutet. Zunächst waren die Voraussagen kollektiver Natur, erst die Griechen führten eine individuelle Astrologie mit den Sternzeichen ein. Kometen und Meteoriten galten lange als Zeichen göttlicher Strafe und Vorboten von Unheil, erst Ende des 18./Anfang des 19. Jahrhunderts wurden sie als Himmelskörper identifiziert.

Peter Sauerer, *Weltbild*, 2014, Kat. Nr. 5

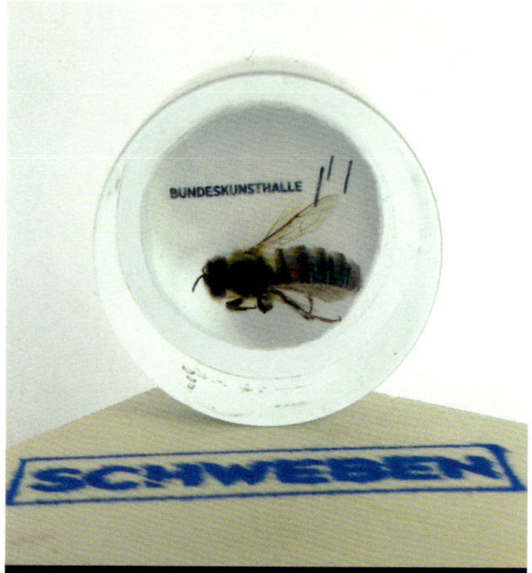

Weltraumbiene, Kat. Nr. 6

Der Meteorit von Ensisheim, herabgefallen am 7. November 1492, Kat. Nr. 4

Die Himmelsscheibe von Nebra, Ende 3./Anfang 2. Jahrtausend v. Chr., Kopie, Kat. Nr. 3

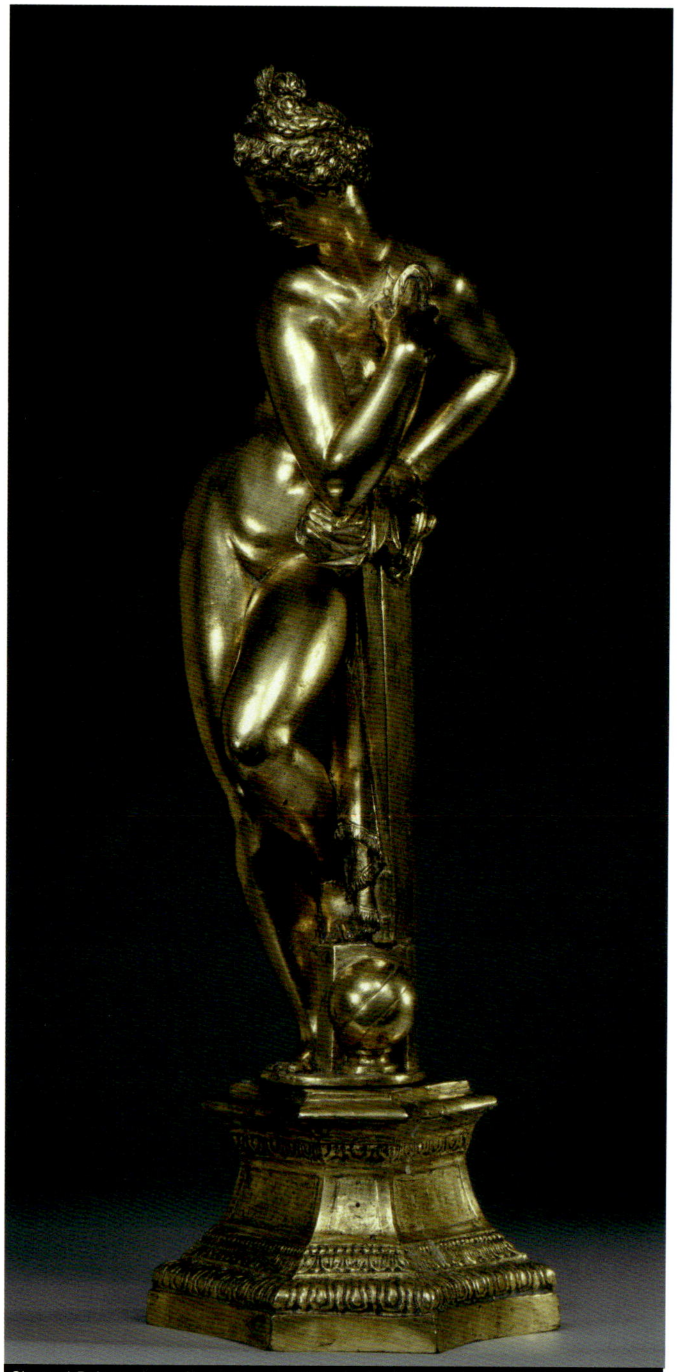

Giovanni Bologna (gen. Giambologna), *Allegorie der Astronomie*, um 1573, Kat. Nr. 1

Peter Paul Rubens, *Die Geburt der Milchstraße*, 1636 –1638, Kat. Nr. 2

Light this candle.

Alan Shepard

Ohne die Entwicklung der Raketentechnologie hätte es keine Eroberung des Weltraums gegeben. Pioniere wie der Russe Konstantin Ziolkowski, der Amerikaner Robert Goddard und der in Siebenbürgen geborene Hermann Oberth zählen zu ihren Wegbereitern. Alle drei wurden durch die phantastischen Science-Fiction-Romane von Jules Verne und H.G. Wells inspiriert. Oberth veröffentlichte 1923 sein berühmtes Werk *Die Rakete zu den Planetenräumen*. Seine erste Rakete baute er für den UFA-Regisseur Fritz Lang und seinen *Frau im Mond*. Der Durchbruch der Raketentechnologie gelang mit dem Bau der ersten Großrakete der Welt: Aggregat 4, der Vergeltungswaffe 2, kurz V2 genannt. Sie war die erste voll funktionsfähige Rakete, die unter der Leitung von Wernher von Braun in der Heeresversuchsanstalt Peenemünde entwickelt wurde. Um seinen Traum von der Reise ins All zu verwirklichen, stellte er sich in den Dienst der Nationalsozialisten und nahm billigend in Kauf, dass seine technische Innovation als Waffe zum Einsatz kam. Etwa 8 000 Zivilisten starben durch sie, ca. 20 000 KZ-Häftlinge und Zwangsarbeiter, die unter menschenunwürdigen Bedingungen die V2 produzieren mussten, verloren ihr Leben. Im Rahmen der Operation Paperclip ging Wernher von Braun nach dem Zweiten Weltkrieg in die USA. 1961 erhielt er von Präsident Kennedy den Auftrag für das Apollo-Programm. Von Braun und sein Team entwickelten die 110 Meter hohe Saturn-V-Rakete, die im Juli 1969 Apollo 11 zum Mond brachte. Die Saturn V ist bis heute die größte Trägerrakete, die je gebaut wurde. Sie kam 1973 zum letzten Mal zum Einsatz. Die bekanntesten modernen Trägerraketen sind die europäische Ariane 5 und die russische Sojus, die auch den deutschen Astronauten Alexander Gerst zur ISS brachte.

Mark Tansey, *Action painting II*, 1984, Kat. Nr. 8

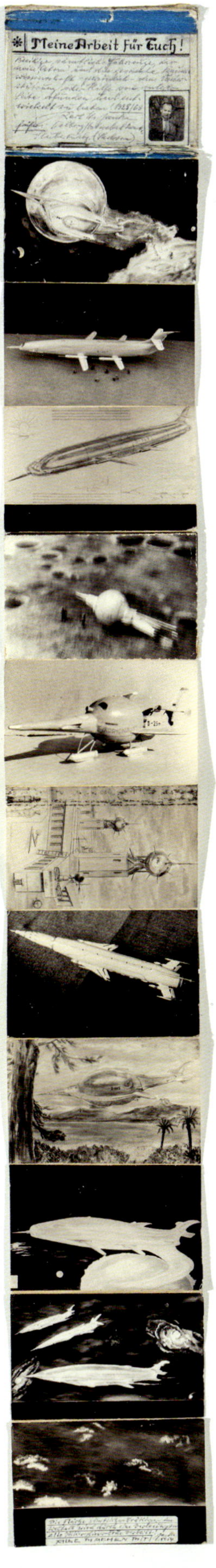

Karl Hans Janke, *Weltall-Echo*, 1928/68, Kat. Nr. 11

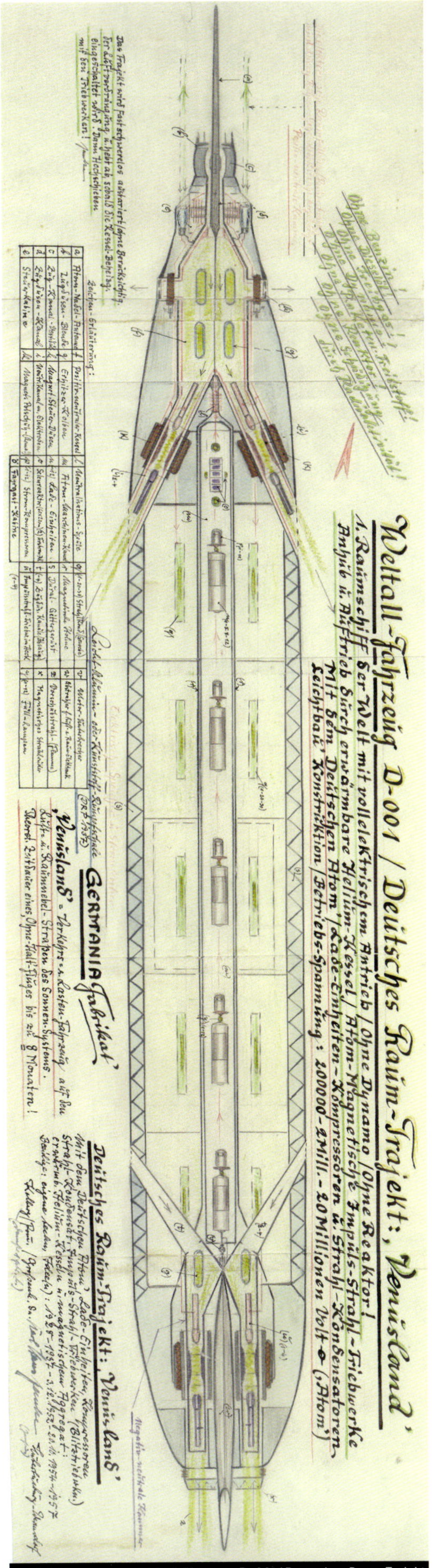

Karl Hans Janke, *Weltall-Flugzeug D-001/Deutsches Raum-Trajekt ›Venusland‹*, 1957, Kat. Nr. 10

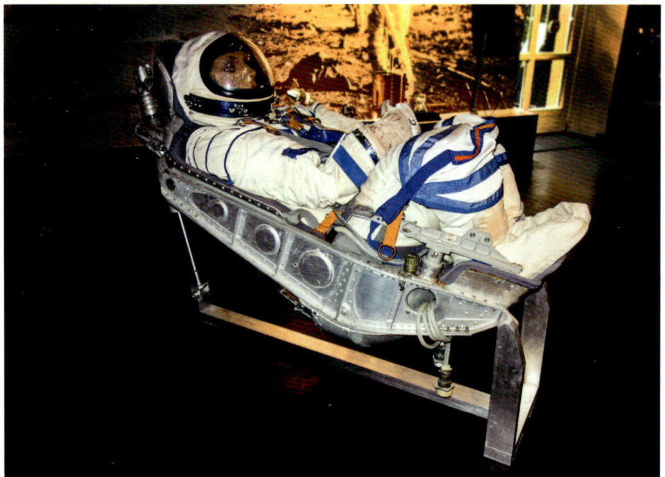

Russischer Sokol KV2-Anzug, Kasbek-Schalensitz für Sojus Start-, Lande- und Kopplungsmanöver, zum ersten Mal 1973 eingesetzt und immer noch benutzt, Kat. Nr. 7

Die sog. Raketenmafia: Wernher von Braun, Hermann Oberth, Robert Lusser, Ernst Stuhlinger, Holger Toftoy, Kat. Nr. 13

Space Passport von Hermann Oberth, Kat. Nr. 14

Aerodynamische Formstudie für eine Rakete, Kat. Nr. 16

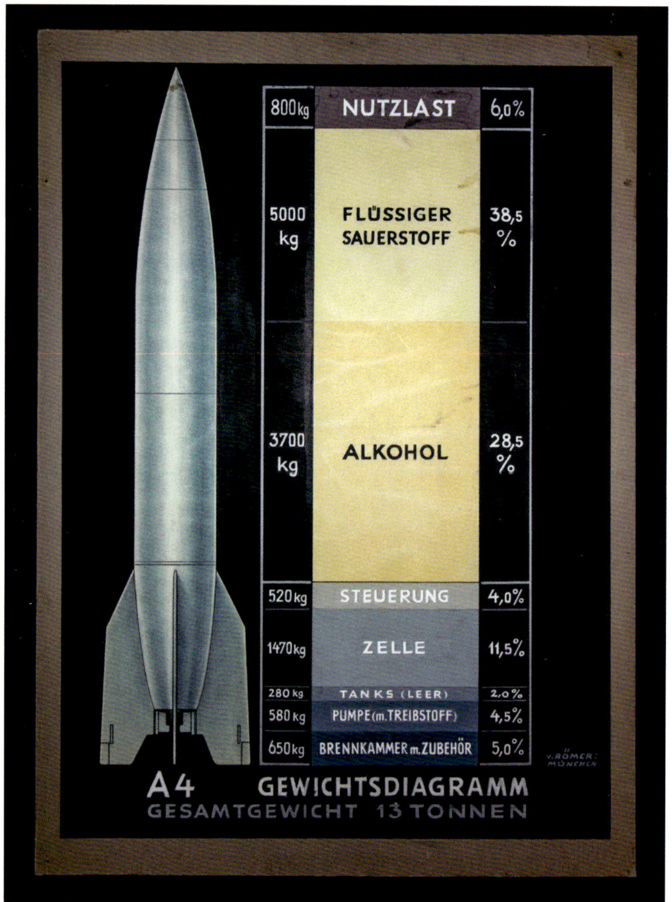

A4-Gewichtsdiagramm, Kat. Nr. 15

Die Sojus-9-Rakete fährt zur Startrampe, 1970, Kat. Nr. 18

Oliver van der Berg, *Raketennamen*, 2004, Kat. Nr. 20

Iwan Michailow, Aus der Serie *Playground*, 2010, Kat. Nr. 17

Aggregat 4 (V2), Raketenspitze, um 1943, Kat. Nr. 22

Kurt H. Debus und Wernher von Braun bei der Arbeit an einer Saturn-Mission, 1960er Jahre, Kat. Nr. 23

Raketeningenieur Wernher von Braun in dem Disney-Fernsehfilm *Man in Space*, 1955, Kat. Nr. 24

Heinz Haber, Wernher von Braun und Willy Ley in dem Disney-Fernsehfilm *Man in Space*, 1955, Kat. Nr. 25

Erik Theodor Lässig, *Junkers Raumtransporter*, 1956, Kat. Nr. 28

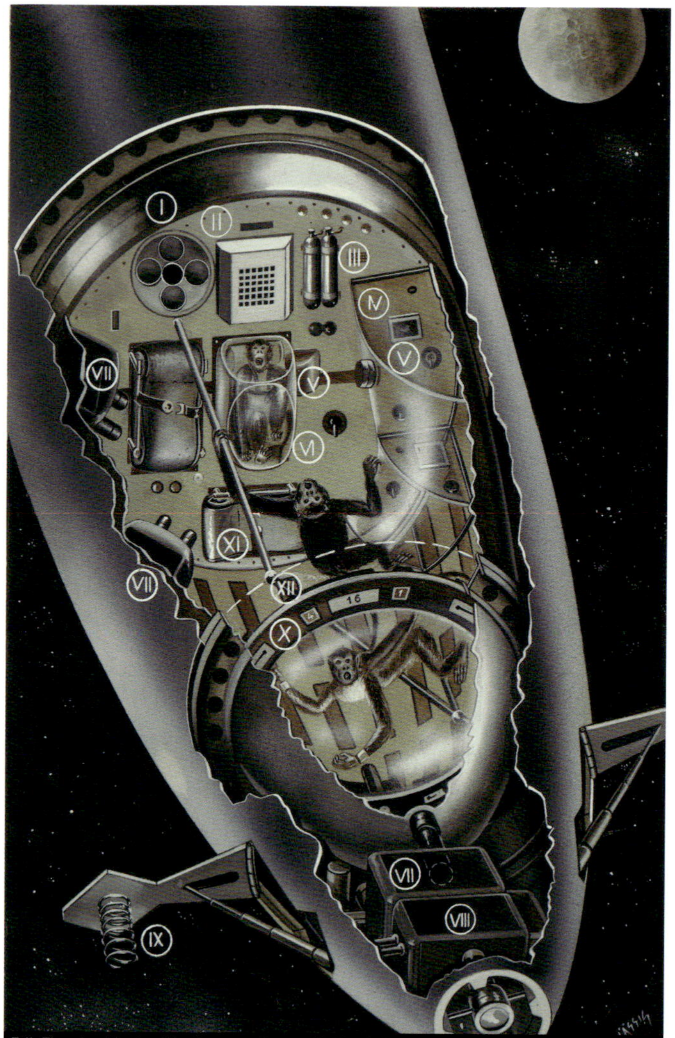

Erik Theodor Lässig, *Wernher von Brauns B 10 mit Versuchstieren*, 1956, Kat. Nr. 27

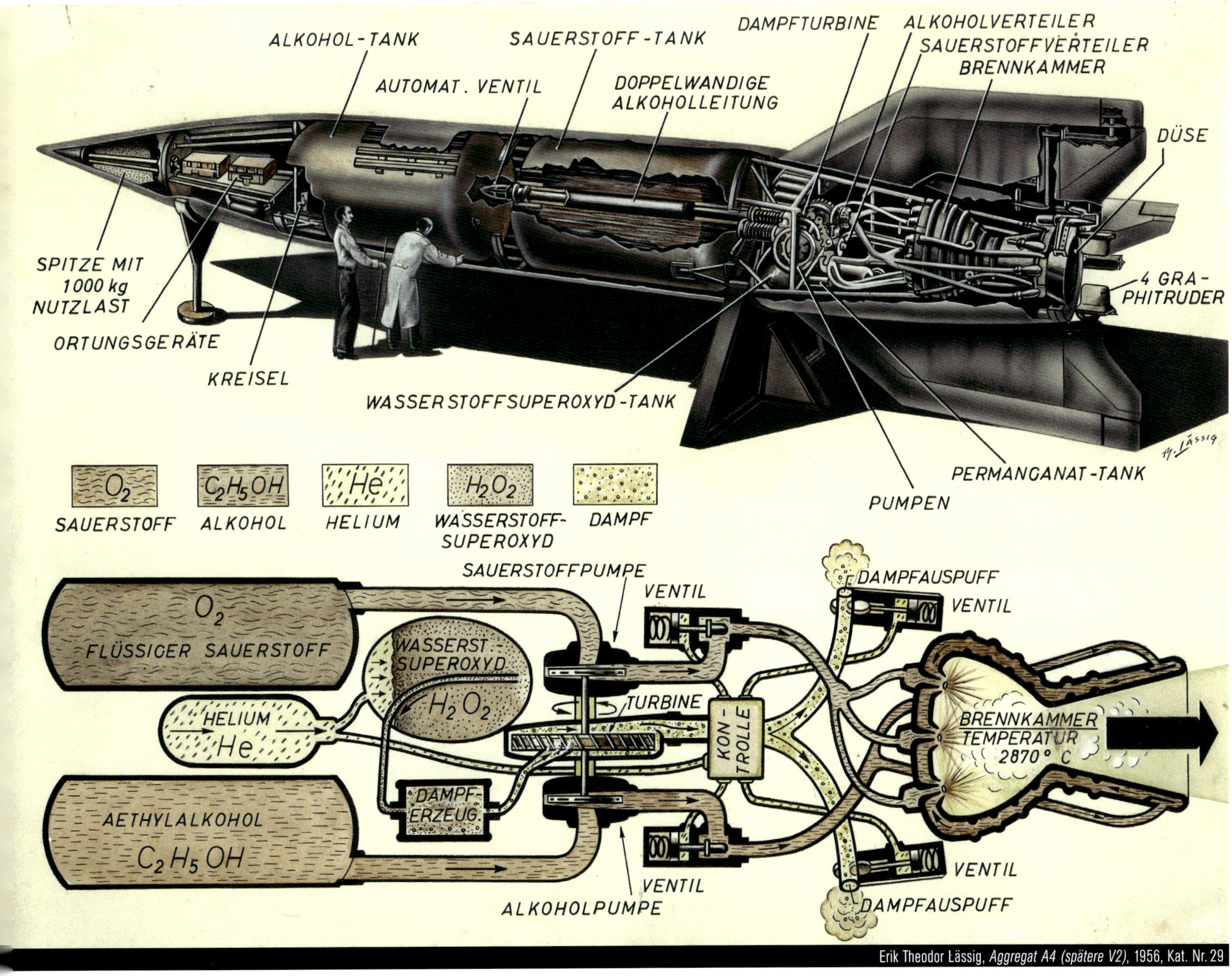

Erik Theodor Lässig, *Aggregat A4 (spätere V2)*, 1956, Kat. Nr. 29

Brille eines unbekannten Zwangsarbeiters in einer Blechdose, Kat. Nr. 33

Sträflingsjacke des Häftlings und Zwangsarbeiters Jacob Sanger, 1944/45 (?), Kat. Nr. 32

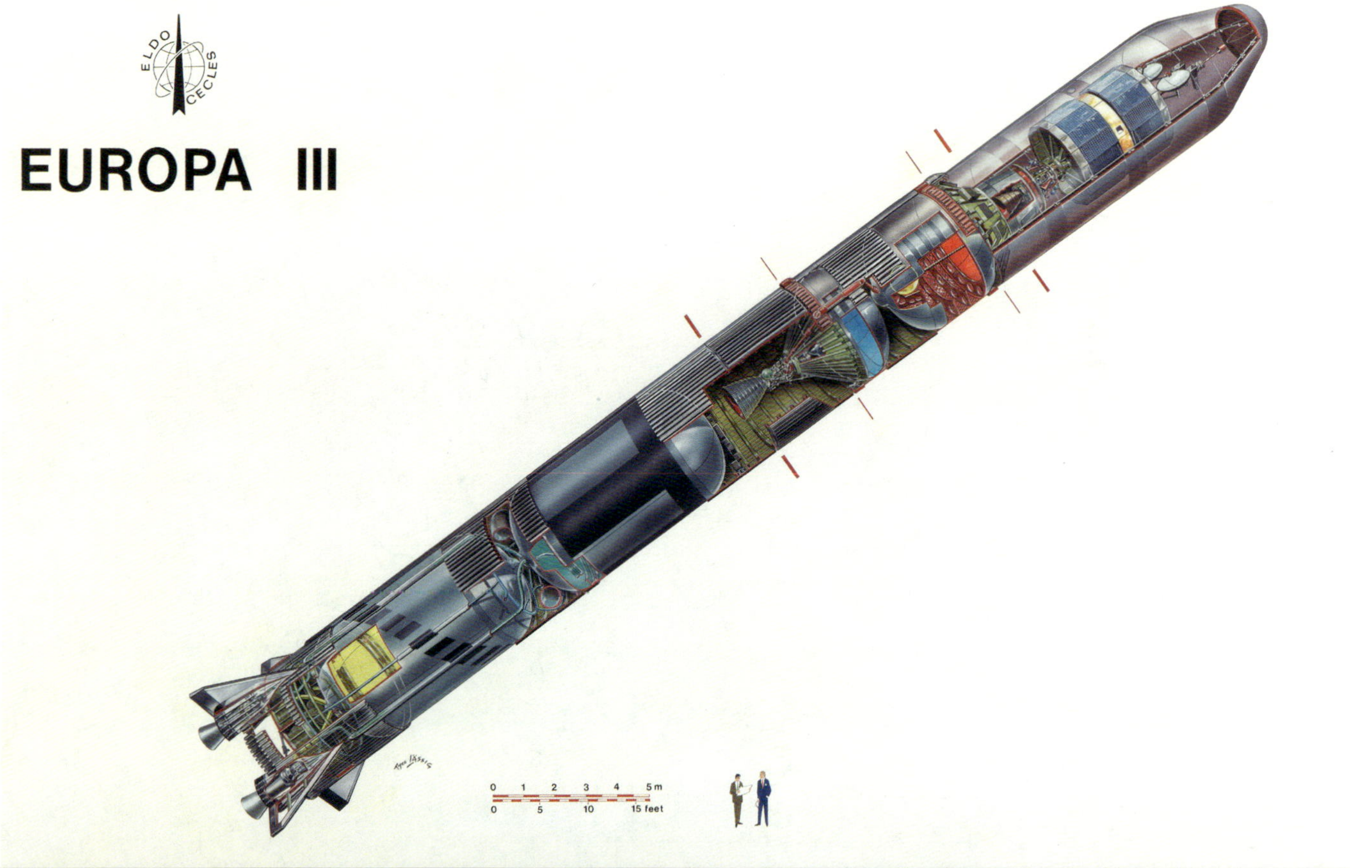

Erik Theodor Lässig, *Europa III*, 1956, Kat. Nr. 31

Emil Leeb, Heinrich Lübke, Fritz Todt und Walter Dornberger, Peenemünde, Frühjahr 1941, Kat. Nr. 35

Wernher von Braun, Peenemünde, Frühjahr 1941, Kat. Nr. 36

Hanns Hubmann, *Joseph Goebbels in Peenemünde*, August 1943, Kat. Nr. 39

Abschuss einer V2-Rakete, Peenemünde, Sommer 1943, Kat. Nr. 38

V2-Rakete auf einer Abschussbahn, Peenemünde, um 1942, Kat. Nr. 37

Поехали!
(Pojechali!/Los geht's!)

Juri Gagarin

FAILURE IS NOT AN OPTION

Die Geschichte der Eroberung des Weltraums ist eine Geschichte des Wettlaufs zwischen der UdSSR und den USA. Zu Zeiten des Kalten Krieges symbolisierte die Vormachtstellung im All auch die Überlegenheit des jeweiligen politischen Systems. Dass die Sowjets am 4. Oktober 1957 mit Sputnik einen Satelliten ins All schossen, der Signale aus der Umlaufbahn der Erde sandte, löste in der westlichen Welt und vor allem den USA einen regelrechten Schock aus, und der Space Race begann. Mit der Hündin Laika, dem ersten Säugetier, und 1961 Juri Gagarin als erstem Mensch im Weltraum lagen die Sowjets zunächst vorn. Der amerikanische Präsident John F. Kennedy verkündete im selben Jahr vor dem Kongress das Ziel, noch vor Ende des Jahrzehnts einen Menschen auf dem Mond landen zu lassen. Acht Jahre später, nach einigen schweren Fehlschlägen, bei denen sowohl Astronauten wie Kosmonauten ihr Leben ließen, wurde der Traum wahr. Der Amerikaner Neil Armstrong betrat am 21. Juli 1969 als erster Mensch den Mond mit den Worten: »Dies ist ein kleiner Schritt für einen Menschen, ein riesiger Sprung für die Menschheit.«

Max Schmeling und Neil Armstrong, um 1970, Kat. Nr. 81

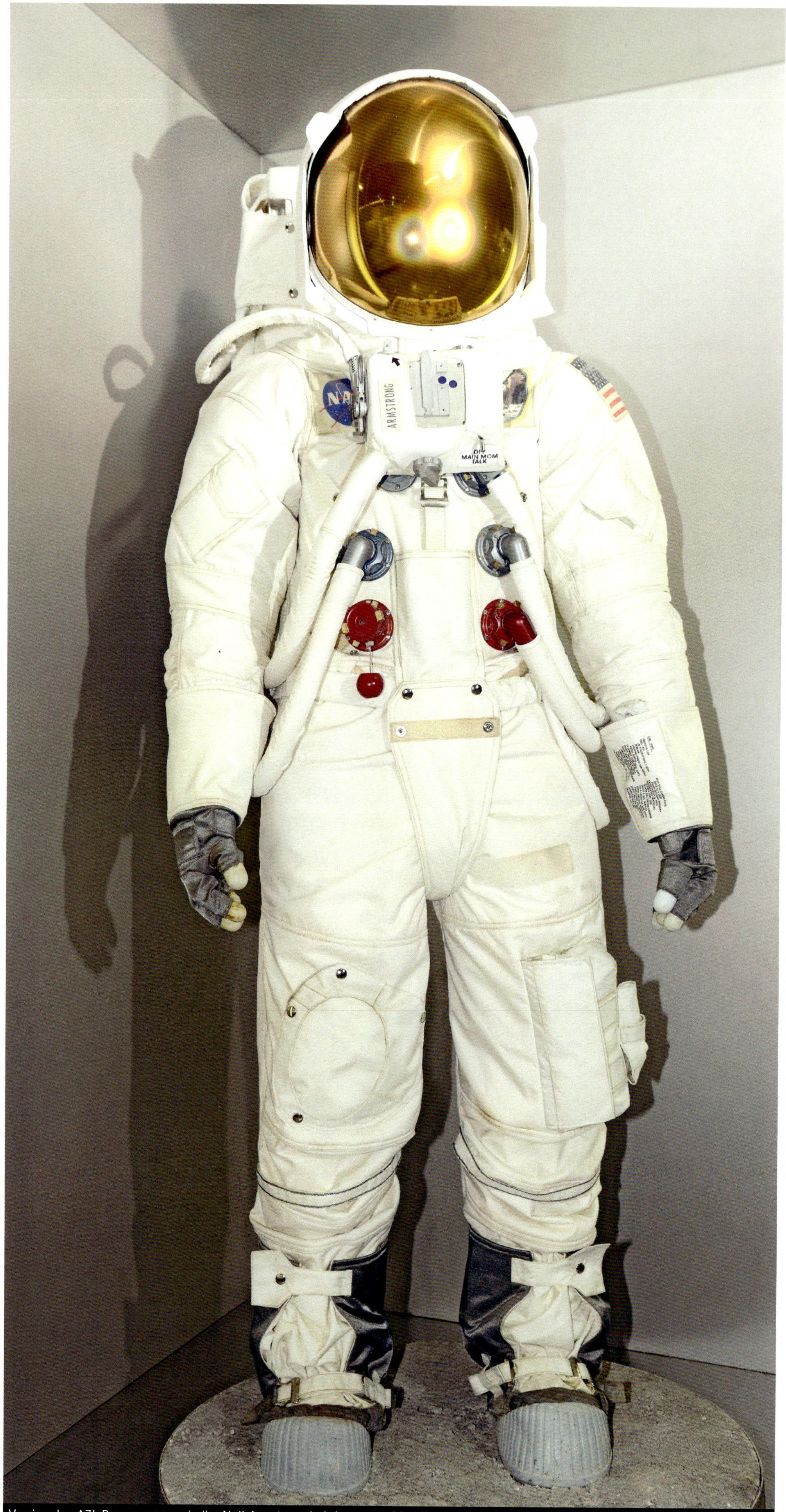

Version des A7L-Raumanzugs, wie ihn Neil Armstrong bei der ersten Mondlandung am 21. Juli 1969 trug, Kat. Nr. 77

Russischer Orlan-Raumanzug für Außenbordeinsätze auf der ISS, Saljut und MIR, Kat. Nr. 40

Kapsel, in der der Schimpanse Enos am 29. November 1961 geflogen ist, Kat. Nr. 42

LIFE-Magazin vom 15. Juni 1959, Titel mit den Affen Miss Able und Miss Baker, Kat. Nr. 41

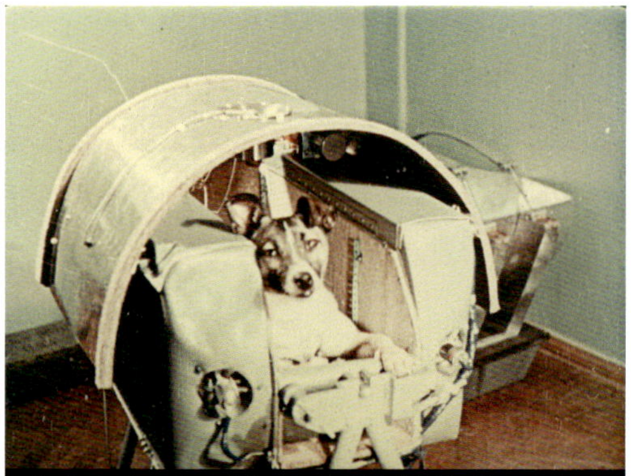

Laika in der Raumkapsel Sputnik 2, 1957, Kat. Nr. 44

Wladimir Komarow, Boris Jegorow und Konstantin Feoktistow fahren im offenen Wagen durch Moskau, Mission Woschod 1, Oktober 1964
Kat. Nr. 52

Alexei Leonow im Raumanzug im All schwebend, Mission Woschod 2, 18. März 1965, Kat. Nr. 50

Alexei Leonow schwebt als erster Mensch im Weltraum, Mission Woschod 2, 18. März 1965, Kat. Nr. 51

German Titow in seinem Sitz in der Raumkapsel, Mission Wostok 2, August 1961, Kat. Nr. 59

German Titow, Juri Gagarin und Chruschtschow, Mission Wostok 2, August 1961, Kat. Nr. 58

Luigi Mamprin, *Die Kosmonauten Andrijan Nikolajew und Pawel Popowitsch im Zoo von São Paulo*, Brasilien, 1963, Kat. Nr. 53

Luigi Mamprin, *Die Kosmonauten Andrijan Nikolajew und Pawel Popowitsch fahren Autoscooter*, Brasilien 1963, Kat. Nr. 54

Gruppe mit Juri Gagarin (1934–1968) (4. v.l.), Walentina Tereschkowa (5. v.l.) und Chruschtschow (6. v.l.), 1963?, Kat. Nr. 48

Juri Gagarin schreitet auf dem Rollfeld über roten Teppich, Mission Wostok 1, 14. April 1961, Kat. Nr. 60

Juri Gagarin in Fallschirmspringer-Montur an Bord eines Flugzeugs, Mission Wostok 1, 1961, Kat. Nr. 62

2 Kosmonauten (l. Waleri Bykowski) mit einer Gruppe von Technikern und Piloten
(rechts außen Juri Gagarin, 2. v.l. Pawel Beljajew ?, 5. v.l. Alexei Leonow), 1967, Kat. Nr. 49

Alexander Mokletsow, Juri Gagarin in ordengeschmückter Uniform, 1963, Kat. Nr. 64

Juri Gagarin in einer Kommandostelle in Baikonur, Januar (?) 1967, Kat. Nr. 66

Grigori Postnikow modelliert die Tonbüste von Juri Gagarin, 1961, Kat. Nr. 46

Gagarins Witwe und ihre Töchter trauern um Gagarin, 30. März 1968, Kat. Nr. 67

Trauernde vor Juri Gagarins Sarg, Staatsbegräbnis für Juri Gagarin, 30. März 1968, Kat. Nr. 68

Juri Gagarin und Walentina Tereschkowa in ordengeschmückter Uniform, Mission Wostok 6, 1965, Kat. Nr. 65

Start der Wostok-Rakete mit Juri Gagarin an Bord, Mission Wostok 1, 12. April 1961, Kat. Nr. 63

Walentina Tereschkowa im Astronautenanzug, Mission Wostok 6, Juni (?) 1963, Kat. Nr. 56

Walentina Tereschkowa schreitet am Flughafen über roten Teppich, Mission Wostok 6, Juni 1963, Kat. Nr. 55

Die Kosmonautin Walentina Tereschkowa vor ihrem Frisiertisch, ca. 1970, Kat. Nr. 57

Failure is not an option

Ralph Morse, *LIFE*-Magazin vom 14. und 21. September 1959, *The Astronauts* und *Astronauts' wives*, Kat. Nr. 69

Apollo 8 bzw. Apollo 13, Earthview,
3. Dezember 1968 / 1. April 1970, Kat. Nr. 85

Neil Armstrong fröhlich, Mission Apollo 11, 1969, Kat. Nr. 72

Michael Collins im Cockpit, Mission Apollo 11, Juli 1969, Kat. Nr. 73

Edwin Aldrin telefoniert mit seiner Frau aus dem Quarantäne-Container, Mission Apollo 11, 1969, Kat. Nr. 79

Saturn-V-Rakete (Apollo 8) am Startplatz, 1966, Kat. Nr. 86

The eagle has landed, Mission Apollo 11, 20. Juli 1969, Kat. Nr. 71

Edwin Aldrin auf dem Mond, aufgenommen von Neil Armstrong, der sich im Helmvisier spiegelt, Mission Apollo 11, 21. Juli 1969, Kat. Nr. 70

Failure is not an option

Bordanzug von Sigmund Jähn, 1978, Kat. Nr. 88

Raumanzug des russischen Test-Kosmonauten Alexander Poleschtschuk, um 1993, Kat. Nr. 90

Experiment zum Massenunterschied STS 1, verwendet in Spacelab 1 von Sigmund Jähn, um 1978, Kat. Nr. 89

Juri Gagarin und Fidel Castro bei Gagarins Kuba-Besuch, 26. Juli 1961 (?), Kat. Nr. 99

Juri Gagarin betrachtet einen Globus, 1963 (?), Kat. Nr. 98

Das russische Raumfahrt-Kontrollzentrum zur Zeit von Sputnik, 1958, Kat. Nr. 94

Juri Gagarin, Fidel Castro und Osvaldo Dorticós Torrado bei Gagarins Kuba-Besuch, Havanna, Juli 1961, Kat. Nr. 61

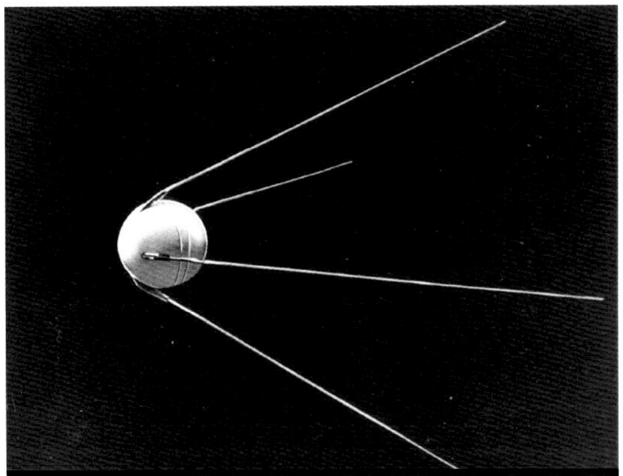

Der Satellit Sputnik 1, 1970er Jahre, Kat. Nr. 102

Kontrollzentrum Koroljow, Apollo-SojusTest Project, 1975, Kat. Nr. 95

Unbekannter russischer Kosmonaut beim Verlassen einer Kammer, Baikonur, 1967–1970, Kat. Nr. 97

Arsenal Kiev-C SKD Weltraumkamera (Spiegelreflexkamera), 70 mm, um 1969, Kat. Nr. 104

Leningrad Space FAS-1, 1960er Jahre, Kat. Nr. 105

Hasselblad Electric Camera S/N 1038 für die Erkundungen zur Mondlandung, um 1968, Kat. Nr. 106

Express Reentry Module, Kat. Nr. 116

Eugene F. Kranz' Apollo-13-Weste, Kat. Nr. 107

Eckiger Filter, eines der Probleme von Apollo 13, Kat. Nr. 108

Failure is not an option

Die ausgebrannte Apollo-1-Kapsel, Januar 1967, Kat.-Nr. 113

Trauerfeier für die drei Astronauten des Apollo-Brandes am 27. Januar 1967 mit Präsident Lyndon B. Johnson, 1. Februar 1967, Kat. Nr. 114

George Tames, *Der weinende John Glenn am Sarg von Gus Grissom*, 1967, Kat. Nr. 115

Die Astronauten Virgil Grissom, Edward White und Roger Chaffee, die bei einem Brand der Apollo-1-Kapsel starben, Januar 1967, Kat. Nr. 112

Wladimir Komarow und ein weiteres Besatzungsmitglied in ihrer Raumkapsel, Mission Woschod 1, Oktober 1964, Kat. Nr. 110

Via Lewandowsky, *Last Call*, Detail, Kat. Nr. 109

Via Lewandowsky, *Last Call*, *Komarow-Gedächtnis-Raum*, 1997 (Wladimir Komarow war der erste Mensch, der am 24. April 1967 bei einer Weltraummission starb), Kat. Nr. 109

Beisetzung der Urnen der Saljut-11-Kosmonauten, 3. Juli 1971, Kat. Nr. 111

Doch wenn es, eingetaucht in die begeisterte Bewachung durch ihren Urheber, für eine wunderbare Weile den Raum durchschweben durfte, am Ende musste es sich in Nichts auflösen.
An dem Ort, wo die Kugel zerplatzte, bliebe die aus ihrem Körper

herausgetretene Seele des Bläsers
für einen Augenblick allein zurück,
als habe sie sich auf eine gemeinsame
Expedition eingelassen und
auf halbem Weg den Partner verloren.

Peter Sloterdijk, *Sphären* I

François Vincent Mathieu Latil, *L'Astronomie*, 1822, Kat. Nr. 117

Willem Janszoon Blaeu, Himmelsglobus, Amsterdam 1616, Kat. Nr. 119

Hiroyuki Masuyama, *Milchstraße*, 2012, Kat. Nr. 118

Vinzenzo Maria Coronelli, *Planisphère Céleste*, 1693, Kat. Nr. 121

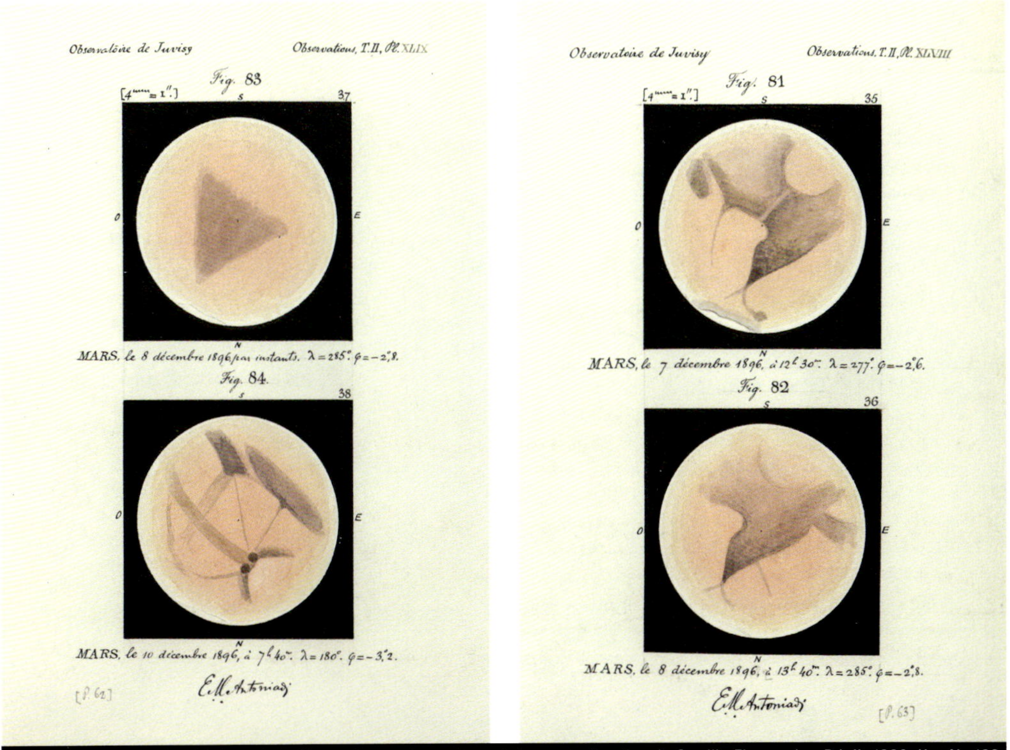

Eugène M. Antoniadi, *Observations astronomiques (...) sous la direction de Camille Flammarion*, Bd. II, 1896, Kat. Nr. 120

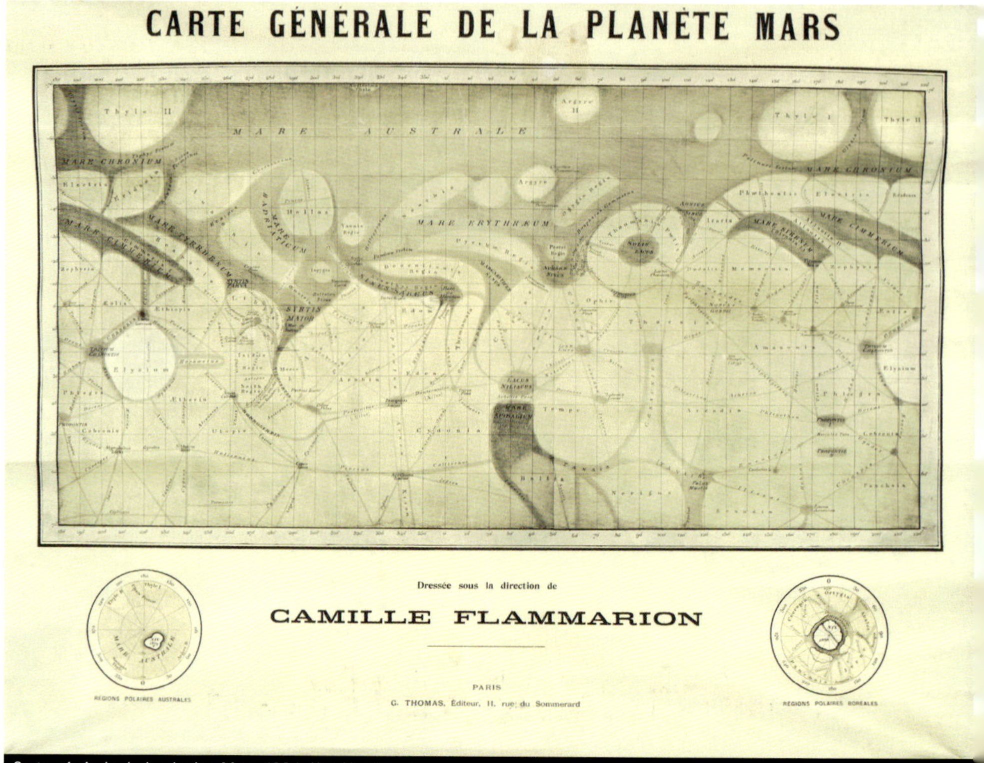

Carte générale de la planète Mars, 1894, Kat. Nr. 125

Marsglobus, 1884, Kat. Nr. 122

Marsglobus, 1898, Kat. Nr. 123

Marsglobus, 1909, Kat. Nr. 124

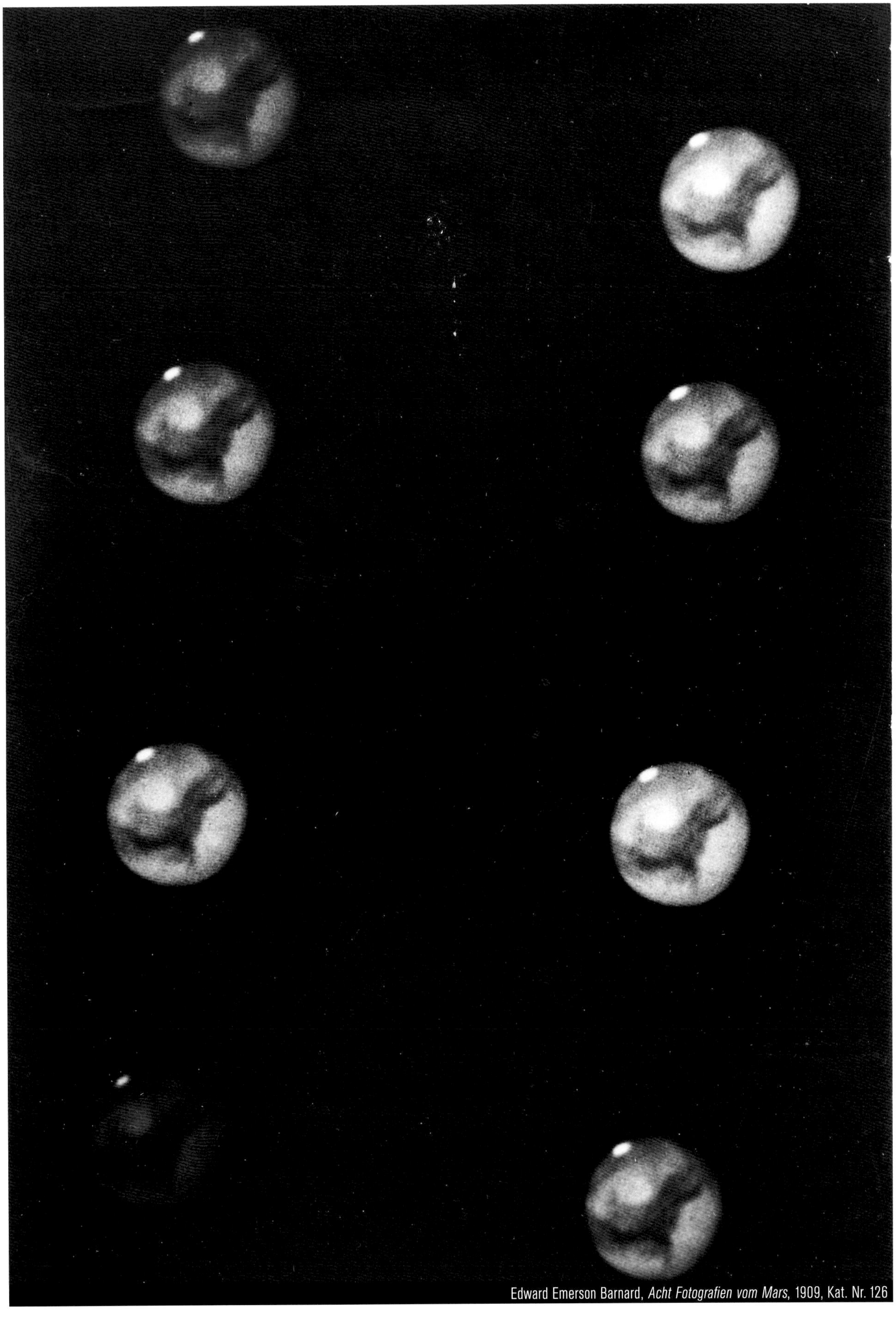

Edward Emerson Barnard, *Acht Fotografien vom Mars*, 1909, Kat. Nr. 126

Pawel Pepperstein, aus der Serie *Russian Cosmos*, 2011:
1 *Cosmic scetch No 1*, Kat. Nr. 130 (oben links)
2 *Galaxy and a stream of triangle-shaped satellites*, Kat. Nr. 131 (oben rechts)
3 *Super gigantic white hole*, Kat. Nr. 132 (mitte links)
4 *Galaxy great Ammonite*, Kat. Nr. 133 (mitte rechts)
5 *The cosmic Wonderer*, Kat. Nr. 134 (unten links)
6 *The Gangster in the Space*, Kat. Nr. 135 (unten rechts)

MIRKA (Micro Re-entry Capsule), geflogen 23. Oktober 1997, Kat. Nr. 138

142 LES MYSTÈRES DE L'INFINI.

laient *culmen*, un aérolithe, connu par les savants sous

le nom de *croix d'honneur*, passa à quelques lignes de sa tête; si l'inclinaison de son front, à gauche, eût été un peu plus sensible, c'en était fait de lui. Malheur au mortel sur la tête duquel l'aérolithe a opéré sa descente!

J. J. Grandville, *Un Autre Monde. Transformations*, Paris, H. Fournier, 1844, Kat. Nr. 127

Michael Benson, *Der Saturnmond Enceladus, Geysire sprühen Wasser ins Weltall, auf der Basis einer Aufnahme der Sonde Cassini am 25. Dezember 2009*, 2012, Kat. Nr. 129

Michael Benson, *Jupiter. Transit des Mondes Io, auf der Basis einer Aufnahme der Sonde Cassini am 1. Januar 2001*, 2011, Kat. Nr. 128

Hiroyuki Masuyama, *O*, 2010, Kat. Nr. 139

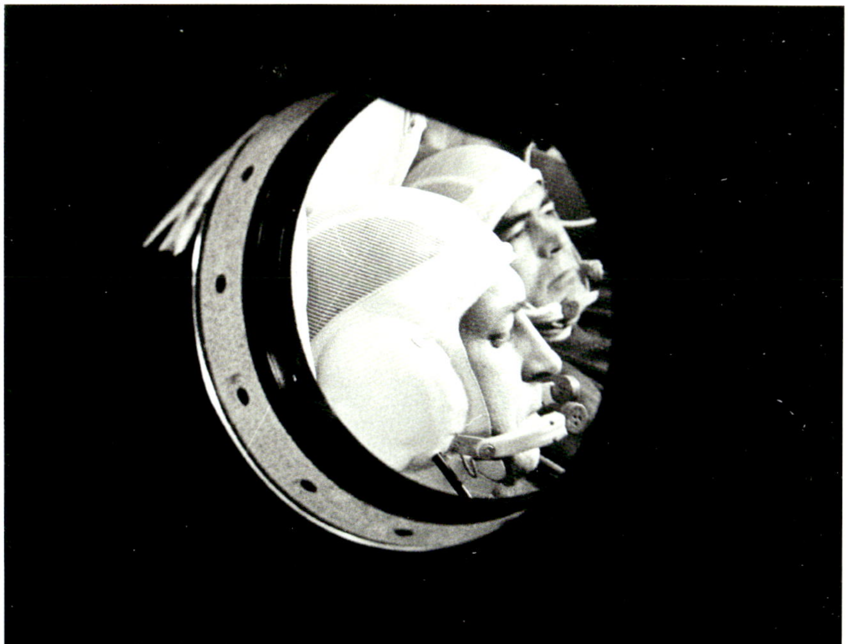

Witali Sewastjanow und Andrijan Nikolajew in der Raumkapsel, Mission Sojus 9, 1970, Kat. Nr. 141

Odilon Redon, *Himmelskugel*, 1890–1895, Kat. Nr. 136

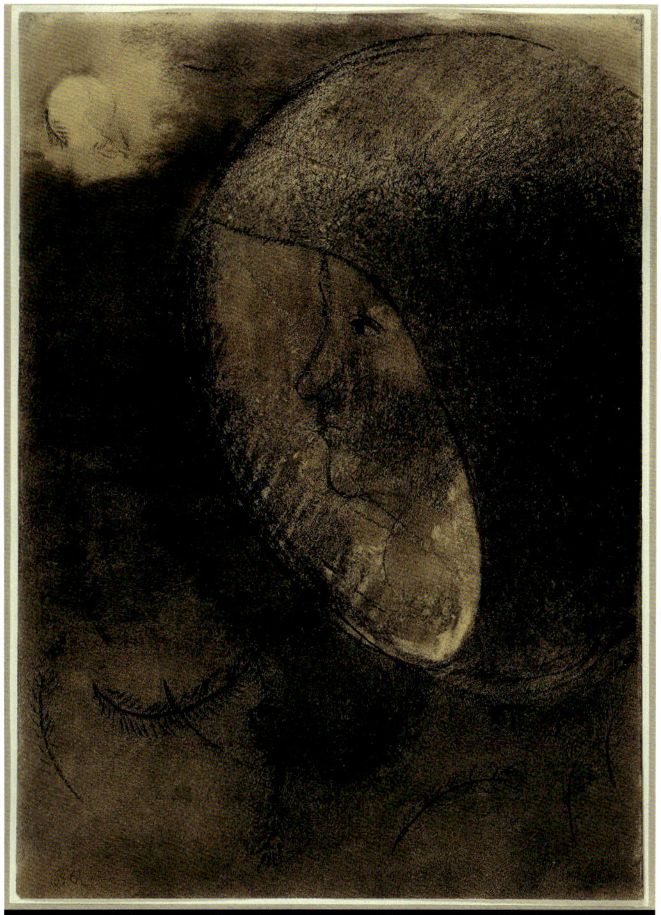

Odilon Redon, *Schwebende Kugel mit Frauenprofil*, 1890–1895, Kat. Nr. 137

Was wären wir ohne die Rettung des Nichtexistierenden?

Paul Valéry

OUTER SPACE

Immer schon hat der Weltraum die Phantasie beflügelt und Kreative inspiriert. Sind wir allein im Universum? Gibt es andere intelligente Wesen? Können wir auf andere Planeten reisen? Die menschliche Vorstellungskraft hat eigene Antworten auf solch existenzielle Fragen gegeben. Lukian von Samosata träumte bereits im 2. nachchristlichen Jahrhundert von einer Reise zum Mond, zur Sonne und darüber hinaus. Johannes Kepler schrieb zu Beginn des 17. Jahrhunderts von Dämonen, die den Menschen auf den Mond katapultieren, Cyrano de Bergerac flog mit Morgentau zu den Mondstaaten, erst Jules Verne hatte Mitte des 19. Jahrhunderts die Idee, mittels einer Kanone zum Mond zu reisen. Science Fiction, sowohl in der Literatur als auch im Film, ließ sich stets vom technischen Wissen der Zeit inspirieren. Gleichermaßen hat aber auch die künstlerische Phantasie die Technik vorangetrieben und innovative und visionäre Erfindungen Wirklichkeit werden lassen. Mit dem Film wurden im 20. Jahrhundert Reisen in den Weltraum und die Begegnung mit Außerirdischen auf der Leinwand möglich. Kinofiguren wie E.T., Alien oder R2D2 sind Teil des kollektiven Gedächtnisses geworden. Aber auch Wissenschaftler und Künstler sind der Frage nach außerirdischem Leben nachgegangen und bis heute auf der Suche nach extraterrestrischer Intelligenz.

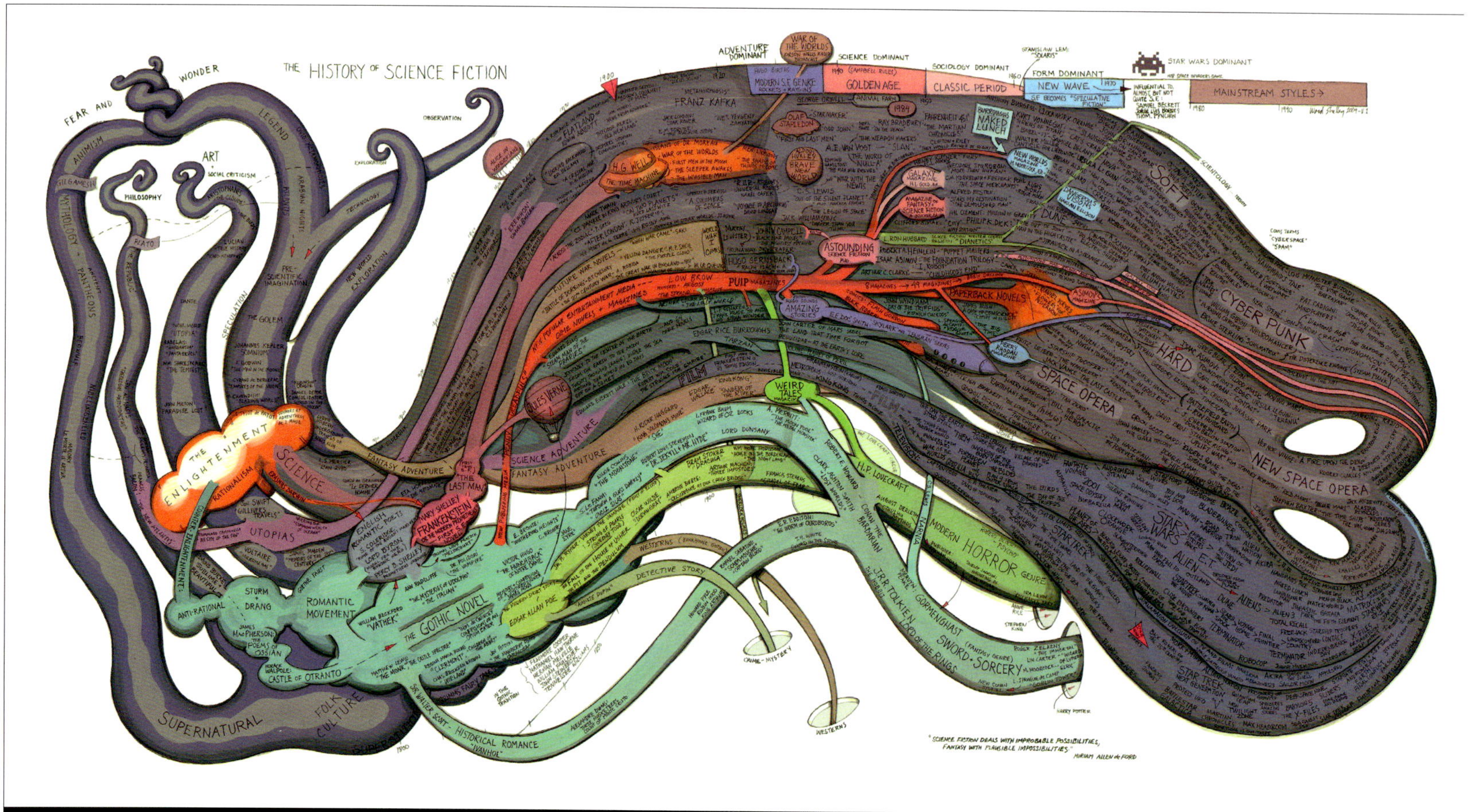

Ward Shelley, *The History of Science Fiction*, 2009, Kat. Nr. 143

Das Raumschiff Moonbus aus: *2001: Odyssee im Weltraum* von Stanley Kubrick, 1968, Kat. Nr. 142

Das Raumschiff Rodger Young aus: *Starship Troopers*, 1997, Kat. Nr. 185

Allen Anderson, *Planet Stories*, 1939–1955, Kat. Nr. 144

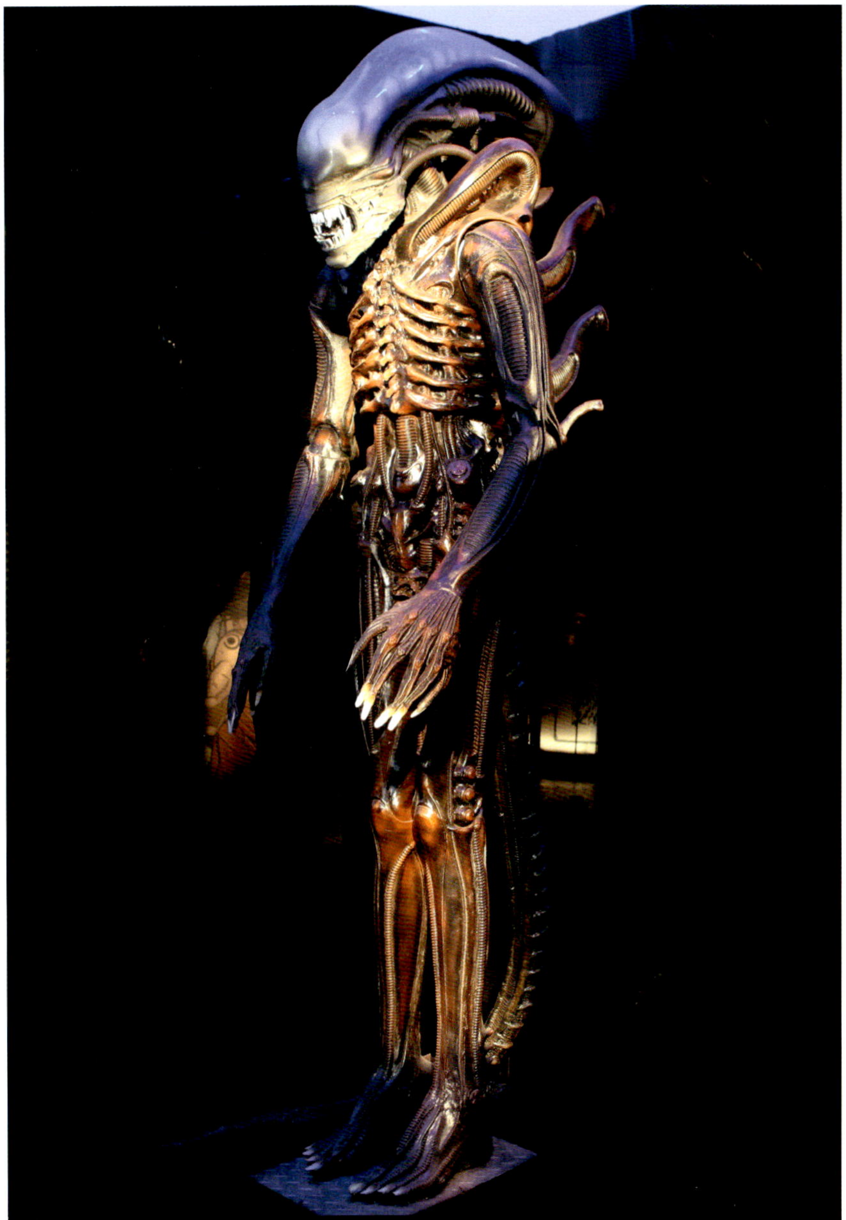

H. R. Giger, Alien aus dem gleichnamigen Film, eine von 8 Museumsrepliken nach der Originalform, 1978, Kat. Nr. 145

Alien-Ei, Original, aus: *Alien – Die Wiedergeburt* von Jean-Pierre Jeunet, 1997, Kat. Nr. 147

Filmstill mit dem Maschinenleitstand des Raumschiffs Orion aus der TV-Serie *Raumpatrouille*, Claus Holm als Hasso Sigbjörnson, Kat. Nr. 150

Filmstill mit Roboterhand aus der TV-Serie *Raumpatrouille*, Kat. Nr. 149

Der Roboter R2-D2 aus: *Star Wars* von George Lucas, ab 1977, Kat. Nr. 154

Hélène Giraud, Das Haustier »Picasso« des Bösewichts Zorg, aus: *The fifth element* von Luc Besson, 1997, Kat. Nr. 153

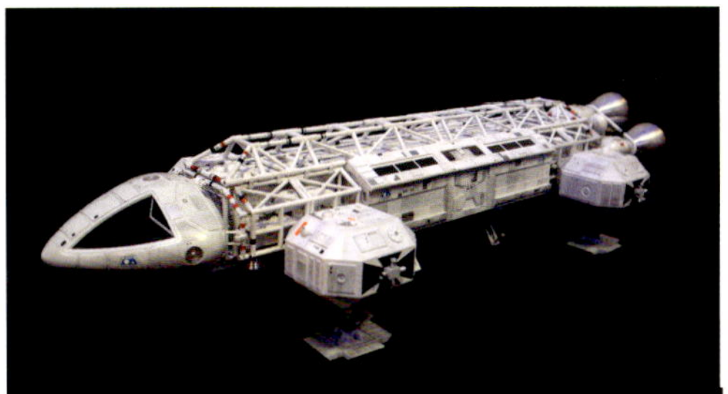

Martin Bowers, Modell des Eagle, Moon fighter aus der britischen TV-Serie *Mondbasis Alpha 1*, 1975–1977, Kat. Nr. 157

Der goldene Protokolldroide C-3PO aus: *Star Wars* von George Lucas, ab 1977, Kat. Nr. 155

Modell der USS Enterprise-B aus der TV-Serie *Star Trek*, ab 1966, Kat. Nr. 158

John Mollo, Raumanzug von Leutnant Starck, getragen von Joely Richardson, aus: *Event Horizon*, USA/GB 1997, Kat. Nr. 159

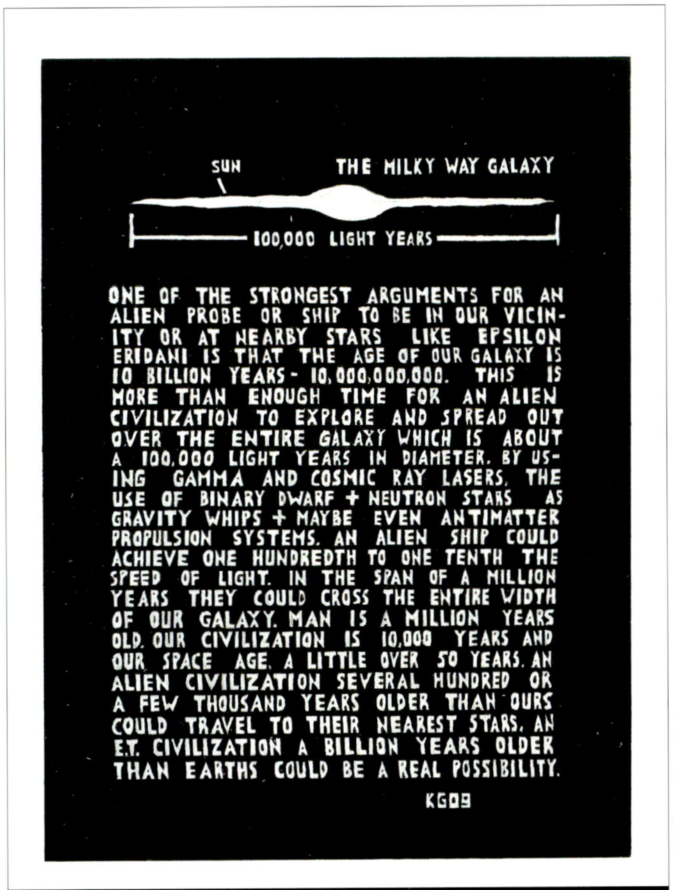

Ken Grimes, *The Milky Way Galaxy*, 2009, Kat. Nr. 167

Paul Laffoley, *The Urban Fossickated Octave*, 1968, Kat. Nr. 161

Paul Laffoley, *I, Robur Master of the World*, 1968, Kat. Nr. 162

Paul Laffolay, *The Thanaton III*, 1989, Kat. Nr. 163

Henry Darger, *Storm brewing. This is not a strawberry the little girl is carrying in her hand*, 1930, Kat. Nr. 164

Henry Darger, *167-1 half. At Jennie Richee, Out in the open they knew the clouds of a storm coming*, 1930, Kat. Nr. 165

Henry Darger, *150 At Jennie Richee. Racing through a field of gigantic flowers to seek shelter as the storm renews*, 1930, Kat. Nr. 166

Victorien Sardou, *Le Quartier des Animaux*, 1860, Kat. Nr. 170

Victorien Sardou, *Le Quartier des Animaux*, 1860, Kat. Nr. 171

Victorien Sardou, *La Maison de Zoroastre sur Jupiter*, 1857, Kat. Nr. 169

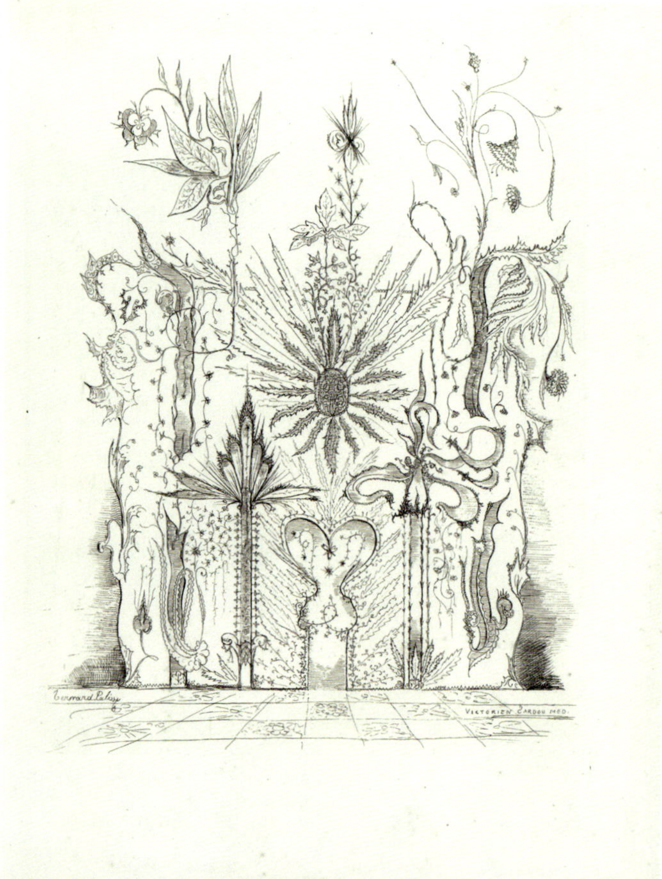

Victorien Sardou, *Maison de St. Paul dans la Planète de Jupiter*, um 1860, Kat. Nr. 172

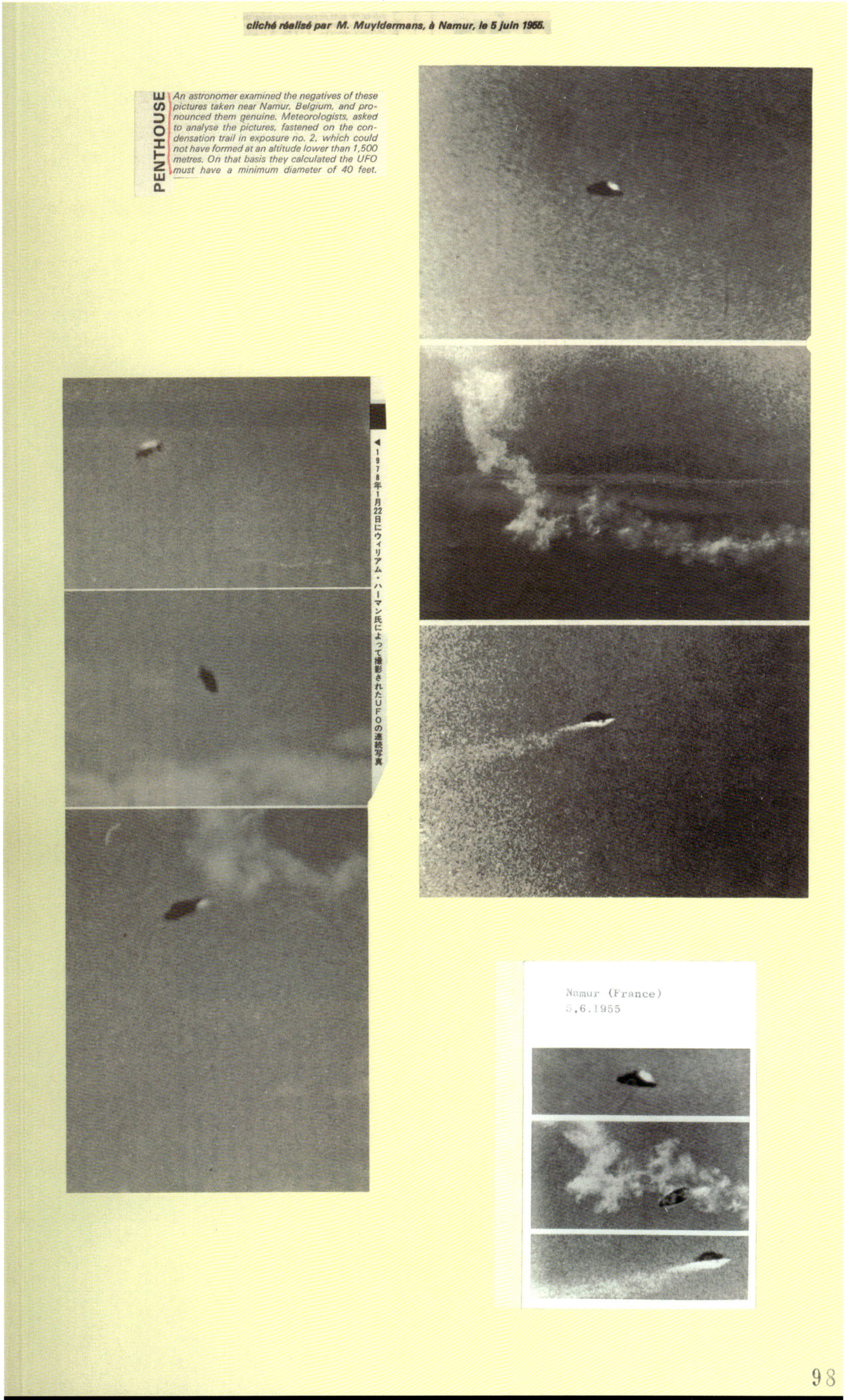

Aus den Fotoalben der UFO-Forscherin Lou Zinsstag, *UFO-Sichtung bei Namur, Belgien,* 1955, Kat. Nr. 176

Als UFO verwendete Telefonkapsel, um 1985, Kat. Nr. 173

Gefälschtes Ufo über Fehrenbach (Reproduktion), 1994, Kat. Nr. 174

Samstags ist auf der Raumstation Putztag, jeder putzt 3 Module (ich: Columbus, Kibo und Destiny).

Alexander Gerst, 7. Juni 2014

Der Alltag im Weltraum ist durch die Schwerelosigkeit bestimmt. Essen, Trinken, Schlafen – alles muss unter Berücksichtigung der mangelnden Bodenhaftung erfolgen. Schlafsäcke sind an der Wand fixiert, Essensbehälter werden mit Klettverschlüssen an Schubladen oder Tischen befestigt. Duschen kann man nicht, Feuchttücher dienen der Körperpflege. Zahnpasta muss man herunterschlucken. Spezielle Weltraumtoiletten mit Absaugevorrichtungen sorgen für hygienische Verhältnisse. An Bord der Internationalen Raumstation ISS ist der Tagesablauf klar geregelt: Neben wissenschaftlichen Experimenten und Freizeit stehen zwei Stunden Sport auf dem Programm, um dem Muskelschwund vorzubeugen. Die Gestaltung der Innenräume von Raumstationen und Raumschiffen erfolgt durch Innenarchitekten und Farbpsychologen. Sie sorgen dafür, dass der monatelange Aufenthalt in einer Raumstation auch eine halbwegs wohnliche Qualität bekommt. Die unterschiedliche Farbgebung von Fußböden und Seitenwänden dient der Orientierung in der Schwerelosigkeit, in der es kein oben und unten gibt.

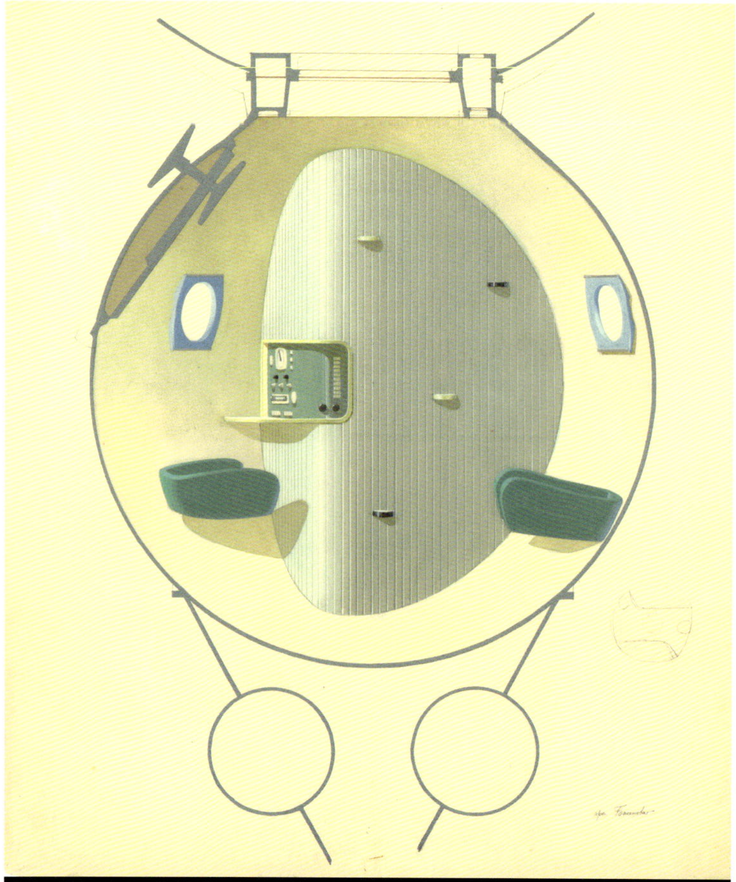

Galina Balaschowa, Vorläufiger Entwurf des Innenraums einer Orbitalkapsel, vor 1970, Kat. Nr. 200

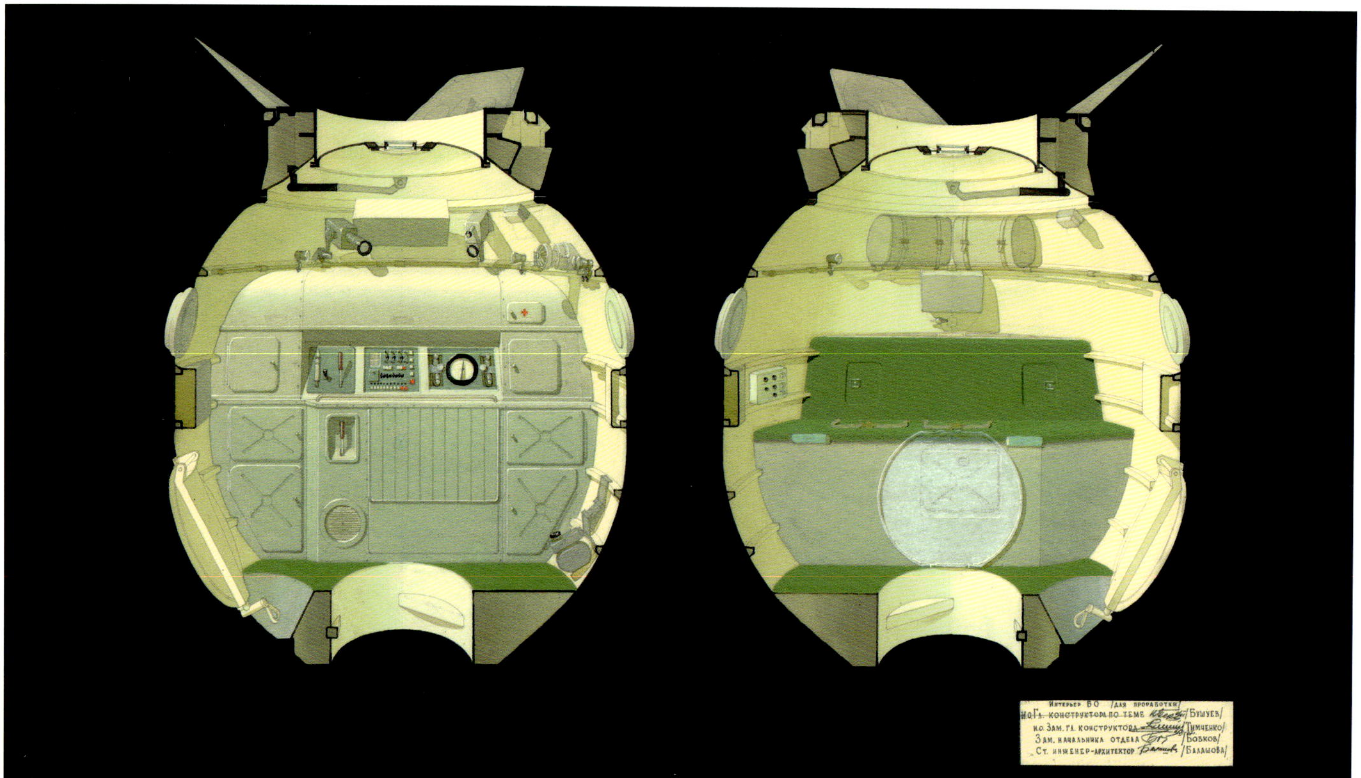

Galina Balaschowa, Entwurf für den Innenraum des Raumschiffs Sojus 19 für den sowjetisch-amerikanischen Kooperationsflug im Juli 1975, Kat. Nr. 201

Galina Balaschowa, Innenraum des Arbeitsbereichs in der Raumstation MIR, Entwurfsvariante, 1960er Jahre, Kat. Nr. 202

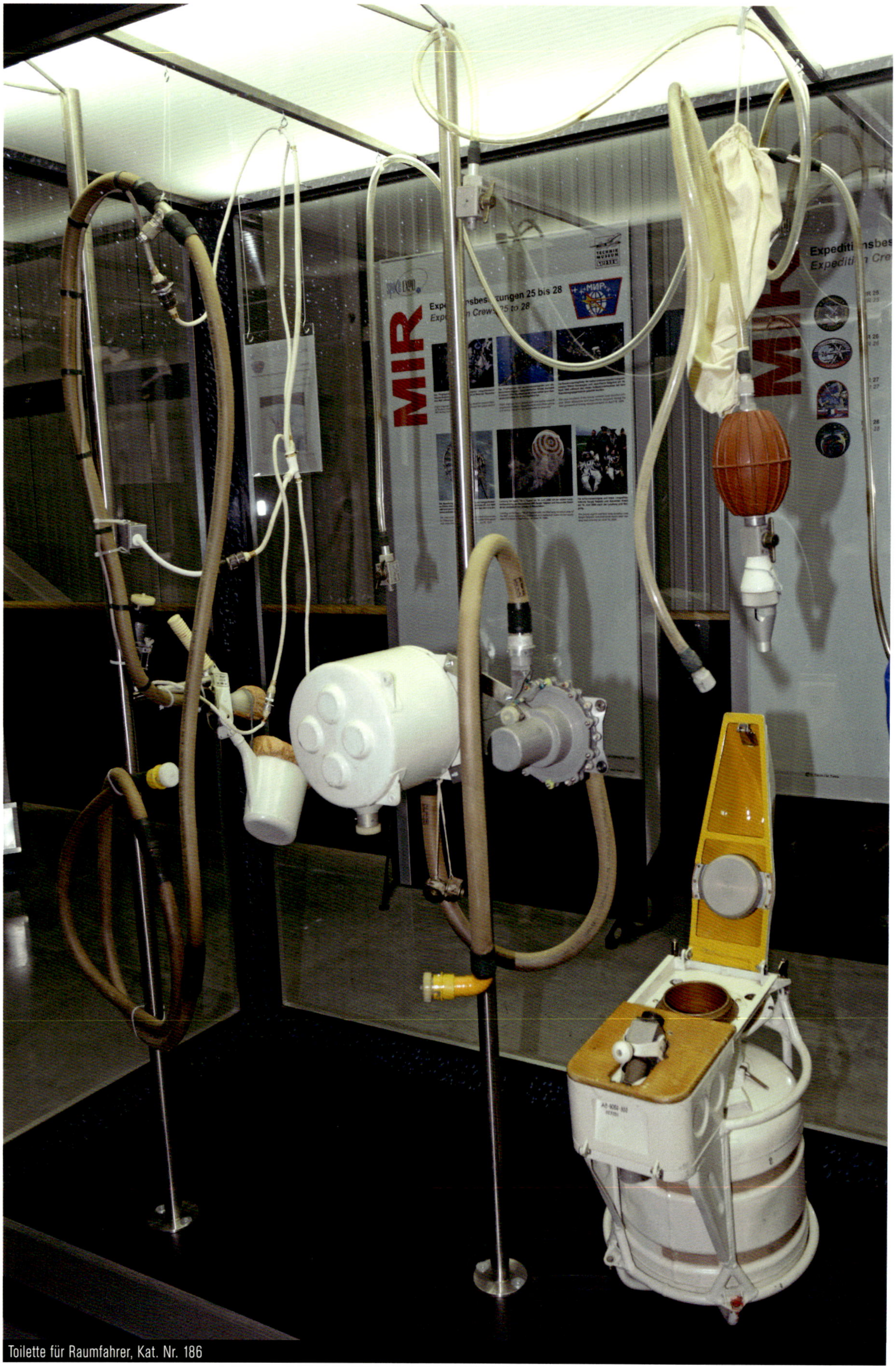

Toilette für Raumfahrer, Kat. Nr. 186

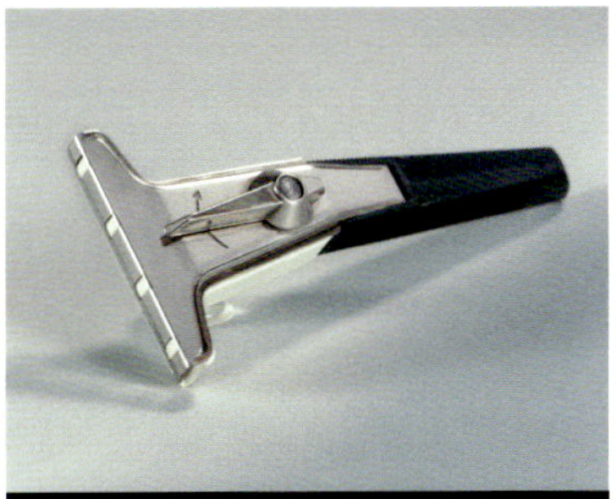

Gillette Techmatic Razor, Rasierer, wie ihn die Apollo-11-Astronauten benutzt haben, 1960er Jahre, Kat. Nr. 189

Machete, Teil der Überlebensausrüstung von Sigmund Jähn, Kat. Nr. 188

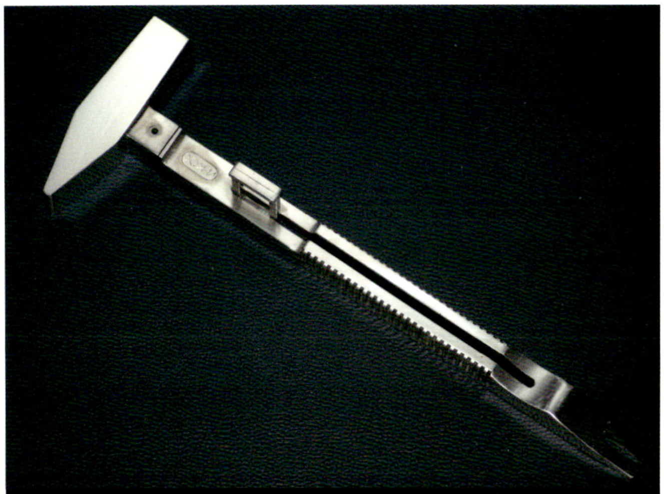

Raumfahrer-Hammer, russische Erfindung mit innerer Rückschlagkugel, Kat. Nr. 187

Socken des deutschen Raumfahrers Reinhold Ewald, 1992, Kat. Nr. 190

Die Sonne lehrt alle Lebewesen
die Sehnsucht nach dem Licht.
Doch es ist die Nacht, die uns alle
zu den Sternen erhebt.

Khalil Gibran

Johannes Hevelius, *Selenographia sive lunae descriptio [...]*, 1647, Kat. Nr. 212

Licht und Schatten

Adolf Luther, *Mondprojekt*, 1976, Kat. Nr. 210

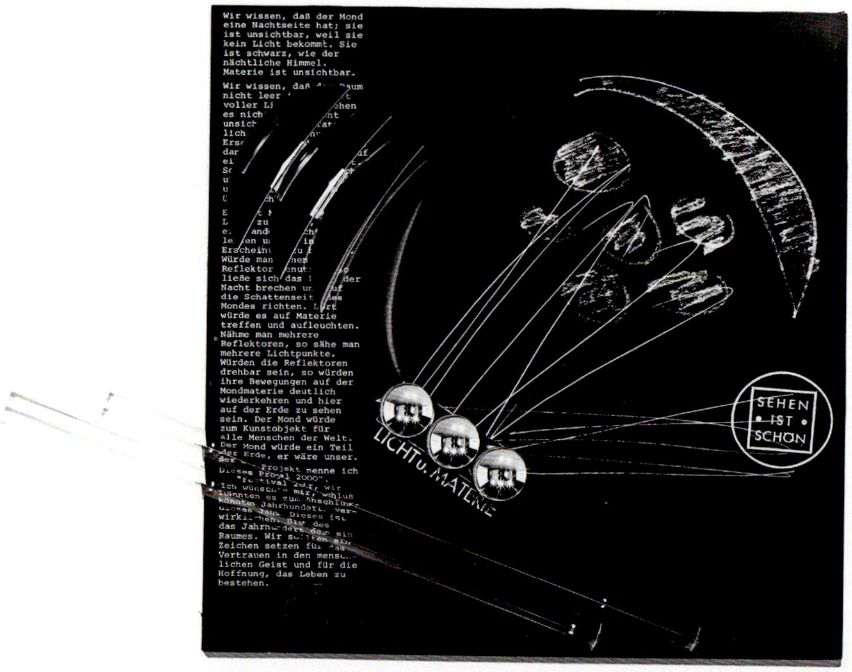

0523 Adolf Luther, *Mondprojekt*, 1983, Kat. Nr. 211

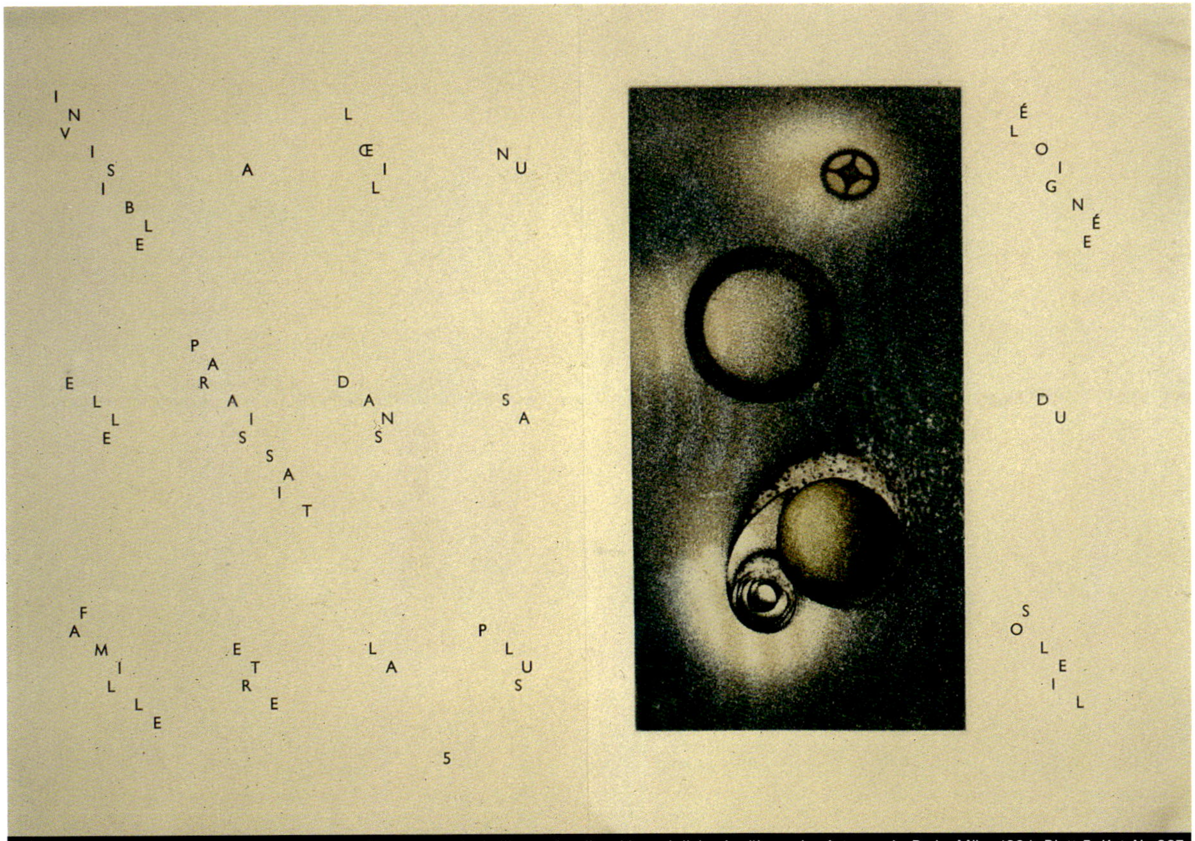

Max Ernst, *Maximiliana oder die widerrechtliche Ausübung der Astronomie*, Paris, März 1964, Blatt 5, Kat. Nr. 207

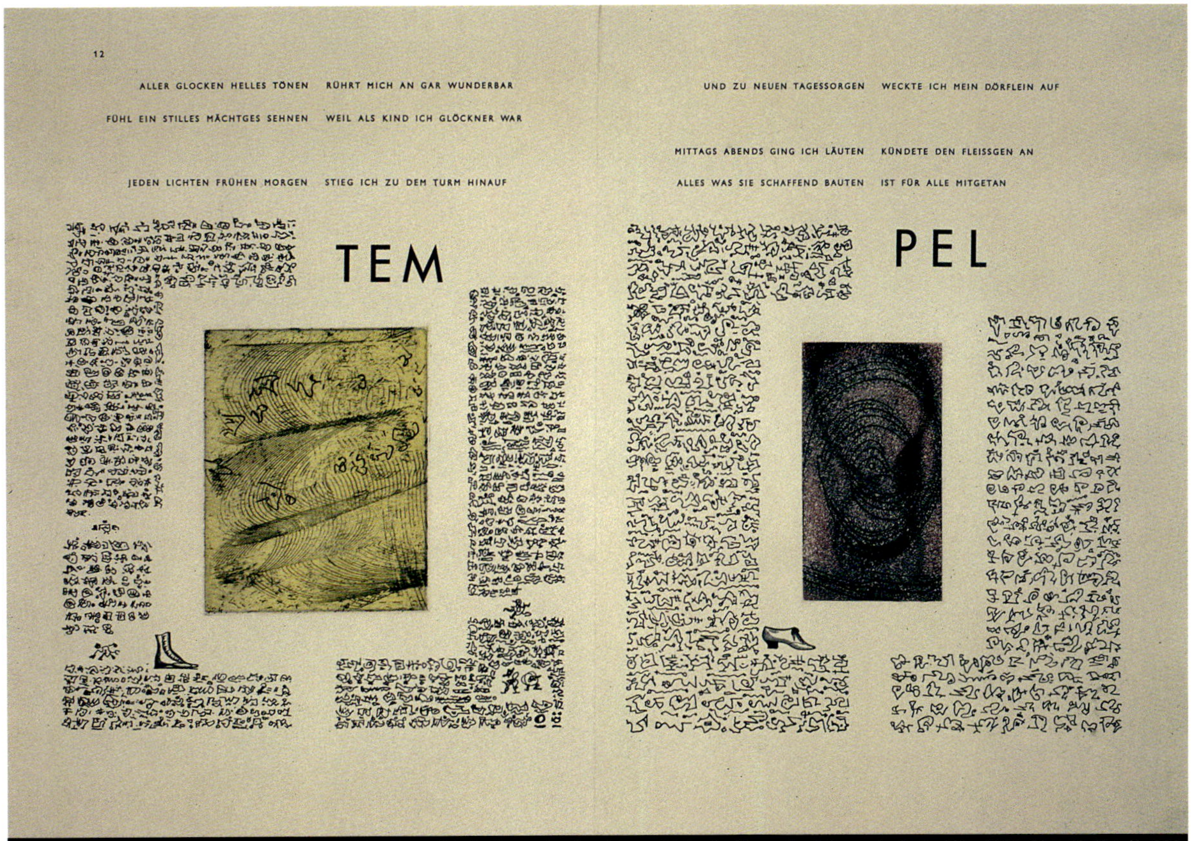

Max Ernst, *Maximiliana oder die widerrechtliche Ausübung der Astronomie*, Paris, März 1964, Blatt 12, Kat. Nr. 208

Max Ernst, *Moonmad*, 1944, Kat. Nr. 204

Max Ernst, *The Twentieth Century*, 1955, Kat. Nr. 216

Max Ernst, *Eclipse (Verfinsterung)*, 1955, Kat. Nr. 217

Max Ernst, *Le lit d'Holopherne*, 1961, Kat. Nr. 218

Fa. Steinheil, Tischteleskop, 1882, Kat. Nr. 214

Julius Grimm, *Ansicht des vollen Mondes*, 1895, Kat. Nr. 213

Moon wilderness, 23. Dezember 1972, Kat. Nr. 82

KUKIDENT-HAFT-PULVER

Kukident

Die ersten Worte auf dem Mond: Der Adler ist gelandet!

Schutz vor Zahnfleischentzündung!

Montag, den 21. Juli 1969 • 15 Pf

Bild Zeitung

heute

Mond Zeitung

Der Mond ist jetzt ein Ami

„Wir sehen in einen Krater, fast so groß wie ein Fußballfeld"

Houston, 21. Juli

Für die Menschheit hat eine Sternstunde geschlagen. Die Amerikaner Neil Armstrong und Edwin Aldrin sind auf dem Mond gelandet. Damit haben die Vereinigten Staaten endgültig vor den Sowjets den Wettlauf im Weltall gewonnen. Ein NASA-Techniker scherzhaft: „Der Mond ist jetzt ein Ami!" Gestern abend um 21.17 und 46 Sekunden (MEZ), eine Minute früher als im Flugplan vorgesehen, setzte das Apollo-Landeboot auf einem Kraterfeld im „Meer der Ruhe" auf. Die ersten Worte der Raumfahrer: „Der Adler ist gelandet!"

Im Weißen Haus in Washington war um diese Zeit US-Präsident Nixon mit führenden amerikanischen Politikern und persönlichen Freunden zum Gebet versammelt. Auf der ganzen Welt brach jubelnde Begeisterung aus.

Ein neues Jahrtausend hat begonnen

Braun sixtant
In Deutschland Nr. 1: meistgekauft

BILD-Zeitung vom 21. Juli 1969, Kat. Nr. 74

Spuren des Mondfahrzeugs Lunochod 1 auf der Mondoberfläche, Mission Luna 17, 9. Dezember 1970, Kat. Nr. 80

Mondkrater, Mission Apollo 10, 1969, Kat. Nr. 75

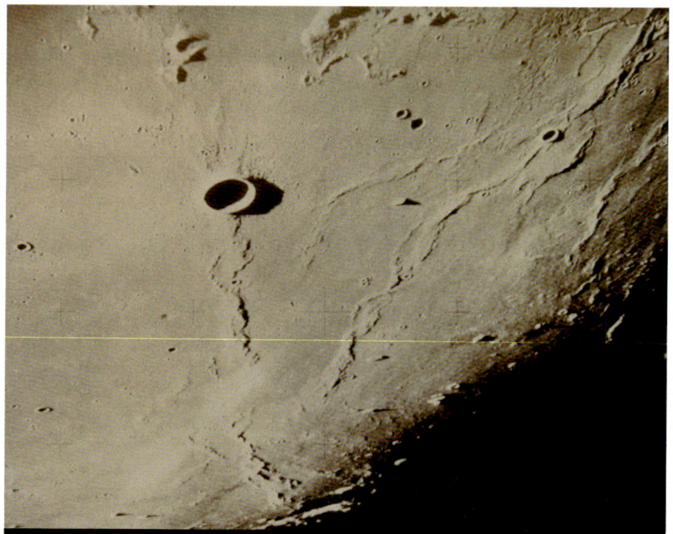
Mondkrater, ca. 1969, Kat. Nr. 76

Harrison Hagan Schmitt sammelt Mondgestein, Mission Apollo 17, Dezember 1972, Kat. Nr. 83

Modell 1:3 des ORION Multi Purpose Crew Vehicle mit seinem von Astrium gebauten Raumschiff, Kat. Nr. 215

Die Sonne zeichnet einen imaginären Kreis auf das imaginäre Himmelsgewölbe.
Dieser Kreis bildet einen Winkel von 23° auf dem Himmelsäquator.

Das Auge, gebildet von einer Kugel,
besitzt einen runden gelben Fleck,
ähnlich der Sonne, und dieser einzige
lichtempfindliche Fleck
im Auge liegt 23° über dem Eintritt
des Sehnervs ins Auge.

August Strindberg, *Verwirrte Sinneseindrücke*

Lithografieplatte der erweiterten Bonner Durchmusterung durch Eduard Schönfeld, 1886, Kat. Nr. 230

Der von Karl-Friedrich Schinkel überarbeitete Entwurf der Bonner Sternwarte, 1838, Kat. Nr. 229

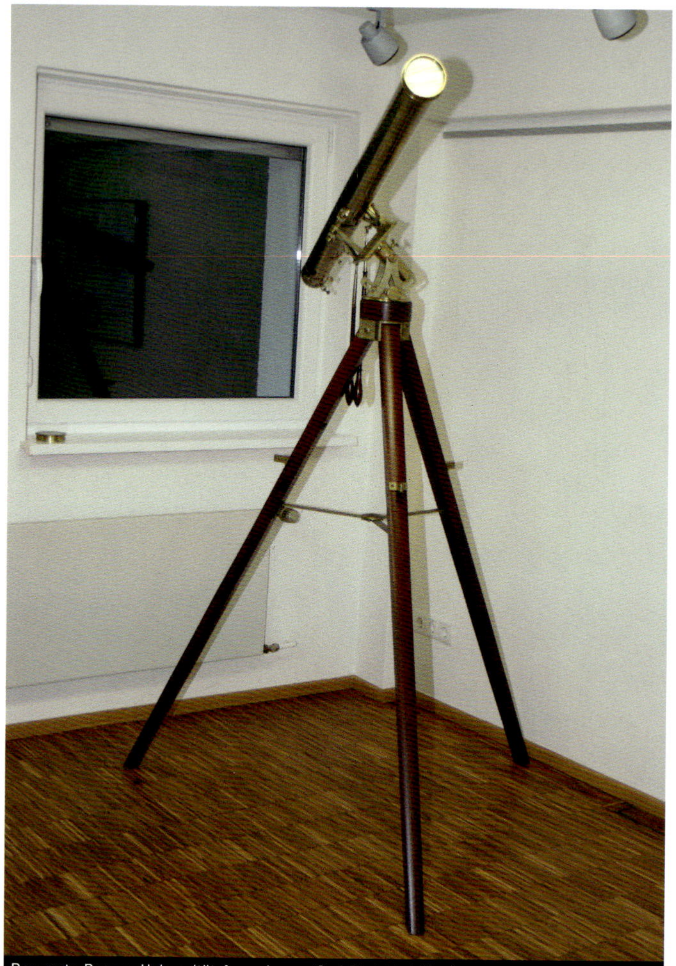

Das erste Bonner Universitätsfernrohr von Carl Dietrich Münchow, 18./19. Jahrhundert, Argelander-Institut für Astronomie der Universität Bonn, Kat. Nr. 231

Hendrick Goudt nach Adam Elsheimer, *Die Flucht nach Ägypten*, 1613, Kat. Nr. 232

Dornier System GmbH, Aeronomie-Satellit AEROS-B (Prototyp) zur Erforschung der oberen Erdatmosphäre, 1972, Kat. Nr. 234

Verkündigungsengel, 19. Jahrhundert, Kat. Nr. 237

Opferstockengel, sog. Nickengel, Ende 19. Jahrhundert, Kat.-Nr. 235

Trevor Paglen, *DMSP 5B/4F von der Pyramide Lake Indian Reservation (Militärischer Wetterbeobachtungssatellit; 1973–064A)*, 2009, Kat. Nr. 245

Trevor Paglen, *Der Lacrosse/Onyx V Radarbild-Aufklärungssatellit beim Überqueren der Mondscheibe (USA 182)*, 2007, Kat. Nr. 244

Friedrich Karl Hausmann, *Galileo Galilei vor dem Konzil der Dominikaner*, 1852, Kat. Nr. 239

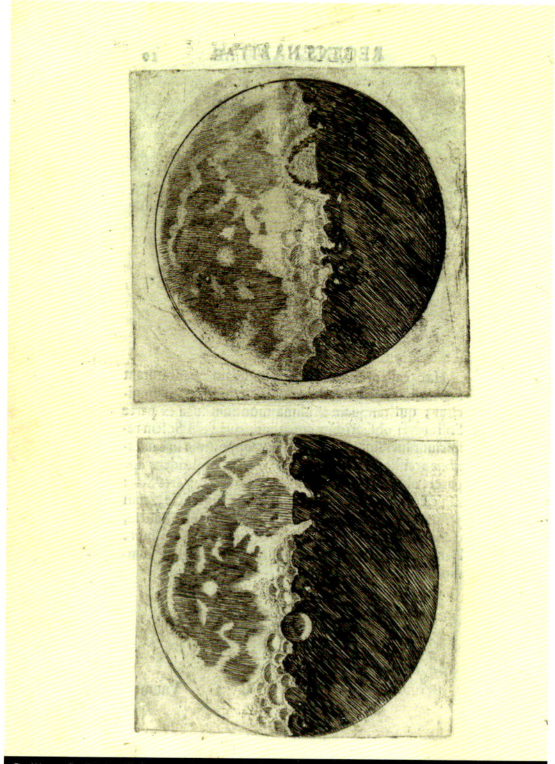

Galileo Galilei, *Sidereus Nuncius*, Venedig 1653, Kat. Nr. 238

Michael Benson, *Der vulkanische Jupitermond Io, mit zwei sichtbaren Vulkanausbrüchen, auf der Basis einer Aufnahme der Sonde, Galileo, 3. Juli 1999*, 2010, Kat. Nr. 240

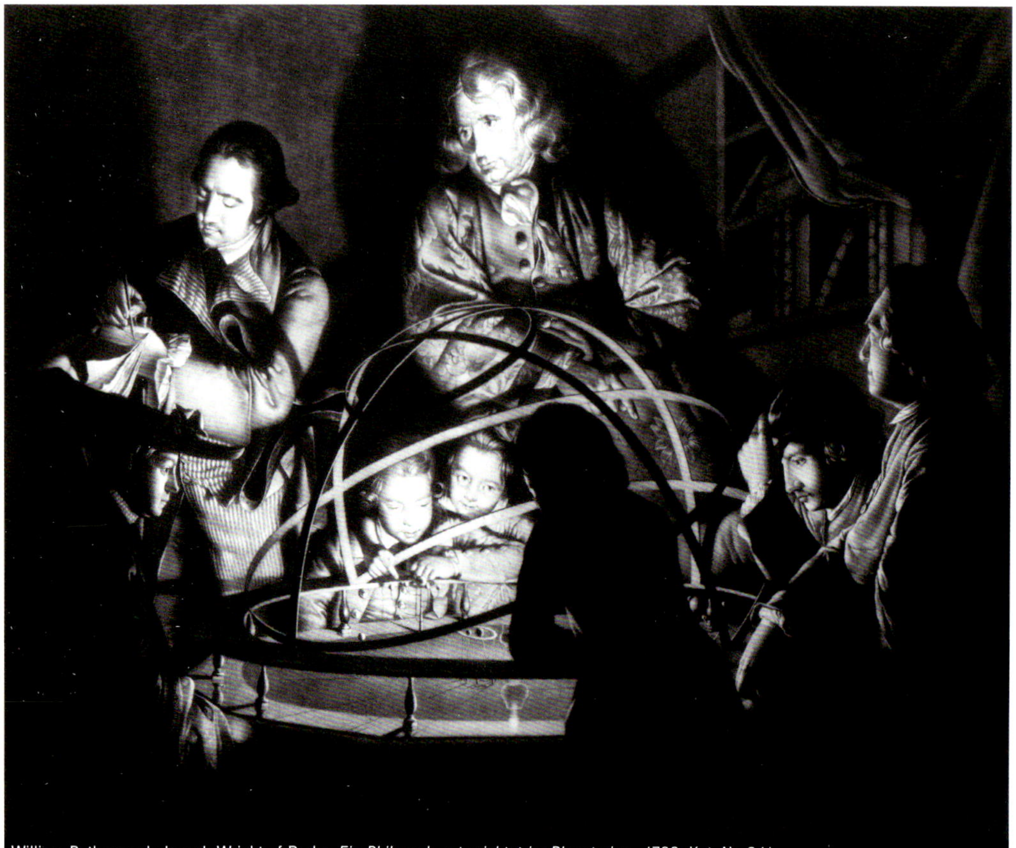

William Pether nach Joseph Wright of Derby, *Ein Philosoph unterrichtet im Planetarium*, 1768, Kat. Nr. 241

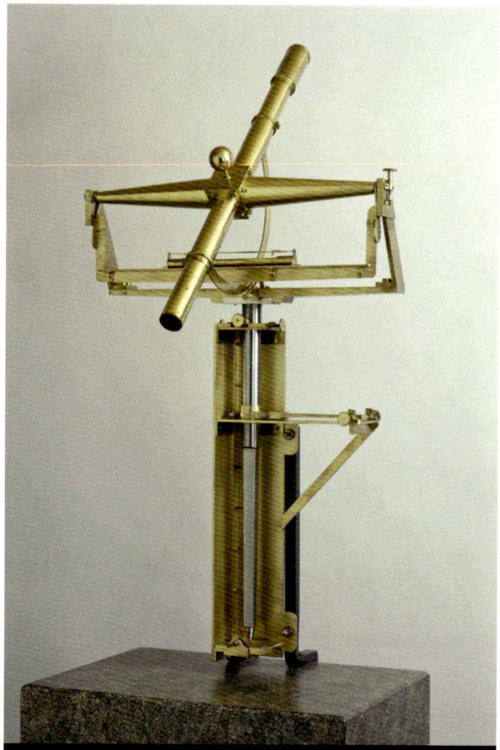

John Bird, Passage-Instrument, London, um 1750, Kat. Nr. 243

Ralph Morse, *Der Astronaut John Glenn (r.) und eine nicht identifizierte Person am Himmelsmodell*, 1961, Kat. Nr. 242

Alexander Calder, *Tanzende Sterne*, 1940/1945, Kat. Nr. 246

August Strindberg, *Celestografie*, 1893/94, Kat. Nr. 248

Thomas Ruff, *16h 30m / -55°*, 1989, Kat. Nr. 247

Zero-G and I feel fine!

John Glenn

SCHWEBEN UND STÜRZEN

Die Gravitation bestimmt das Leben auf der Erde und im Kosmos. Durch die Schwerkraft bleiben wir auf dem Boden haften, und alle Körper fallen nach unten. Im Weltraum spielt die Gravitation eine entscheidende Rolle dabei, dass sich Sterne bilden und Planeten, Asteroiden und Kometen in festen Bahnen um die Sonne kreisen. Die Überwindung der Schwerkraft ist ein uralter Traum der Menschen. Wir können die Anziehungskraft der Erde nur mit Hilfe von Raketen mit enormer Schubkraft überwinden, mittels der Phantasie oder fotografischer Techniken. Auch die Künstler der Moderne setzten frei schwebende Formen auf die Leinwand und sprengten die Grenzen zwischen oben und unten. Yves Klein unternahm 1960 seinen berühmten Sprung ins Leere und hebelte per Fotomontage die Gesetze der Schwerkraft aus. In seinen monochrom blauen Bildern öffnete er den Bildraum in die Unendlichkeit und wünschte sich für den Betrachter, »dass er eins werde mit der Sensibilität des Universums«.

Yves Klein, *Monochrome bleu sans titre* (IKB 89), 1959, Kat. Nr. 251

Susan Hiller, *Levitations: Hommage to Yves Klein*, 2008, Kat. Nr. 250

Detail aus Kat. Nr. 250

Die Mercury-Kapsel Liberty Bell 7 lag 38 Jahre lang auf dem Meeresboden. 1961, Kat. Nr. 252

Virgil Grissom besteigt die Mercury-Kapsel Liberty Bell, Juli 1961, Kat. Nr. 254

Virgil Grissom bei Ausrüstungstests, Juli 1961, Kat. Nr. 255

Andrijan Nikolajew bei einem Parabel-Übungsflug, Missionen Wostok 3 und 4, 1962, Kat. Nr. 257

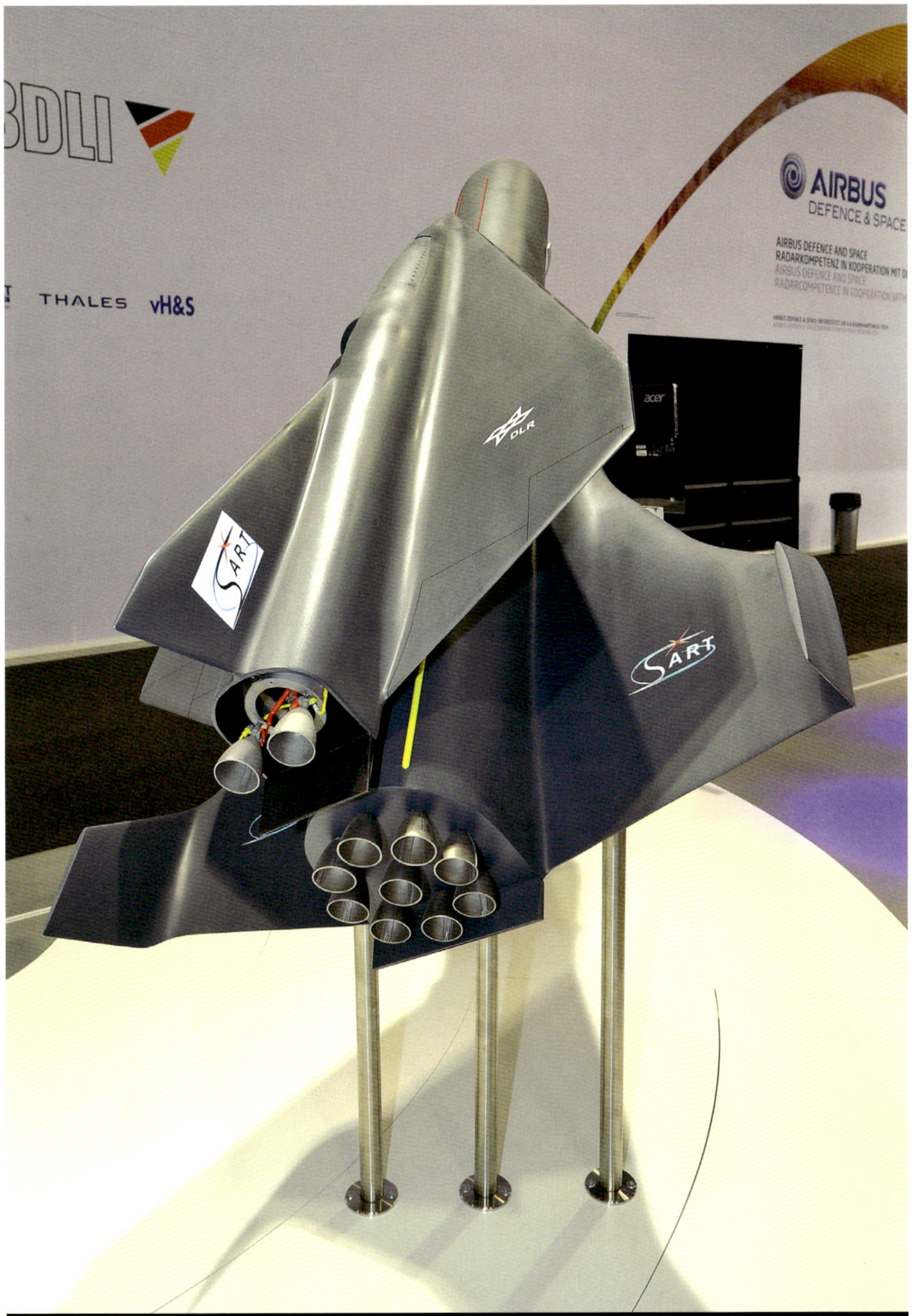

Modell des SpaceLiner, Kat. Nr. 256

Challenger, Außenbordeinsatz,
7. Februar 1984, Kat. Nr. 259

Schweben und Stürzen

We are stardust, we are golden.
We are billion year old carbon.

Crosby, Stills, Nash & Young

Unser Sonnensystem unterliegt einem permanenten Prozess des Werdens und Vergehens. Sterne werden geboren, entwickeln sich, explodieren als Supernova und werden wiedergeboren. Schwarze Löcher verschmelzen, Galaxien entstehen, kollidieren und fusionieren. 1929 stellte der Astronom Edwin Hubble durch die Beobachtung weit entfernter Galaxien fest, dass sich das Universum ausdehnt. Galaxien entfernen sich umso schneller von unserer Milchstraße, je weiter sie entfernt sind. Diese Fluchtgeschwindigkeit resultiert aus dem Urknall, der sich vor fast 14 Milliarden Jahren ereignete. Heute belegen Physiker die Expansion des Universums mit Beobachtungen des Hubble-Weltraumteleskops. Die Materie, die den Kosmos auseinandertreibt, wird als »Dunkle Energie« bezeichnet. Was jedoch genau diese Dunkle Energie ist, bleibt für die Forschung vorerst noch ein Rätsel. Die hochkomplexen technischen Errungenschaften und wissenschaftlichen Fragestellungen nehmen Künstler wiederum als Ausgangspunkt für ihre eigenen Recherchen. Ihnen geht es nicht um die simple Visualisierung naturwissenschaftlicher Theorien. Sie konfrontieren Wissenschaft mit Poesie, Hochleistungstechnologie mit einfachen Materialien und eröffnen so einen Denkraum, in dem die Imagination eine Brücke in das Universum schlägt.

Björn Dahlem, *Die Lokale Gruppe (Coma, Virgo, Sculptor)*, 2010, Kat. Nr. 260

Björn Dahlem, *The Expanding Universe*, 2010, Kat. Nr. 261

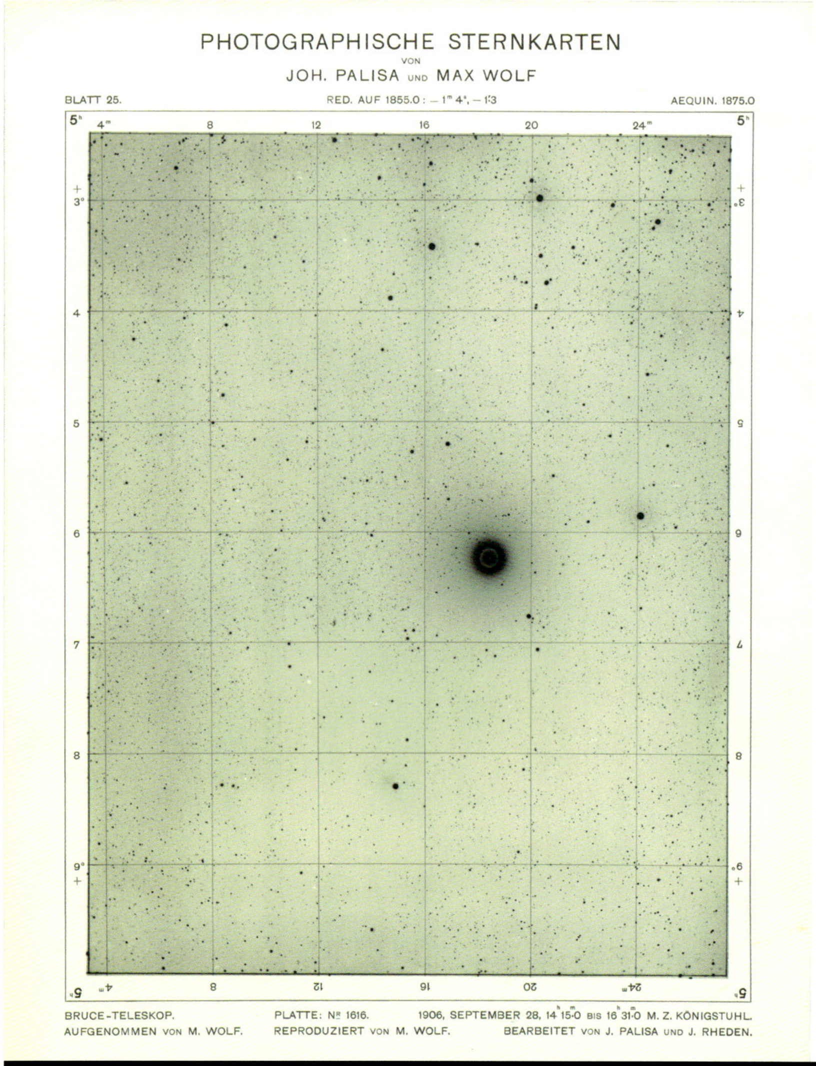

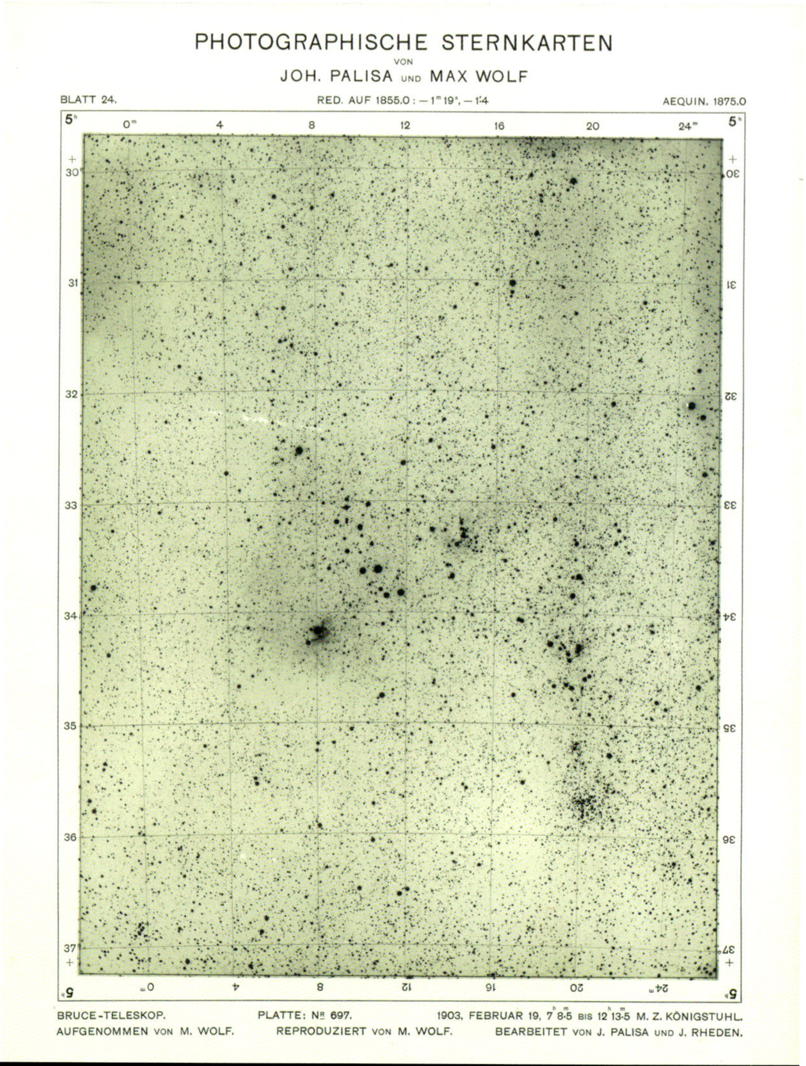

Johann Palisa und Max Wolf, *Sternkarten*, 1905–1907, Kat. Nr. 263

Lee Bontecou, o.T., 1960, Kat. Nr. 262

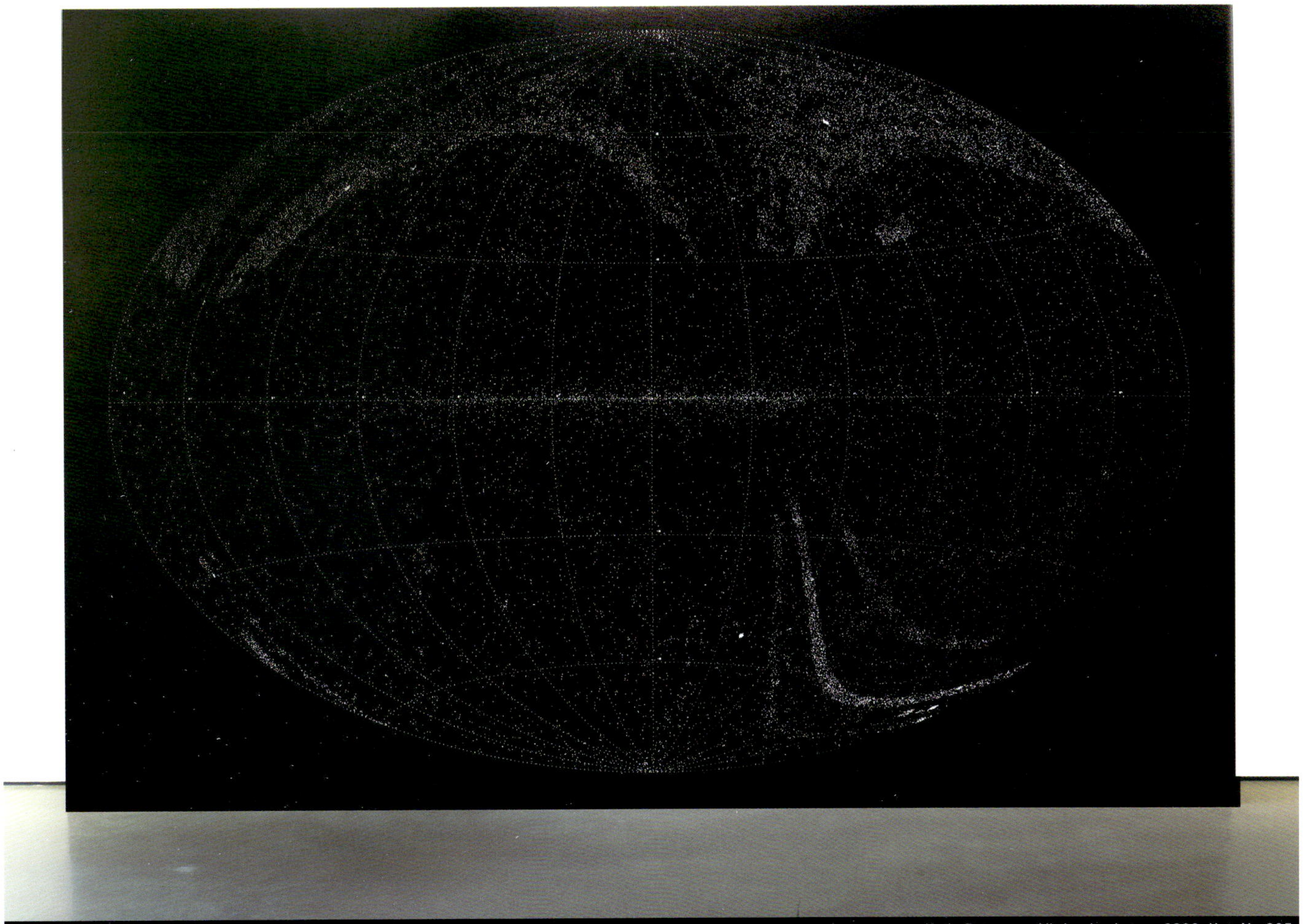

Katie Paterson, *All the dead stars*, 2009, Kat. Nr. 265

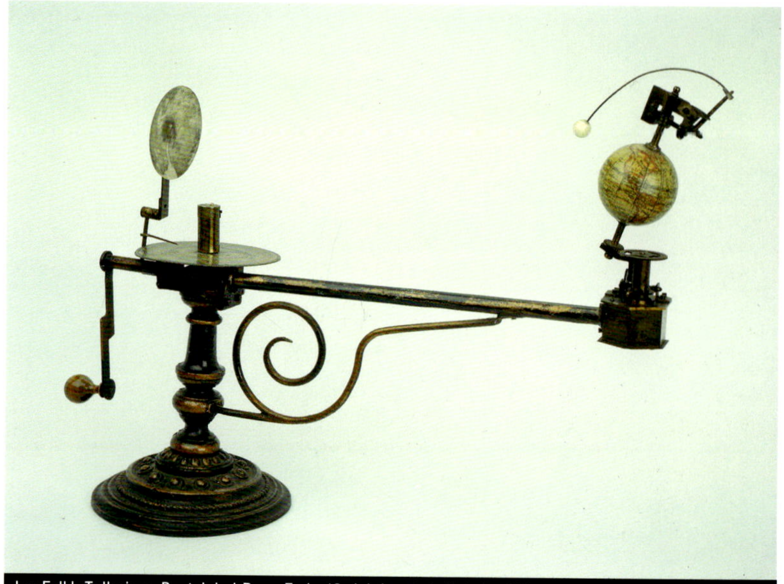

Jan Felkl, Tellurium, Rostok bei Prag, Ende 19. Jahrhundert, Kat. Nr. 268

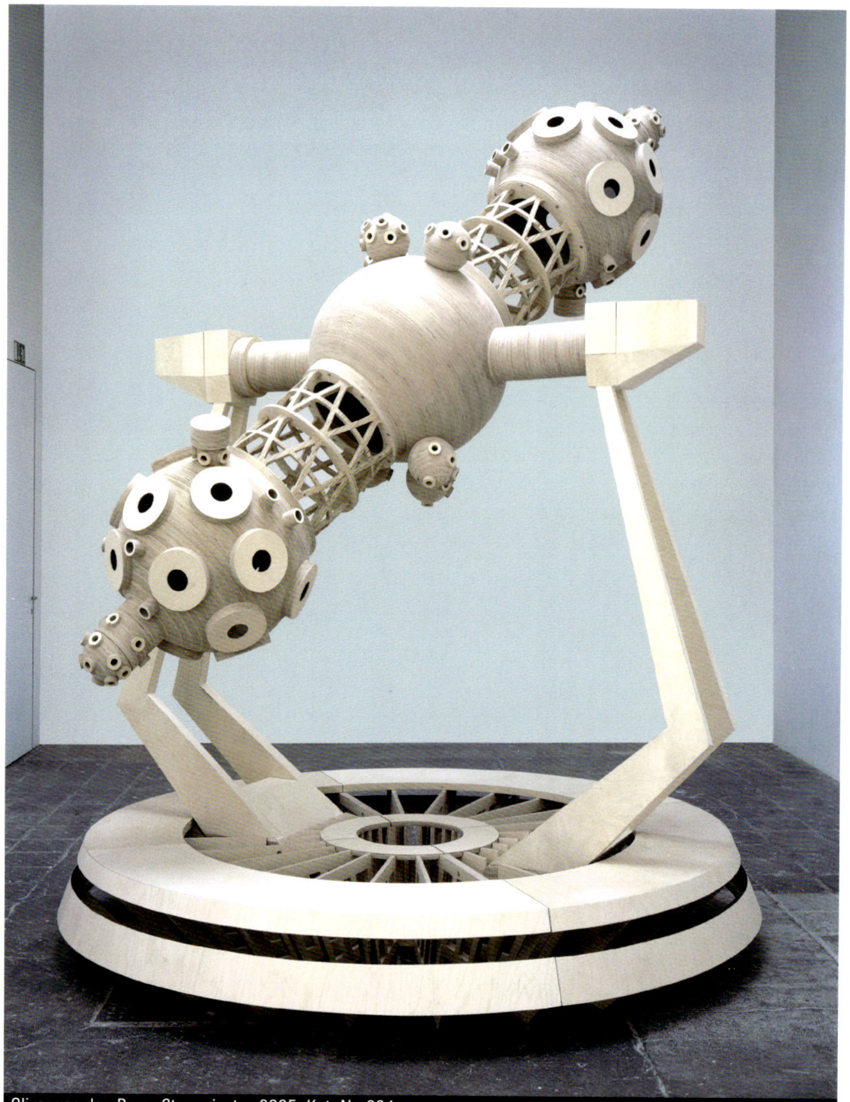

Oliver van den Berg, *Starprojector*, 2005, Kat. Nr. 264

Peter Sauerer, *Ortlind*, 2012, Kat. Nr. 269

Peter Sauerer, *Traute*, 2010, Kat. Nr. 271

TRIEBWERK

Die »Fluchtgeschwindigkeit« – jene Beschleunigung, die aus einem Schwerefeld hinauskatapultiert, aber in ewiger Trägheit, in rasendem Stillstand endet – ist das Emblem unseres Zeitalters, dem nur noch zu helfen ist durch eine neue Ethik der Wahrnehmung, durch ein Menschenrecht auf Blindheit …

Paul Virilio, *Fluchtgeschwindigkeit*, Klappentext

Als Darreichungsform wählt die Künstlerin ausnahmslos Gesichter. Sie sind keine Porträts im herkömmlichen Sinne. Sie sind Astrophysiognomien, ins Antlitz hinein kartografierte, stellare Prinzipien oder Proto-Physiognomien des zu einem bestimmten Zeitpunkt in eine Seele gespiegelten Kosmos.

Dr. Herbert Köhler über die Köpfe von Eva Aeppli

Haupttriebwerk der Ariane 4, Viking 5c, Kat. Nr. 272

Eva Aeppli, *Le Zodiaque, Die 12 Sternzeichen (Steinbock)*, 1979/80, Kat. Nr. 274

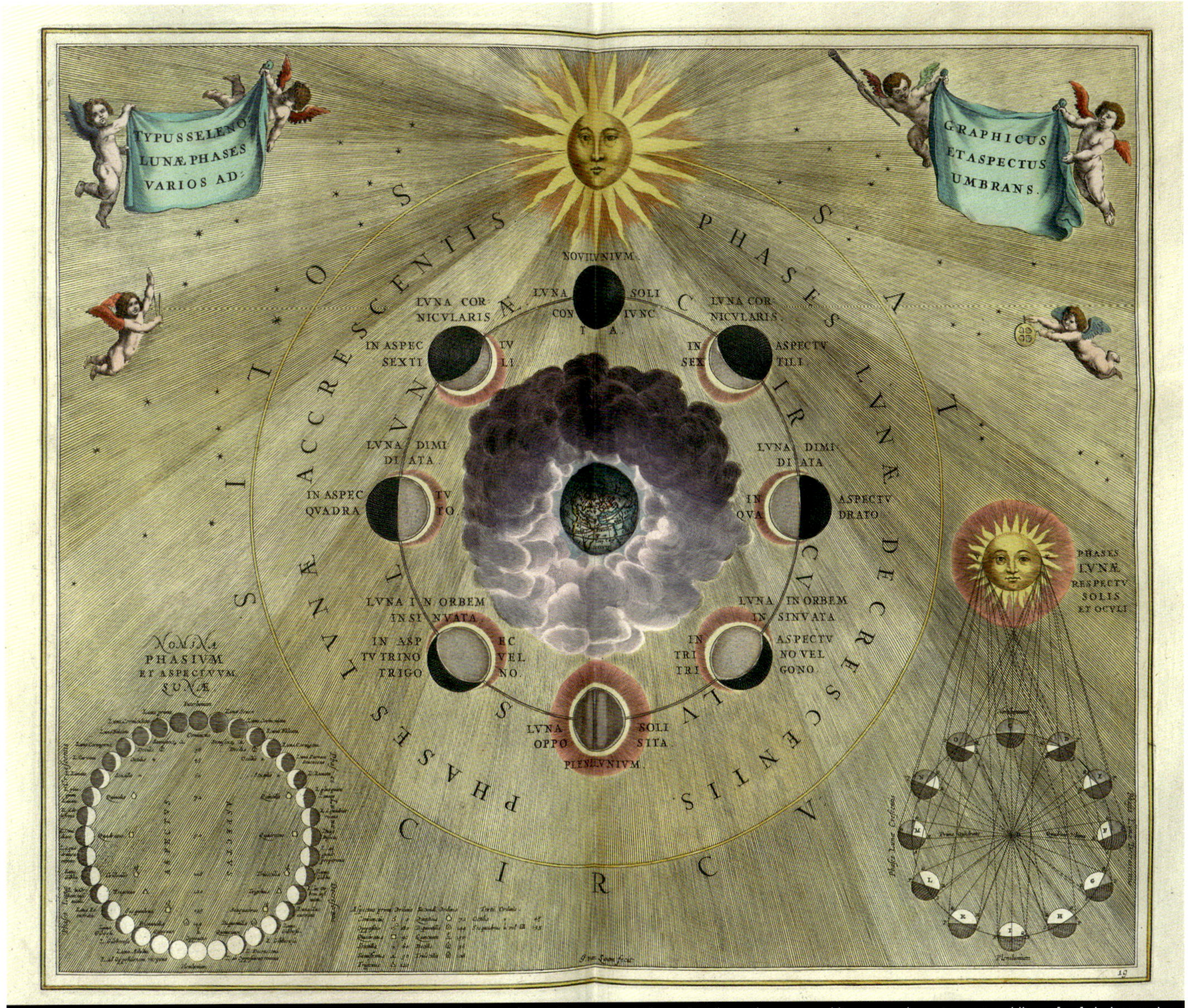

Andreas Cellarius, *Harmonia macrocosmica sev [seu] atlas universalis et novus totius universi creati cosmographiam generalem et novam exhibens [...]*, J. Janssonius: Amsterdam 1661, Taf. 19, Kat. Nr. 273

Es ist einmal geschehen,
es wird wieder geschehen.
Die Frage ist nur wann …

Armageddon –
Das Jüngste Gericht, 1998

Jahrtausendelang glaubten die Menschen, hell leuchtende Schweifsterne am Himmel oder Steinbrocken, die auf der Erde einschlagen, seien Vorboten einer Katastrophe oder Strafen Gottes. Erst mit der Zunahme des astronomischen Wissens zu Beginn des 19. Jahrhunderts verschwand dieser Aberglaube. Forscher erkannten die Ursachen und die Beschaffenheit von Kometen, Asteroiden und Meteoriten. Fotografen hielten die Himmelserscheinungen mit der neuen Kameratechnik fest, Künstler bannten die Phänomene auf die Leinwand. Trotzdem ist die Furcht vor einer Bedrohung aus dem All geblieben, nicht nur als Stoff von Science-Fiction-Romanen und -Filmen. Rund 600 000 Asteroide wurden in unserem Sonnensystem registriert, etwa 10 000 kommen der Erde in regelmäßigen Abständen näher. Seit 2012 erforscht ein internationales Expertenteam unter der Bezeichnung NEOshield Möglichkeiten der Asteroidenabwehr. Eine zweite, wachsende Gefahr stellt Weltraumschrott dar. Sowohl die Beseitigung von Weltraummüll als auch nachhaltige Lösungen für künftige Weltraummissionen sind aktuell die größten Herausforderungen für die Raumfahrtnationen.

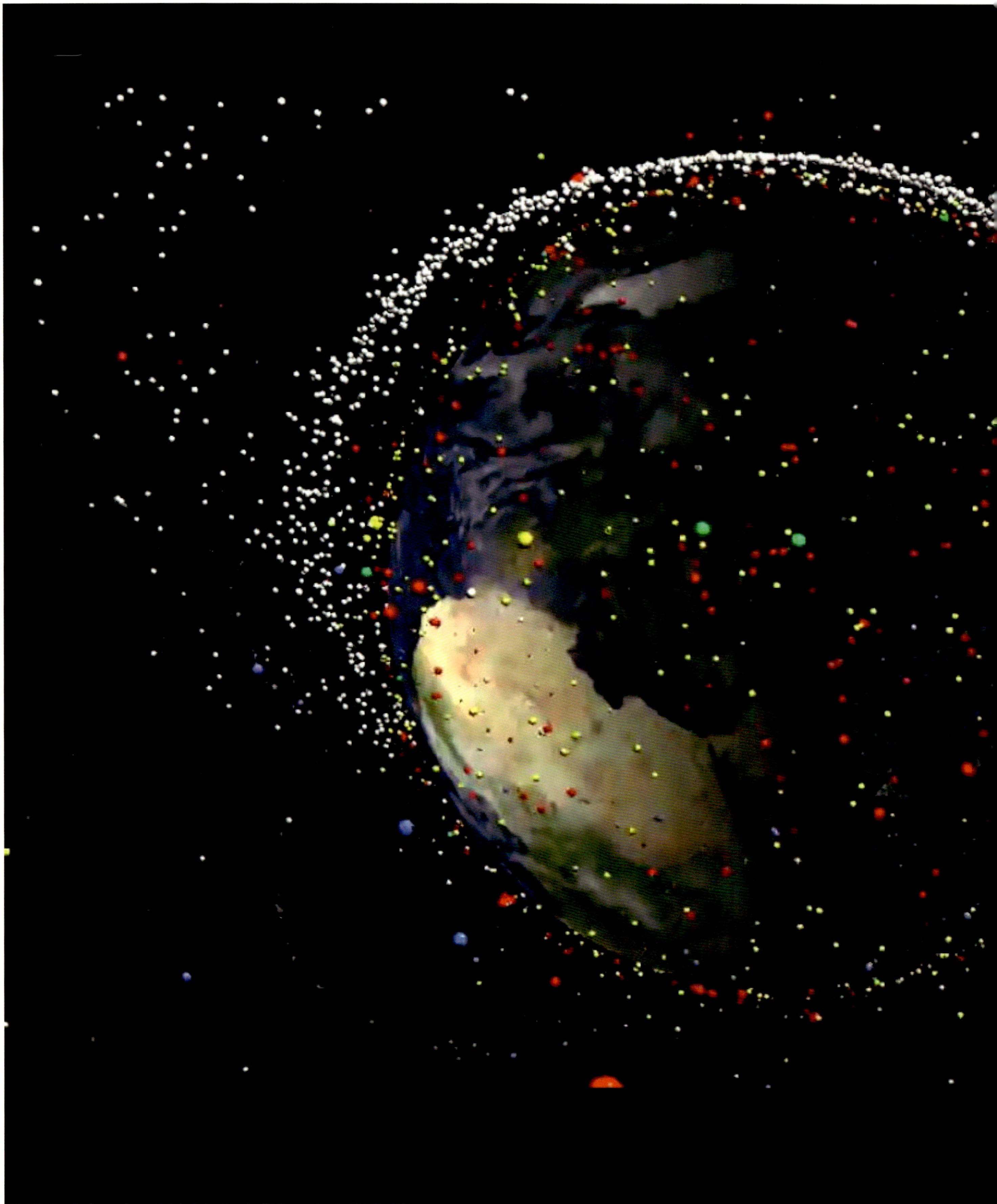

20 000 Days in Space. Space Debris, Animation der TU Braunschweig, Kat. Nr. 275

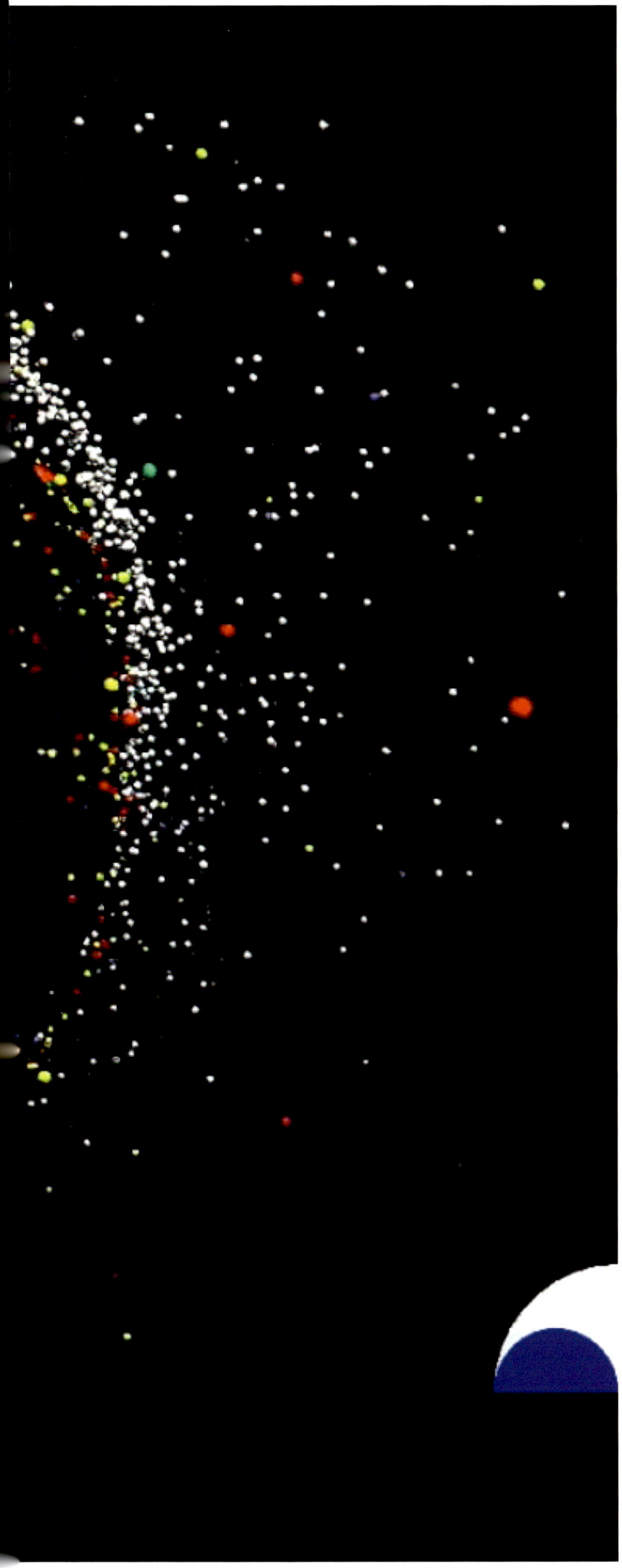

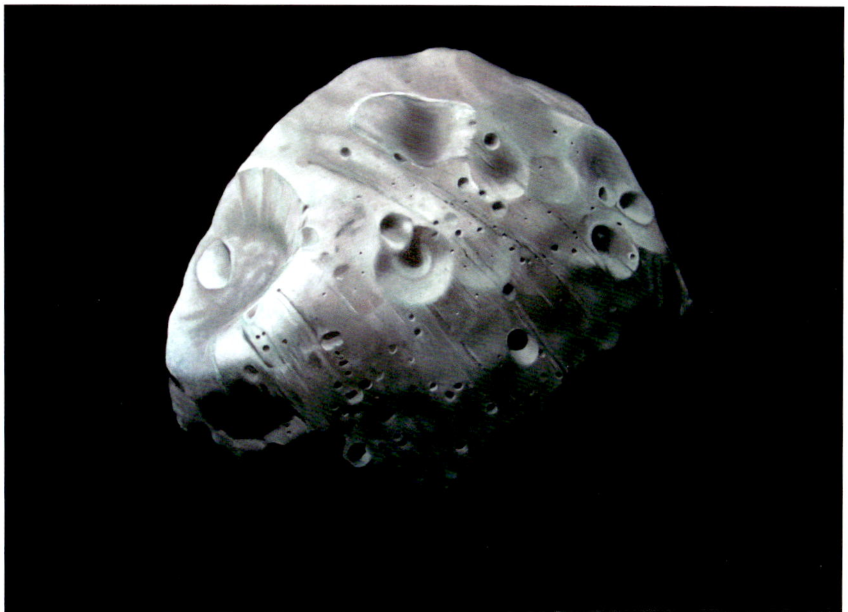

Sven Reile, *Phobos*, 2009, Kat. Nr. 289

Trevor Paglen, *Tsiklon Rocket Body in Boötes (Debris from COSMOS 192 Navigation Satellite)*, 2013, Kat. Nr. 288

Platte und Messer, gefertigt aus dem Eisenmeteoriten Elbogen (Böhmen), gefunden ca. 1400, Kat. Nr. 287

Meteorit, sog. Pallasit, gefunden 1749 in Krasnojarsk, Sibirien, Kat. Nr. 285

Meteorit, herabgefallen am 22. Mai 1808 in Mähren (Moravia), Kat. Nr. 286

William Turner of Oxford, *Der Komet Donati*, 1859, Kat. Nr. 278

Modell 1:1 des Rosetta-Landers Philae, Kat. Nr. 280

Ferdinand Quénisset, *Der Komet Morehouse*, 1908, Kat. Nr. 281

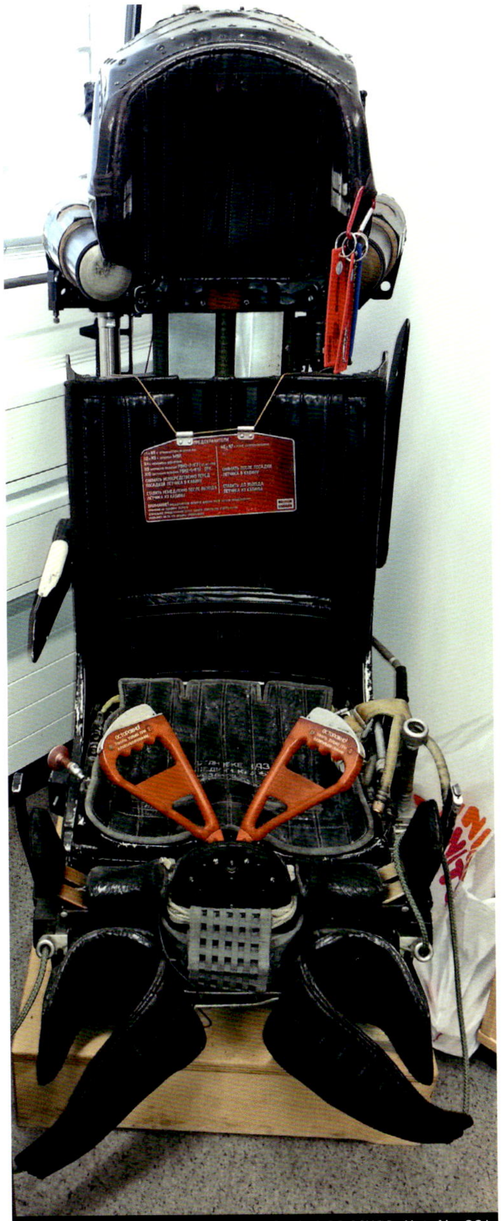

Katapultsitz Suchoi 22 MK36, Kat. Nr. 291

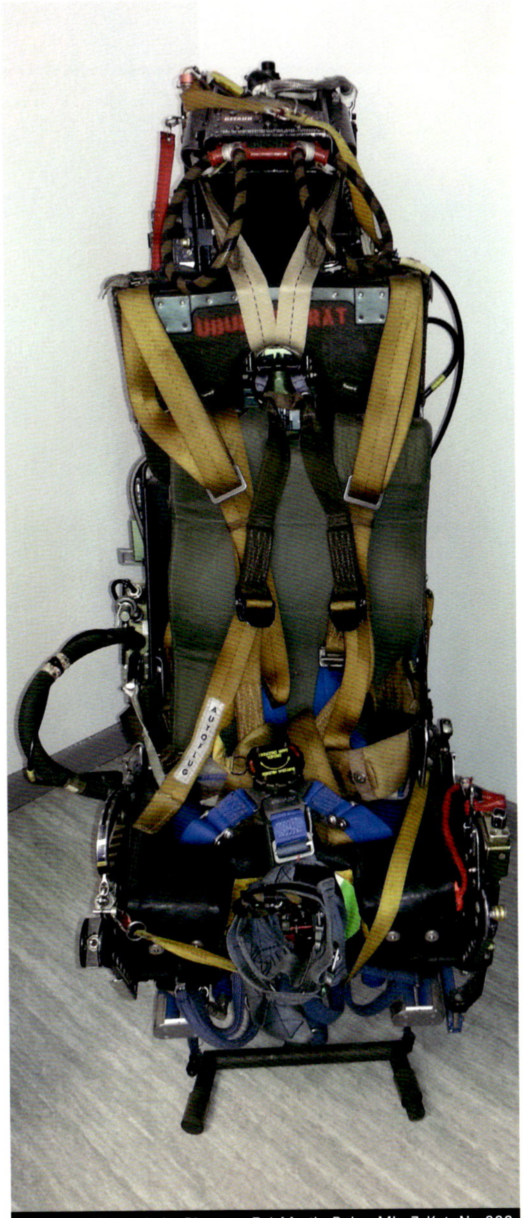

Katapultsitz Phantom F 4 Martin-Baker Mk. 7, Kat. Nr. 292

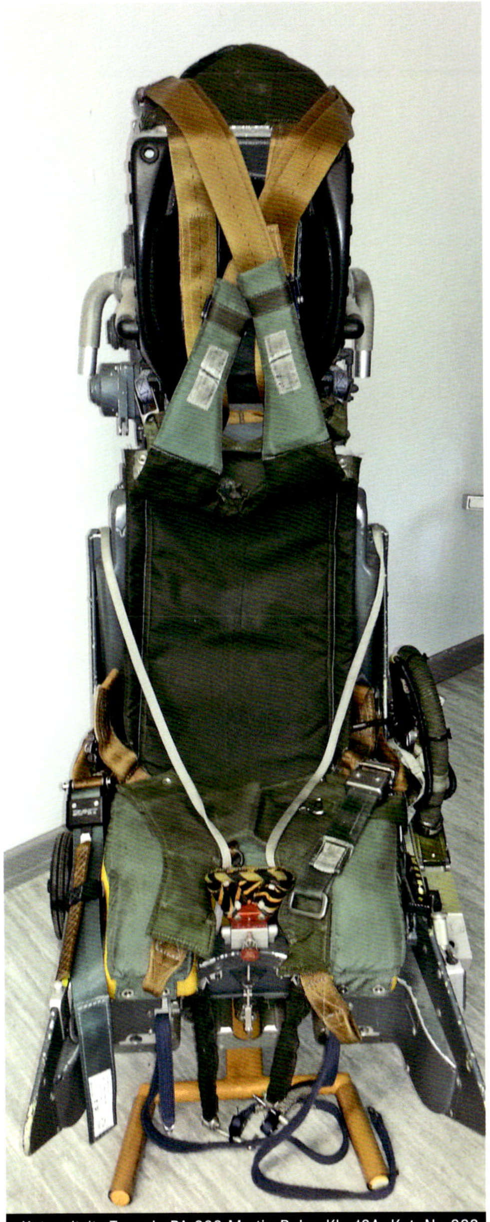

Katapultsitz Tornado PA 200 Martin-Baker Kk. 10A, Kat. Nr. 293

INSTALLATIONEN

I built the installation ›The Man Who Flew into Space‹ in the corner, I glued Soviet posters from inside of it and I would take it down after each showing for fear that they would drop in, understand, and that would be the end of everything. Ilja Kabakow

Ilja Kabakow, *The man who flew into space from his apartment. L'Homme qui s'est envolé dans l'espace depuis son appartement*, 1985, Kat. Nr. 295

Nachdem ich sie so weit gebracht hatte, überlegte ich mir, wie ich eine Anzahl von ihnen dazu bringen konnte, eine größere Last zu tragen: Wenn mir das gelänge, könnte ich dadurch einem Menschen zu fliegen …

Francis Godwin, *Der Mann im Mond*

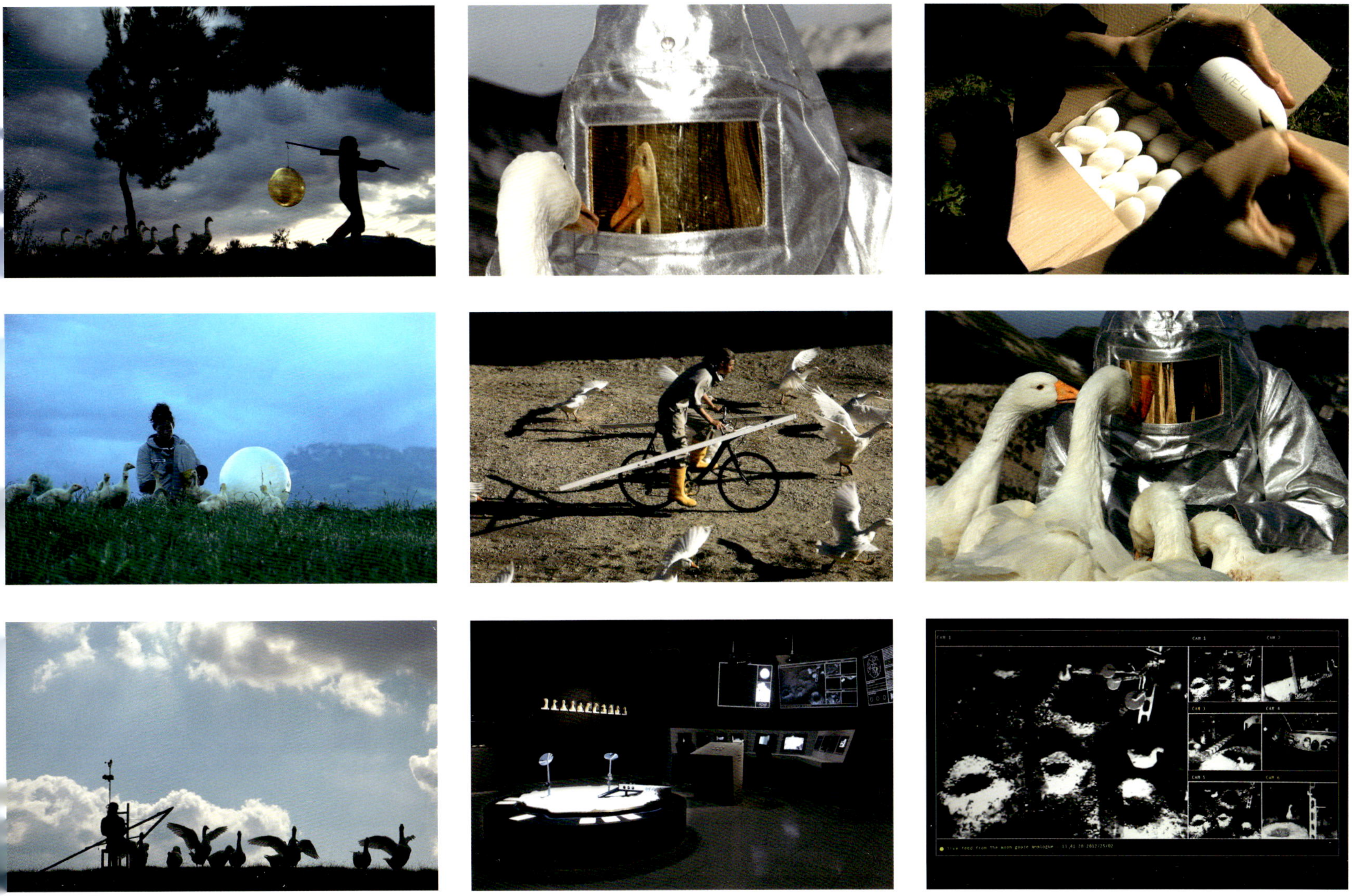

Agnes Meyer-Brandis, *The Moon Goose Analogue: Lunar Migration Bird Facility (Mondgänse)*, 2011/12, Kat. Nr. 294

ANHANG

VERZEICHNIS DER AUSGESTELLTEN WERKE

LIFT OFF

1
Giovanni Bologna (gen. Giambologna) (1529–1608)
Allegorie der Astronomie, um 1573,
Bronze, vergoldet, H. 40 cm
Bode-Museum, Skulpturensammlung, Staatliche Museen zu Berlin – Stiftung Preußischer Kulturbesitz, Berlin
Inv. Nr. M 39/71
Abb. S. 28, 136

2
Peter Paul Rubens (1577–1640)
Die Geburt der Milchstraße, 1636–1638
Öl auf Leinwand, 181 × 244 cm
Museo Nacional del Prado, Madrid
Inv. Nr. 1668
Abb. S. 137

3
Himmelsscheibe von Nebra,
Ende 3./Anfang 2. Jahrtausend v. Chr.
Bronze, Gold, Ø 32 cm (Masterkopie)
Landesmuseum für Vorgeschichte Sachsen-Anhalt, Halle
Ohne Inv. Nr.
Abb. S. 70, 136

4
Meteorit von Ensisheim,
herabgefallen am 7. November 1492
Stein, Chondrit, Ø 50 cm
(mit der historischen Vitrine)
Musée de la Régence, Ensisheim
Inv. Nr. 990.25.1
Abb. S. 50, 136

5
Peter Sauerer (*1958)
Weltbild, 2014
Nussschale, Holz, Schnur, bemalt,
8 × 4 × 3 cm
Thomas Rehbein Galerie, Köln
Abb. S. 136

6
Weltraumbiene (Bundesbiene),
Gesandte der Bundeskunsthalle auf der Internationalen Raumstation ISS ab Mai 2014, 2013
Biene, Holz, Acryl, Metall, mit Holzkasten,
5 × 5 × 6,5 cm
Kunst- und Ausstellungshalle der Bundesrepublik Deutschland, Bonn, Bibliothek
Abb. S. 123, 136

RAKETE

7
Russischer Sokol KV2-Anzug, Kasbek-Schalensitz für Sojus Start-, Lande- und Kopplungsmanöver, zum ersten Mal 1973 eingesetzt und immer noch benutzt
Diverse Materialien, 100 × 80 × 150 cm
Hermann-Oberth-Raumfahrt-Museum e.V., Feucht
Ohne Inv. Nr.
Abb. S. 142

8
Mark Tansey (*1949)
Action painting II, 1984
Öl auf Leinwand, 193 × 279,4 × 3,4 cm
The Montreal Museum of Fine Arts, Gift of Nahum Gelber, Q.C.
Abb. S. 140

9
Fritz Lang (1890–1976)
Die Erfindung des Countdowns, Ausschnitt-Projektion: Fritz Lang, *Frau im Mond*, 1929
DVD-Projektion
Kunst- und Ausstellungshalle der Bundesrepublik Deutschland, Bonn
Ohne Abb.

10
Karl Hans Janke (1909–1988)
Weltall-Flugzeug D-001/Deutsches Raum-Trajekt ›Venusland‹, 1957
Farbige Zeichnung auf Papier, 30 × 105 cm
Schlossmuseum Hubertusburg/
Karl Hans Janke-Sammlung, Wermsdorf
Inv. Nr. TRA300
Abb. S. 141

11
Karl Hans Janke (1909–1988)
Weltall-Echo, 1928/68
Mixed Media auf Papier, 124 × 13,5 cm
Courtesy Galerie Susanne Zander/
Delmes & Zander, Köln
Abb. S. 141

12
Karl Hans Janke (1909–1988)
Weltall-Fahrzeug D-001, Deutsches Raum-Trajekt ›Centaurion‹, Das elektrische Raumschiff, 1967
Farbige Zeichnung auf Papier, 30 × 150 cm
Schlossmuseum Hubertusburg/Karl Hans Janke-Sammlung, Wermsdorf
Inv. Nr. TRA311
Ohne Abb.

13
Die sog. Raketenmafia: Wernher von Braun, Hermann Oberth, Robert Lusser, Ernst Stuhlinger und Holger Toftoy,
Fotografie, ca. 60 × 50 cm
Hermann-Oberth-Raumfahrt-Museum e.V., Feucht
Ohne Inv. Nr.
Abb. S. 142

14
Space Passport von Hermann Oberth,
Papier, 12 × 8 cm
Hermann-Oberth-Raumfahrt-Museum e.V., Feucht
Ohne Inv. Nr.
Abb. S. 142

15
A4-Gewichtsdiagramm,
Aquarell auf Karton, 66 × 47 × 0,5 cm
Hermann-Oberth-Raumfahrt-Museum e.V., Feucht
Ohne Inv. Nr.
Abb. S. 142

16
Aerodynamische Formstudie für eine Rakete,
Aluminium, 65 × 40 × 40 cm, Maßstab 1:4
Hermann-Oberth-Raumfahrt-Museum e.V., Feucht
Ohne Inv. Nr.
Abb. S. 142

17
Iwan Michailow (*1981)
Aus der Serie *Playground*, 2010
Kinderspielplätze in Moskau
Farbfotografien auf Kapa, je 50 × 50 cm
GLAZ gallery/Iwan Michailow, Moskau
Inv. Nr. IV-5614, 5616, 5617, 5618, 5622, 5624
Abb. S. 144

18
Sojus-9-Rakete fährt zur Startrampe,
Mission Sojus 9, 1970
Fotografie, Silbergelatine, 16,9 × 23,8 cm
Fotomuseum WestLicht, Wien
Inv. Nr. PC03371
Abb. S. 143

19
Bernd Siering
Start der Sojus-Rakete von Baikonur im November 2013 mit der Expedition-38-Besatzung an Bord, auf dem Weg zur Internationalen Raumstation ISS, 2013
DVD-Projektion
Ohne Abb.

20
Oliver van den Berg (*1967)
Raketennamen, 2004
Sperrholz, 250 × 80 × 20 cm
Matthias Birkholz, Berlin
Abb. S. 143

21
Modell der Rakete A4, später V2 genannt,
Metall, Kunststoff, H. 140 cm, Maßstab 1:10
Hermann-Oberth-Raumfahrt-Museum e.V., Feucht
Ohne Inv.-Nr.
Ohne Abb.

22
Aggregat 4 (V2), Raketenspitze, um 1943
Schwermetall, 180 × 100 cm
Historisch-Technisches Museum Peenemünde, Peenemünde
Ohne Inv. Nr.
Abb. S. 145

23
Kurt H. Debus und Wernher von Braun bei der Arbeit an einer Saturn-Mission, 1960er Jahre
Fotografie, Vintage silver print,
ca. 20 × 24 cm
Fotomuseum WestLicht, Wien
Inv. Nr. LS02540/29
Abb. S. 146

24
Rakteningenieur Wernher von Braun in dem Disney-Fernsehfilm *Man in Space*, 1955
Fotografie, Vintage silver print,
ca. 20 × 24 cm
Fotomuseum WestLicht, Wien
Inv. Nr. LS02540/26
Abb. S. 146

25
Heinz Haber, Wernher von Braun und Willy Ley in dem Disney-Fernsehfilm *Man in Space*, 1955
Fotografie, Silbergelatine, 17,6 × 24 cm
Fotomuseum WestLicht, Wien
Inv. Nr. LS02540/27
Abb. S. 146

26
Walt Disney
Man in Space, 1955
Regie: Ward Kimball
DVD-Projektion, mit u.a. Prof. Heinz Haber, Wernher von Braun
Ohne Abb.

27
Erik Theodor Lässig (*1928)
Wernher von Brauns B 10 mit Versuchstieren, 1956
Tusche und Acryl auf Papier, 30,5 × 20 cm
Deutsches Museum, München
Inv. Nr. NL 209/106
Abb. S. 146

28
Erik Theodor Lässig (*1928)
Junkers Raumtransporter, 1956
Tusche und Acryl auf Papier, 56 × 80 cm
Deutsches Museum, München
Inv. Nr. NL 209/117
Abb. S. 146

29
Erik Theodor Lässig (*1928)
Aggregat A4 (spätere V2), 1956
Tusche und Acryl auf Papier, 22 × 29,5 cm
Deutsches Museum, München
Inv. Nr. NL 209/126
Abb. S. 121, 147

30
Erik Theodor Lässig (*1928)
Startplatz, 1956
Tusche und Acryl auf Papier, 34 × 25 cm
Deutsches Museum, München
Inv. Nr. NL 209/172
Ohne Abb.

31
Erik Theodor Lässig (*1928)
Europa III, 1956
Tusche und Acryl auf Papier, 70,5 × 98 cm
Deutsches Museum, München
Inv. Nr. NL 209/182
Abb. S. 148

32
Sträflingsjacke des Häftlings und Zwangsarbeiters Jacob Sanger, 1944/45 ?
Textil, 50 × 70 × 20 cm
KZ-Gedenkstätte Mittelbau-Dora, Nordhausen
Inv. Nr. 4136
Abb. S. 148

33
Brille eines unbekannten Zwangsarbeiters in einer Blechdose
Glas, Horn, Metall, 4 × 14 × 23 cm
KZ-Gedenkstätte Mittelbau-Dora, Nordhausen
Inv. Nr. 4335
Abb. S. 148

34
Shakespeares *Hamlet*, Reclamheft, aus dem Besitz eines unbekannten Zwangsarbeiters
Papier, 15,5 × 10 cm
KZ-Gedenkstätte Mittelbau-Dora, Nordhausen
Inv. Nr. 0781
Ohne Abb.

35
Emil Leeb, Heinrich Lübke, Fritz Todt, Walter Dornberger, Peenemünde, Frühjahr 1941
Fotografie, 29 × 42 cm
Bundesarchiv, Koblenz
Inv. Nr. 146-1978-Anh. 024-02
Abb. S. 149

36
Wernher von Braun, Peenemünde, Frühjahr 1941
Fotografie, 29 × 42 cm
Bundesarchiv, Koblenz
Inv. Nr. 146-1978-Anh. 024-03
Abb. S. 149

37
V2-Rakete auf einer Abschussbahn, Peenemünde, ca. 1942
Fotografie, 29 × 42 cm
Bundesarchiv, Koblenz
Inv. Nr. 141-1875A
Abb. S. 149

38
Abschuss einer V2-Rakete, Peenemünde, Sommer 1943
Fotografie, 42 × 29 cm
Bundesarchiv, Koblenz
Inv. Nr. 141-1880
Abb. S. 149

39
Hanns Hubmann (1910–1996)
Joseph Göbbels, Peenemünde, August 1943
Fotografie, 29 × 42 cm
Bundesarchiv, Koblenz
Inv. Nr. 146-1992-093-13A
Abb. S. 149

FAILURE IS NOT AN OPTION

40
Russischer Orlan-Raumanzug für Außenbordeinsätze auf der ISS, Saljut und MIR
Kunststoff, H. ca. 180 cm
Space Consult, Riedstadt und Technik Museum, Speyer
Abb. S. 153

41
LIFE-Magazin vom 15. Juni 1959, Titel mit den Affen Miss Able und Miss Baker, 1959
Papier, 35,5 × 26,5 cm
Kunst- und Ausstellungshalle der Bundesrepublik Deutschland, Bonn, Bibliothek
Abb. S. 153

42
Kapsel, in der der Schimpanse Enos am 29. November 1961 geflogen ist, 1960/61
Metall, Glas, H. ca. 70 cm
Kansas Cosmosphere & Space Center, Hutchinson
Inv. Nr. 3088
Abb. S. 153

43
Miss Baker und ihr Pfotenabdruck für Apollo 17 ?,
Fotografie, H. ca. 60 cm
National Aeronautics and Space Administration (NASA), Hutchinson
Inv. Nr. L 3978
Ohne Abb.

44
Laika in der Raumkapsel, Mission Sputnik 2, Oktober (?) 1957
Fotografie, C-print, 16,4 × 21,7 cm
Fotomuseum WestLicht, Wien
Inv. Nr. PC03369
Abb. S. 154

45
Raumschiff mit der Weltraumhündin Tschernuschka, DDR 1961
Ansichtskarte, Papier, 13,8 × 9 cm
Stiftung Haus der Geschichte der Bundesrepublik Deutschland, Bonn
Inv. Nr. 1994/07/0335.07.10
Ohne Abb.

46
Grigori Postnikow modelliert die Tonbüste von Juri Gagarin, 1961
Fotografie, Silbergelatine, 18,2 × 23,9 cm
Fotomuseum WestLicht, Wien
Inv. Nr. PC03388
Abb. S. 157

47
Vase mit dem Porträt Juri Gagarins, 1962
Porzellan, bemalt, glasiert, H. 55 cm
Deutsch Historisches Museum, Berlin
Inv. Nr. SI 90/1310
Abb. S. 55

48
Gruppe mit Juri Gagarin, (4. v.l.), Walentina Tereschkowa (5. v.l.) und Nikita Chruschtschow (6. v.li.), 1963 ?
Fotografie, Silbergelatine, 14,4 × 40,2 cm
Fotomuseum WestLicht, Wien
Inv. Nr. WL001985
Abb. S. 156

49
2 Kosmonauten (l. Waleri Bykowski) in einer Gruppe mit Technikern und Piloten (rechts außen Juri Gagarin, 2. v.l. Pawel Iwanowitsch Beljajew ?, 5. v.l. Alexei Archipowitsch Leonow), 1967
Fotografie, Silbergelatine, 19,3 × 24,8 cm
Fotomuseum WestLicht, Wien
Inv. Nr. WL001928
Abb. S. 156

50
Alexei Leonow im Raumanzug im All schwebend, Mission Woschod 2, 18. März 1965
Fotografie, Silbergelatine, 16,5 × 22,7 cm
Fotomuseum WestLicht, Wien
Inv. Nr. PC03365
Abb. S. 155

51
Alexei Leonow schwebt als erster Mensch im Weltraum, Mission Woschod 2, 18. März 1965
Fotografie, Silbergelatine, 16,9 × 22,5 cm
Fotomuseum WestLicht, Wien
Inv. Nr. PC03363
Abb. S. 155

52
Wladimir Komarow, Boris Jegorow und Konstantin Feoktistow fahren im offenen Wagen durch Moskau, Mission Woschod 1, Oktober 1964
Fotografie, C-Print, 26,1 × 23,8 cm
Fotomuseum WestLicht, Wien
Inv. Nr. PC03362
Abb. S. 154

53
Luigi Mamprin (1921–1995)
Die Kosmonauten Andrijan Nikolajew und Pawel Popowitsch im Zoo von São Paulo, Brasilien 1963
Fotografie, Silbergelatine, 16 × 24,6 cm
Fotomuseum WestLicht, Wien
Inv. Nr. PC03352
Abb. S. 155

54
Luigi Mamprin (1921–1995)
Die Kosmonauten Andrijan Nikolajew und Pawel Popowitsch fahren Autoscooter, Brasilien 1963
Fotografie, Silbergelatine, 17 × 23,6 cm
Fotomuseum WestLicht, Wien
Inv. Nr. PC03349
Abb. S. 155

55
Walentina Tereschkowa schreitet am Flughafen über den roten Teppich, Mission Wostok 6, Moskau, Juni 1963
Fotografie, C-Print, 29,9 × 24,3 cm
Fotomuseum WestLicht, Wien
Inv. Nr. PC03339
Abb. S. 159

56
Walentina Tereschkowa im Astronautenanzug, Mission Wostok 6, Baikonur, Juni (?) 1963
Fotografie, Silbergelatine, 22,2 × 14,7 cm
Fotomuseum WestLicht, Wien
Inv. Nr. PC03338
Abb. S. 159

57
Die Kosmonautin Walentina Tereschkowa vor ihrem Frisiertisch, Moskau, ca. 1970
Fotografie, Silbergelatine, 23,7 × 17,3 cm
Fotomuseum WestLicht, Wien
Inv. Nr. PC03355
Abb. S. 159

58
German Titow, Juri Gagarin und Nikita Chruschtschow, Mission Wostok 2, Moskau, August 1961
Fotografie, Silbergelatine, 18,1 × 23,9 cm
Fotomuseum WestLicht, Wien
Inv. Nr. PC03330
Abb. S. 155

59
German Titow in seinem Sitz in der Raumkapsel, Mission Wostok 2, Baikonur, August 1961
Fotografie, Silbergelatine, 20,2 × 25,3 cm
Fotomuseum WestLicht, Wien
Inv. Nr. PC03327
Abb. S. 155

60
Juri Gagarin schreitet auf dem Rollfeld über den roten Teppich, Jubelparade auf dem Roten Platz, Mission Wostok 1, Moskau, 14. April 1961
Fotografie, Silbergelatine, 20,3 × 25,2 cm
Fotomuseum WestLicht, Wien
Inv. Nr. PC03273
Abb. S. 156

61
Juri Gagarin, Fidel Castro und Osvaldo Dorticós Torrado bei Gagarins Kuba-Besuch, Havanna, Juli 1961
Fotografie, Silbergelatine, 20,9 × 27,2 cm
Fotomuseum WestLicht, Wien
Inv. Nr. PC03298
Abb. S. 165

62
Juri Gagarin in Fallschirmspringer-Montur an Bord eines Flugzeugs, Mission Wostok 1, 1961
Fotografie, Silbergelatine, 17,6 × 23,7 cm
Fotomuseum WestLicht, Wien
Inv. Nr. PC03259
Abb. S. 156

63
Start der Wostok-Rakete mit Juri Gagarin an Bord, Mission Wostok 1, Baikonur, 12. April 1961
Fotografie, Silbergelatine, 13 × 17,9 cm
Fotomuseum WestLicht, Wien
Inv. Nr. PC03257
Abb. S. 158

64
Alexander Mokletsow
Juri Gagarin in ordengeschmückter Uniform, 1963
Fotografie, C-Print, 23,6 × 15,4 cm
Fotomuseum WestLicht, Wien
Inv. Nr. PC03310/01
Abb. S. 157

65
Juri Gagarin und Walentina Tereschkowa in ordengeschmückten Uniformen, Mission Wostok 6, 1965
Fotografie, Silbergelatine, 24 × 18,3 cm
Fotomuseum WestLicht, Wien
Inv. Nr. PC03312
Abb. S. 158

66
Juri Gagarin in einer Kommandostelle, Baikonur, Januar (?) 1967
Fotografie, C-Print, 22,7 × 29,9 cm
Fotomuseum WestLicht, Wien
Inv. Nr. PC03318
Abb. S. 157

67
Gagarins Witwe und ihre Töchter trauern um Gagarin, Staatsbegräbnis für Juri Gagarin, Moskau, Roter Platz, 30. März 1968
Fotografie, Silbergelatine, 23,8 × 18,2 cm
Fotomuseum WestLicht, Wien
Inv. Nr. PC03323
Abb. S. 157

68
Trauernde vor Juri Gagarins Sarg, Staatsbegräbnis für Juri Gagarin, Moskau, 30. März 1968
Fotografie, Silbergelatine, 18,1 × 23,9 cm
Fotomuseum WestLicht, Wien
Inv. Nr. PC03321
Abb. S. 157

69
Ralph Morse (*1917)
LIFE-Magazin vom 14. und 21. September 1959, *The Astronauts* und *Astronauts' wives,* 1959
Papier, je 35,5 × 26,5 cm
Kunst- und Ausstellungshalle der Bundesrepublik Deutschland, Bonn, Bibliothek
Abb. S. 160

70
Neil Armstrong (1930–2012)
Edwin Aldrin auf dem Mond, Mission Apollo 11, 21. Juli 1969
Fotografie, C-Print, 27,1 × 17,9 cm
Fotomuseum WestLicht, Wien
Inv. Nr. PC01412
Abb. S. 161

71
The eagle has landed, Mission Apollo 11, 20. Juli 1969
Fotografie, Silbergelatine, ca. 30 × 28,4 cm
Fotomuseum WestLicht, Wien
Inv. Nr. LS02540/16
Abb. S. 161

72
Neil Armstrong fröhlich, Mission Apollo 11, 1969
Fotografie, Silbergelatine, ca. 40 × 30 cm
Fotomuseum WestLicht, Wien
Inv. Nr. LS02540/13
Abb. S. 160

73
Michael Collins im Cockpit, Mission Apollo 11, Juli 1969
Fotografie, Silbergelatine, ca. 40 × 30 cm
Fotomuseum WestLicht, Wien
Inv. Nr. LS02540/14
Abb. S. 160

74
BILD-Zeitung vom 21. Juli 1969: *Der Mond ist jetzt ein Ami*
Papier, 57 × 40 cm
Axel Wupper, Bad Münstereifel
Abb. S. 212

75
Mondkrater, Mission Apollo 10, 1969
Fotografie, Silbergelatine, auf PE-Papier, 18,8 × 20 cm
Fotomuseum WestLicht, Wien
Inv. Nr. LS00110
Abb. S. 212

76
Mondkrater, ca. 1969
Fotografie, Silbergelatine, 19 × 23,7 cm
Fotomuseum WestLicht, Wien
Inv. Nr. LS00109
Abb. S. 212

77
Version des A7L-Raumanzugs, wie ihn Neil Armstrong bei der ersten Mondlandung am 21. Juli 1969 trug
Diverse Materialien, H. ca. 180 cm
Space Consult, Riedstadt und Technik Museum, Speyer
Abb. S. 152

78
Ronald Jones (*1952)
Das Bett, in dem Neil Armstrong in seiner ersten Nacht nach der Rückkehr vom Mond schlief, 1969/98
Kopfteil aus Holz, Matratze, Metallfedern, Kissen, Kissenbezug, Laken, Bettdecke aus gewobenem Aluminium, Teppich, 78,75 × 77,5 × 160 cm
Norton Collection, Santa Monica
Abb. S. 163

79
Edwin Aldrin telefoniert mit seiner Frau aus dem Quarantäne-Container, Mission Apollo 11, 1969
Fotografie, Silbergelatine, ca. 18 × 20 cm
Fotomuseum WestLicht, Wien
Inv. Nr. LS02540/08
Abb. S. 160

80
Spuren des Mondfahrzeugs Lunochod 1 auf der Mondoberfläche, Mission Luna 17, 9. Dezember 1970
Fotografie, Silbergelatine, 23,9 × 12 cm
Fotomuseum WestLicht, Wien
Inv. Nr. PC03390
Abb. S. 212

81
Max Schmeling und Neil Armstrong, um 1970
Papier, Pappe, Glas, Holz, Kunststoff, Metall, 16,4 × 21,4 × 1,6 cm
Stiftung Haus der Geschichte der Bundesrepublik Deutschland, Bonn
Inv. Nr. L 2010/04/0011
Abb. S. 152

82
Moon wilderness, 23. Dezember 1972
Fotografie, Silbergelatine, 18,2 × 18,5 cm
Fotomuseum WestLicht, Wien
Inv. Nr. LS00111
Abb. S. 212

83
Harrison Hagan Schmitt sammelt Mondgestein, Mission Apollo 17, Dezember 1972
Fotografie, Silbergelatine, ca. 20 × 24 cm
Fotomuseum WestLicht, Wien
Inv. Nr. LS02540/23
Abb. S. 212

84
Der Mission Operations Control Room (MOCR), beim Start von Apollo 17, Neil Hutchinson, Eugene Kranz und Gerald Griffin, 6. Dezember 1972
Fotografie, 29 × 42 cm
Kunst- und Ausstellungshalle der Bundesrepublik Deutschland, Bonn
Abb. S. 77

85
Apollo 8 bzw. Apollo 13, Earthview, 3. Dezember 1968/1. April 1970
Fotografie, Silbergelatine, und C-Print, 20,3 × 25,2 cm
Fotomuseum WestLicht, Wien
Inv. Nr. PC00173
Abb. S. 160

86
Saturn-V-Rakete (Apollo 8) am Startplatz, Cape Canaveral, Florida, 1966
Fotografie, Silbergelatine, ca. 20 × 24 cm
Fotomuseum WestLicht, Wien
Inv. Nr. LS02540/32
Abb. S. 161

87
Mondstaub aus dem Mare Crisium, gewonnen von der russischen Sonde Luna 24, 1976
Mondstaub, Glas, 5 × 5 × 8 cm
Deutsches Zentrum für Luft- und Raumfahrt, Köln
Ohne Abb.

88
Bordanzug von Sigmund Jähn, 1978
Textil, H. ca. 190 cm
Deutsche Raumfahrtausstellung Morgenröthe-Rautenkranz e.V., Muldenhammer
Inv. Nr. 493
Abb. S. 162

89
Experiment zum Massenunterschied STS 1, verwendet in Spacelab 1 von Sigmund Jähn, um 1978
Holz, Kunststoff, 30 × 60 × 3 cm (geöffnet)
Deutsche Raumfahrtausstellung Morgenröthe-Rautenkranz e.V., Muldenhammer
Inv. Nr. 467
Abb. S. 162

90
Raumanzug des russischen Test-Kosmonauten Alexander Fjodorowitsch Poleschtschuk, um 1993
Diverse Kunststoffe, Textil, Metall, 168 × 58 × 35 cm
Privatsammlung Düsseldorf
Abb. S. 162

91
Startschlüssel für Sojus-Kapsel mit Mini-Ikone
Metall, Papier, H. ca. 40 cm
Sammlung Andreas Schütz, Berlin
Ohne Abb.

92
Modell des Systems Sojus, russisches Raumfahrzeug mit einer Puppe des Astronauten Alexander Gerst, 2013
Polystyrol, GFK, Textilien, 170 × 55 × 220 cm
Deutsches Zentrum für Luft- und Raumfahrt, Köln
Abb. S. 164

93
Modell 1:1 des Satelliten Sputnik I von 1957
Aluminium, Stahl, Ø 60 cm
Deutsches Museum, München
Inv. Nr. 77966
Ohne Abb.

94
Das russische Raumfahrt-Kontrollzentrum zur Zeit von Sputnik, 1958
Fotografie, Silbergelatine, 22,3 × 29,3 cm
Fotomuseum WestLicht, Wien
Inv. Nr. PC03385
Abb. S. 165

95
Kontrollzentrum Koroljow, Apollo-Sojus Test Project, 1975
Fotografie, Silbergelatine, 17,9 × 23,9 cm
Fotomuseum WestLicht, Wien
Inv. Nr. PC03379
Abb. S. 165

96
Wladimir Musaelyan
Leonid Breschnew betrachtet das Andockmanöver im Fernsehen, Sojus-Apollo Test Project, 17. Juli 1975
Fotografie, Silbergelatine, 18,2 × 23,8 cm
Fotomuseum WestLicht, Wien
Inv. Nr. PC03380
Abb. S. 129

97
Unbekannter russischer Kosmonaut beim Verlassen einer Kammer, Baikonur, 1967–1970
Fotografie, C-Print, 22,5 × 29,7 cm
Fotomuseum WestLicht, Wien
Inv. Nr. PC03367
Abb. S. 166

98
Juri Gagarin betrachtet einen Globus, 1963 (?)
Fotografie, Silbergelatine, 23,8 × 18,1 cm
Fotomuseum WestLicht, Wien
Inv. Nr. PC03304
Abb. S. 165

99
Juri Gagarin und Fidel Castro bei Gagarins Kuba-Besuch, 26. Juli 1961 (?)
Fotografie, Silbergelatine, 20,9 × 27,2 cm
Fotomuseum WestLicht, Wien
Inv. Nr. PC03300
Abb. S. 165

100
Juri Gagarin in der Wostok-Kapsel, Mission Wostok 1, 1961 oder später
Fotografie, C-Print, 30 × 24,3 cm
Fotomuseum WestLicht, Wien
Inv. Nr. PC03274
Ohne Abb.

101
Sputnik 1, 1958
Fotografie, Silbergelatine, 24,1 × 17,8 cm
Fotomuseum WestLicht, Wien
Inv. Nr. PC03384
Abb. S. 114

102
Der Satellit Sputnik 1, 1970er Jahre
Fotografie, Silbergelatine, 10,7 × 11,2 cm
Fotomuseum WestLicht, Wien
Inv. Nr. PC00746
Abb. S. 165

103
A. Wüstner
Modell 1:48 der Landung der Sojus 29 mit Sigmund Jähn in Kasachstan am 3. September 1978
Holz, Kunststoff, 35 × 45 cm
Deutsche Raumfahrtausstellung Morgenröthe-Rautenkranz e.V., Muldenhammer
Inv. Nr. 513
Ohne Abb.

104
Arsenal Kiev-C SKD Weltraumkamera (Spiegelreflexkamera), 70 mm, um 1969
Diverse Materialien, 25 × 20 × 20 cm
Fotomuseum WestLicht, Wien
Abb. S. 166

105
Leningrad Space FAS-1, 1960er Jahre
Diverse Materialien, 21 × 11 × 11 cm
Fotomuseum WestLicht, Wien
Abb. S. 166

106
Hasselblad Electric Camera S/N 1038 für die Erkundungen zur Mondlandung, um 1968
Diverse Materialien, 22 × 14 × 10 cm
Fotomuseum WestLicht, Wien
Abb. S. 166

107
Eugene F. Kranz' Apollo-13-Weste, 1970
Textil, Plastikknöpfe, Metallschließe, 55,88 × 50,8 cm
Privatsammlung
Abb. S. 167

108
Runder und eckiger Filter, eines der Probleme von Apollo 13, 1970
Diverse Materialien, ca. 40 × 20 cm
Kansas Cosmosphere & Space Center, Hutchinson
Inv. Nr. 2010.004.006/4541
Abb. S. 167

109
Via Lewandowsky (*1963)
Last Call. Komarow-Gedächtnis-Raum, 1997
Installation
Ivo Wessel, Berlin
Abb. S. 169

110
Wladimir Komarow und ein weiteres Besatzungsmitglied in ihrer Raumkapsel, Mission Woschod 1, Oktober 1964
Fotografie, Silbergelatine, 18,7 × 20 cm
Fotomuseum WestLicht, Wien
Inv. Nr. PC03359
Abb. S. 169

111
Beisetzung der Urnen der Saljut-11-Kosmonauten, 3. Juli 1971
Fotografie, Silbergelatine, 23,9 × 18,2 cm
Fotomuseum WestLicht, Wien
Inv. Nr. PC03375
Abb. S. 169

112
Die Astronauten Virgil Grissom, Edward White und Roger Chaffee, die bei einem Brand der Apollo-1-Kapsel starben, Januar 1967
Fotografie, Silbergelatine, ca. 20 × 24 cm
Fotomuseum WestLicht, Wien
Inv. Nr. LS02540/01
Abb. S. 169

113
Die ausgebrannte Apollo-1-Kapsel, Januar 1967
Fotografie, Silbergelatine, ca. 20 × 24 cm
Fotomuseum WestLicht, Wien
Inv. Nr. LS02540/0ß2
Abb. S. 168

114
Trauerfeier für die drei Astronauten des Apollo-Brandes am 27. Januar 1967 mit Präsident Lyndon B. Johnson, Arlington bei Washington D.C., 1. Februar 1967
Fotografie, Silbergelatine, 16 × 17,6 cm
Fotomuseum WestLicht, Wien
Inv. Nr. LS02540/05
Abb. S. 168

115
George Tames (1919–1994)
Der weinende John Glenn am Sarg von Gus Grissom, Arlington bei Washington D.C., 1967
Fotografie, Silbergelatine, ca. 24 × 18 cm
Fotomuseum WestLicht, Wien
Inv. Nr. LS02540/04
Abb. S. 168

116
EXPRESS-Kapsel (EXPerimental Re-Entry Space System)
Diverse Materialien, H. 130 cm, Ø 100 cm
Deutsches Zentrum für Luft- und Raumfahrt, Köln
Abb. S. 51

VOM RUNDEN

117
François Vincent Mathieu Latil (1796–1890)
L'Astronomie, 1822
Öl auf Leinwand, 137,8 × 118 cm
Musée du Louvre, Paris
Inv. Nr. 6026.42.29
Abb. S. 172

118
Hiroyuki Masuyama (*1968)
Milchstraße, 2012
LED-Licht, Holz und Lichtleiterkabel, 83 × 250 × 8 cm
Galerie Sfeir-Semler, Hamburg
Abb. S. 91, 172

119
Willem Janszoon Blaeu (1571–1638)
Himmelsglobus, Amsterdam 1616
Papier, Holz, Messing, Ø 68 cm
Staatliche Kunstsammlungen Dresden
Inv. Nr. E II 22
Abb. S. 69, 172

120
Eugène M. Antoniadi (1870–1944)
Observations astronomiques faites à l'observatoire de Juvisy sous la direction de M. Camille Flammarion, Bd. II, 1896
Buch mit Handzeichnungen, 28,5 × 26,5 cm
Société astronomique de France, Fonds Camille Flammarion, Paris/Juvisy-sur-Orge
Ohne Inv. Nr.
Abb. S. 173

121
Vincenzo Maria Coronelli (1650–1715)
Planisphère Céleste, 1693
Buch, 67,6 × 49,5 cm
Société astronomique de France, Fonds Camille Flammarion, Paris/Juvisy-sur-Orge
Ohne Inv. Nr.
Abb. S. 173

122
Marsglobus, 1884
Papier, Holz, Ø 10,5 cm
Société astronomique de France, Fonds Camille Flammarion, Paris/Juvisy-sur-Orge
Ohne Inv. Nr.
Abb. S. 174

123
Marsglobus, 1898
Papier, Holz, Ø 16 cm
Société astronomique de France, Fonds Camille Flammarion, Paris/Juvisy-sur-Orge
Ohne Inv. Nr.
Abb. S. 174

124
Marsglobus, 1909
Papier, Holz, Ø 22 cm
Société astronomique de France, Fonds Camille Flammarion, Paris/Juvisy-sur-Orge
Ohne Inv. Nr.
Abb. S. 85, 174

125
Carte générale de la planète Mars, 1894
Papier auf Leinen, 75 × 108 cm
Société astronomique de France, Fonds Camille Flammarion, Paris/Juvisy-sur-Orge
Ohne Inv. Nr.
Abb. S. 84, 174

126
Edward Emerson Barnard (1857–1923)
Acht Fotografien vom Mars, 1909
Fotografie, 16,7 × 11,6 cm
Société astronomique de France, Fonds Camille Flammarion, Paris/Juvisy-sur-Orge
Ohne Inv. Nr.
Abb. S. 175

127
Grandville (Jean Ignace Isidore Gérard) (1803–1847)
Un Autre Monde. Transformations, Paris, H. Fournier: 1844
Aufgeschlagen S. 142: *Les mystères de l'infini. Jonglade des Univers*
Buch, 36,5 × 27,5 cm
Kunst- und Ausstellungshalle der Bundesrepublik Deutschland, Bonn, Bibliothek
Abb. S. 177

128
Michael Benson (*1962)
Jupiter, Transit des Mondes Io, auf der Basis einer Aufnahme der Sonde Cassini am 1. Januar 2001, 2011
Auflage von 3
C-Print auf Dibond, 183 × 183 cm
NASA/JPL; Michael Benson, Kinetikon Pictures, Boston
Abb. S. 72, 178

129
Michael Benson (*1962)
Der Saturnmond Enceladus, auf der Basis einer Aufnahme der Sonde Cassini am 25. Dezember 2009, 2012
Auflage von 8
C-Print auf Dibond, 89 × 89 cm
NASA/JPL; Michael Benson, Kinetikon Pictures, Boston
Abb. S. 177

130
Pawel Pepperstein (*1966)
Cosmic sketch No 1, 2011
Aus der Reihe: *Russian Cosmos*
Aquarell auf Papier, 29,6 × 42 cm
Kewenig Galerie/warehouse, Berlin
Abb. S. 176

131
Pawel Pepperstein (*1966)
Galaxy and a stream of triangle-shaped satellites, 2011
Aus der Reihe: *Russian Cosmos*
Aquarell auf Papier, 29,6 × 42 cm
Kewenig Galerie/warehouse, Berlin
Abb. S. 176

132
Pawel Pepperstein (*1966)
Super gigantic white hole, 2011
Aus der Reihe: *Russian Cosmos*
Aquarell auf Papier, 29,6 × 42 cm
Kewenig Galerie/warehouse, Berlin
Abb. S. 176

133
Pawel Pepperstein (*1966)
Galaxy great Ammonite, 2011
Aus der Reihe: *Russian Cosmos*
Aquarell auf Papier, 29,6 × 42 cm
Kewenig Galerie/warehouse, Berlin
Abb. S. 176

134
Pawel Pepperstein (*1966)
The cosmic Wonderer, 2011
Aus der Reihe: *Russian Cosmos*
Aquarell auf Papier, 29,6 × 42 cm
Kewenig Galerie/warehouse, Berlin
Abb. S. 176

135
Pawel Pepperstein (*1966)
The Gangster in the Space, 2011
Aus der Reihe: *Russian Cosmos*
Aquarell auf Papier, 29,6 × 42 cm
Kewenig Galerie/warehouse Berlin
Abb. S. 176

136
Odilon Redon (1840–1916)
Himmelskugel, 1890–1895
Kohle und Sepia, laviert, 49 × 36 cm
Neue Nationalgalerie, Staatliche Museen zu Berlin – Stiftung Preußischer Kulturbesitz, Berlin, Sammlung Scharf-Gerstenberg
Inv. Nr. 268
Abb. S. 179

137
Odilon Redon (1840–1916)
Schwebende Kugel mit Frauenprofil, 1890–1895
Kohle, 51 × 36 cm
Neue Nationalgalerie, Staatliche Museen zu Berlin – Stiftung Preußischer Kulturbesitz, Berlin, Sammlung Scharf-Gerstenberg
Inv. Nr. 269
Abb. S. 179

138
MIRKA (Micro Re-entry Capsule), geflogen am 23. Oktober 1997
Diverse Materialien, Ø 100 cm
Deutsches Zentrum für Luft- und Raumfahrt, Köln
Abb. S. 177

139
Hiroyuki Masuyama (*1968)
O, 2010
4200 Holzstücke, 30 000 Glasfasern, 216 × 186 cm, Ø 186 cm
Galerie Sfeir-Semler, Hamburg
Abb. S. 179

140
Mariner 6-15/NASA, der Mars aus einer Distanz von 1 017 350 Kilometern, 29. Juli 1969
Fotografie, Silbergelatine, 24,2 × 19,1 cm
Fotomuseum WestLicht, Wien
Inv. Nr. WL002469
Ohne Abb.

141
Witali Sewastjanow und Andrijan Nikolajew in der Raumkapsel, Mission Sojus 9, 1970
Fotografie, Silbergelatine, 18,2 × 23,8 cm
Fotomuseum WestLicht, Wien
Inv. Nr. PC03373
Abb. S. 179

OUTER SPACE

142
Das Raumschiff Moonbus aus: *2001: Odyssee im Weltraum* von Stanley Kubrick, 1968
Diverse Materialien, 47 × 71 × 143 cm (Museumsreplik)
Société ScienceFictionArchives.com, Serris
Inv. Nr. #114
Abb. S. 183

143
Ward Shelley (*1950)
The History of Science Fiction, 2009
Acryl und Tusche auf Transparentfolie, 76,2 × 137,16 cm
Ward Shelley, Easton
Abb. S.182

144
Allen Anderson (1908–2005)
Planet Stories, 1939–1955
Inkjet-Druck, 61 × 45,5 cm
Kunst- und Ausstellungshalle der Bundesrepublik Deutschland, Bonn, Bibliothek
Abb. S. 184

145
H. R. Giger (1940–2014)
Alien aus dem gleichnamigen Film, 1978
Diverse Materialien, 220 × 46 × 83 cm (eine von 8 Museumsrepliken nach der Originalform von H. R. Giger)
Société ScienceFictionArchives.com, Serris
Inv. Nr. #22
Abb. S. 185

146
Carlo Rambaldi (1925–2012)
Alien aus: *Die unheimliche Begegnung der dritten Art* von Steven Spielberg, 1977
Kunststoff, 132 × 45 × 45 cm (Original)
Société ScienceFictionArchives.com, Serris
Inv. Nr. #698
Ohne Abb.

147
Alien-Ei, aus: *Alien – Die Wiedergeburt* von Jean-Pierre Jeunet, 1997
Silikon, 63 × 65 cm (Original)
Société ScienceFictionArchives.com, Serris
Inv. Nr. #190
Abb. S. 185

148
Mechanical Chest Burster aus: *Alien – Die Wiedergeburt* von Jean-Pierre Jeunet, 1997
Silikon, Metall, L. ca. 100 cm (Original)
Société ScienceFictionArchives.com, Serris
Inv. Nr. #188
Ohne Abb.

149
Filmstill mit Roboterhand aus der TV-Serie *Raumpatrouille* der Bavaria Film (Folgen 3 und 4), 1966
Fotokopie auf Transparentpapier, 21 × 29 cm
Privatsammlung
Abb. S. 186

150
Filmstill mit dem Maschinenleitstand des Raumschiffs Orion aus der TV-Serie *Raumpatrouille* der Bavaria Film (Folge 1), Claus Holm als Hasso Sigbjörnson, 1966
Fotokopie auf Transparentpapier, 21 × 29 cm
Privatsammlung
Abb. S. 186

151
Rolf Zehetbauer (*1929)
Bedienungselement des Maschinenleitstands der Orion aus der TV-Serie *Raumpatrouille* (Folge 1), 1966
Metall, Kunststoff, 20 × 50 × 50 cm
Orionmuseum, Merzenich
Ohne Abb.

152
Rolf Zehetbauer (*1929)
Roboterhand aus der TV-Serie *Raumpatrouille* (Folgen 3 und 4)
Stahl, verchromt, L. ca. 30 cm
Orionmuseum, Merzenich
Ohne Abb.

153
Hélène Giraud (*1970)
Das Haustier »Picasso« des Bösewichts Zorg aus: *The fifth element* von Luc Besson, 1997
Silikon, Glas, 20 × 96 × 60 cm (Original)
Société ScienceFictionArchives.com, Serris
Inv. Nr. #17
Abb. S. 187

154
Der Roboter R2-D2 aus: *Star Wars* von George Lucas, ab 1977
Diverse Materialien, H. ca. 130 cm
Société ScienceFictionArchives.com, Serris
Inv. Nr. #142
Abb. S. 187

155
Der goldene Protokolldroide C-3PO aus: *Star Wars* von George Lucas, ab 1977
Diverse Materialien, H. ca. 180 cm
Société ScienceFictionArchives.com, Serris
Inv. Nr. #194
Abb. S. 187

156
Carlo Rambaldi (1925–2012)
ET aus: *E.T. the Extra-Terrestrial* von Steven Spielberg, 1982
Fiberglas, Polyurethan, Gummi, 100 × 100 × 100 cm (Original)
Société ScienceFictionArchives.com, Serris
Inv. Nr. #161
Abb. S. 187

157
Martin Bowers
Modell des Eagle, Moon fighter aus der britischen TV-Serie *Mondbasis Alpha 1*, 1975–1977
Diverse Materialien, 22 × 44 × 115 cm (Museumsreplik)
Société ScienceFictionArchives.com, Serris
Inv. Nr. #115
Abb. S. 187

158
Modell der USS Enterprise-B aus der TV-Serie *Star Trek*, ab 1966
Kunststoff, Metall, 81,28 × 234,95 × 100 cm
Société ScienceFictionArchives.com, Serris
Inv. Nr. #49
Abb. S. 188

159
John Mollo (*1931)
Raumanzug von Leutnant Starck aus: *Event Horizon*, USA/GB 1997
Getragen von Joely Richardson
Diverse Materialien, 200 × 66 × 70 cm (Original, Entwurf und Ausführung John Mollo)
Société ScienceFictionArchives.com, Serris
Inv. Nr. 367
Abb. S. 188

160
Kym Barrett
Raumanzug von Kate Bowman aus: *Red Planet*, USA 2000
Getragen von Carrie-Anne Moss
Diverse Materialien, 230 × 84 × 83 cm (Original, Ausführung Kym Barrett)
Société ScienceFictionArchives.com, Serris
Inv. Nr. 687
Ohne Abb.

161
Paul Laffoley (*1940)
The Urban Fossickated Octave, 1968
Öl, Acryl, Tusche und Letraset auf Leinwand, 125 × 125 cm
Kent Fine Art, New York
Abb. S. 189

162
Paul Laffoley (*1940)
I, Robur Master of the World, 1968
Öl, Acryl, Tusche und Letraset auf Leinwand, 186,5 × 186,5 cm
Sammlung Peter Dubois, New York
Abb. S. 189

163
Paul Laffolay (*1940)
The Thanaton III, 1989
Öl, Acryl, Tusche und Letraset auf Leinwand, 186,5 × 186,5 cm
Kent Fine Art, New York
Abb. S. 189

164
Henry Darger (1892–1973)
Storm brewing. This is not a strawberry the little girl is carrying in her hand, 1930
Aquarell auf Papier, 77 × 317 cm
Collection de l'Art Brut, Lausanne
Inv. Nr. cab 9444
Abb. S. 190/191

165
Henry Darger (1892–1973)
167-1 half. At Jennie Richee. Out in the open they knew the clouds of a storm coming, 1930
Aquarell auf Papier, Collage, 60 × 278 cm
Collection de l'Art Brut, Lausanne
Inv. Nr. cab 9445
Abb. S. 190

166
Henry Darger (1892–1973)
150 At Jennie Richee. Racing through a field of gigantic flowers to seek shelter as the storm renews, 1930
Aquarell auf Papier, Collage, 60 × 278 cm
Collection de l'Art Brut, Lausanne
Inv. Nr. cab 9446
Abb. S. 191

167
Ken Grimes (*1947)
The Milky Way Galaxy, 2009
Acryl auf Masonit, 121,9 × 91,4 cm
Ricco Maresca Gallery, New York
Inv. Nr. KG 34
Abb. S. 189

168
Ken Grimes (*1947)
Did the 100m Effelsberg German Radio Telescope Hear An Extraterrestrial Signal?, 2011
Acryl auf Masonit, 76,2 × 61 cm
Ricco Maresca Gallery, New York
Inv. Nr. KG 33
Ohne Abb.

169
Victorien Sardou (1831–1908)
La Maison de Zoroastre sur Jupiter, 1857
Tusche auf Papier, 25,9 × 30 cm
Claude de Flers/chez Loevenbruck, Paris
Abb. S. 192

170
Victorien Sardou (1831–1908)
Le Quartier des Animaux, 1860
Radierung, 29 × 35,8 cm
Claude de Flers/chez Loevenbruck, Paris
Abb. S. 192

171
Victorien Sardou (1831–1908)
Le Quartier des Animaux, 1860
Kupferplatte, 29 × 35,8 cm
Claude de Flers/chez Loevenbruck, Paris
Abb. S. 192

172
Victorien Sardou (1831–1908)
Maison de St. Paul dans la Planète de Jupiter, um 1860
Radierung, 35 × 27,2 cm
Hervé Loevenbruck, Paris
Abb. S. 192

173
Als UFO verwendete Telefonkapsel, um 1985
Metall, Kunststoff, Ø 4,8 cm
Stiftung Haus der Geschichte der Bundesrepublik Deutschland, Bonn
Inv. Nr. 1998/08/0097
Abb. S. 194

174
Gefälschtes UFO über Fehrenbach, 1994
Papier, 8,9 × 8,7 cm (Reproduktion)
Stiftung Haus der Geschichte der Bundesrepublik Deutschland, Bonn
Inv. Nr. 1998/08/0098
Abb. S. 195

175
Lou Zinsstag (1905–1984)
Aus den Fotoalben der UFO-Forscherin Lou Zinsstag:
Beim Pilzsuchen im Wald entdeckt
Fotografien auf Pappe, 43 × 29 cm
Universitätsbibliothek Basel
Inv. Nr. Handschriften. Zinss 279 Album 1, S. 71
Abb. S. 131

176
Lou Zinsstag (1905–1984)
Aus den Fotoalben der UFO-Forscherin Lou Zinsstag:
UFO-Sichtung bei Namur, Belgien, 5. Juni 1955
Fotografien auf Pappe, 43 × 29 cm
Universitätsbibliothek Basel
Inv. Nr. Handschriften. Zinss 279 Album 2, S. 98
Abb. S. 193

177
Lou Zinsstag (1905–1984)
Aus den Fotoalben der UFO-Forscherin Lou Zinsstag: *Bei Genua*
Fotografien auf Pappe, 43 × 29 cm
Universitätsbibliothek Basel
Inv. Nr. Handschriften. Zinss 279 Album 2, S. 102
Ohne Abb.

178
Lou Zinsstag (1905–1984)
Aus den Fotoalben der UFO-Forscherin Lou Zinsstag:
Duke of Edinburgh asks for saucer details
Fotografien auf Pappe, 43 × 29 cm
Universitätsbibliothek Basel
Inv. Nr. Handschriften. Zinss 279 Album 2, S. 114
Ohne Abb.

179
Lou Zinsstag (1905–1984)
Aus den Fotoalben der UFO-Forscherin Lou Zinsstag:
Solway Spaceman poses picture puzzle for police experts
Fotografien auf Pappe, 43 × 29 cm
Universitätsbibliothek Basel
Inv. Nr. Handschriften. Zinss 279 Album 2, S. 117
Ohne Abb.

180
Lou Zinsstag (1905–1984)
Aus den Fotoalben der UFO-Forscherin Lou Zinsstag:
Albuquerque, New Mexico
Fotografien auf Pappe, 43 × 29 cm
Universitätsbibliothek Basel
Inv. Nr. Handschriften. Zinss 279 Album 3, S. 207
Ohne Abb.

181
Lou Zinsstag (1905–1984)
Aus den Fotoalben der UFO-Forscherin Lou Zinsstag:
Fotografien eines UFO-Modells
Fotografien auf Pappe, 43 × 29 cm
Universitätsbibliothek Basel
Inv. Nr. Handschriften. Zinss 279 Album 3, S. 211
Ohne Abb.

182
Lou Zinsstag (1905–1984)
Aus den Fotoalben der UFO-Forscherin Lou Zinsstag:
Geisterschiff über Paris
Fotografien auf Pappe, 35 × 50 cm
Universitätsbibliothek Basel
Inv. Nr. Handschriften. Zinss 280 Mappen, 19??
Ohne Abb.

183
Lou Zinsstag (1905–1984)
Aus den Fotoalben der UFO-Forscherin Lou Zinsstag:
Abteilung für Flugwesen und Fliegereikunde
Brief, maschinengeschrieben, 35 × 50 cm
Universitätsbibliothek Basel
Inv. Nr. Handschriften. Zinss 280 Mappen, 1955/56
Ohne Abb.

184
Lou Zinsstag (1905–1984)
Aus den Fotoalben der UFO-Forscherin Lou Zinsstag:
Berichte über Frank Fontaine
Zeitungsausschnitte auf Karton, 35 × 50 cm
Universitätsbibliothek Basel
Inv. Nr. Handschriften. Zinss 280 Mappen, 1979
Ohne Abb.

HOHLRAUM

185
Das Raumschiff Rodger Young aus: *Starship Troopers* von Paul Verhoeven, 1997
Diverse Materialien, 180 × 155 × 570 cm (Original, von Thunderstone)
Société ScienceFictionArchives.com, Serris
Inv. Nr. 179
Abb. S. 183

ALLTAG

186
Toilette für Raumfahrer
Diverse Materialien, H. 140 cm
Space Consult, Riedstadt und Technik Museum, Speyer
Abb. S. 200, s. auch Abb. S. 21

187
Raumfahrer-Hammer, russische Erfindung mit innerer Rückschlagkugel
Stahl,
Deutsche Raumfahrtausstellung Morgenröthe-Rautenkranz e.V., Muldenhammer
Inv. Nr. 374
Abb. S. 201

188
Machete, Teil der Überlebensausrüstung von Sigmund Jähn
Plaste, Stahl, L. ca. 40 cm
Deutsche Raumfahrtausstellung Morgenröthe-Rautenkranz e.V., Muldenhammer
Inv. Nr. 524
Abb. S. 201

189
Gillette Techmatic Razor, Rasierer, wie ihn die Apollo-11-Astronauten benutzt haben, 1960er Jahre
Plastik mit Metallschneiden, L. ca. 13 cm
Inv. Nr. A19980010000
Privatbesitz
Ohne Abb.

190
Socken des deutschen Raumfahrers Reinhold Ewald, 1992
Wolle, 48,5 × 10 cm
Stiftung Haus der Geschichte der Bundesrepublik Deutschland, Bonn
Inv. Nr. 1994/05/0043.4.4
Abb. S. 201

191
Handschuh mit Uhr des Raumfahrers Reinhold Ewald, 1997
Kunststoff, 30 × 12 × 12 cm
Kölnisches Stadtmuseum
Ohne Inv. Nr.
Ohne Abb.

192
Container für das Einsammeln von Mondgestein, eingesetzt bei Apollo 15 und 17, um 1970
Aluminium, ca. 25 × 60 × 45 cm
Smithsonian Institution, National Air and Space Museum, Washington, D.C.
Nicht in der Ausstellung

193
Geöffnetes Modell 1:5 eines Automated Transfer Vehicle (ATV), Weltraumfrachter
Diverse Materialien, 150 × 100 × 190 cm
Airbus Defence and Space, Bremen
Ohne Abb., s. auch Abb. S. 29

194
Modell 1:5 des Weltraumlabors Columbus
Diverse Materialien, 150 × 100 × 150 cm
Airbus Defence and Space, Bremen
Ohne Abb., s. auch Abb. S. 20, 38

195
Galina Balaschowa (*1931)
Farb- und Stoffprobenkarte für die Innengestaltung von MIR und Sojus, 1960er Jahre
Pappe Textilien, 45,5 × 49,5 cm
Galina Balaschowa, Moskau
Ohne Abb.

196
Galina Balaschowa (*1931)
Innenraum des Arbeitsbereichs in der Raumstation MIR, Entwurfsvariante, 1980
Bleistift, Tempera, Aquarell, 69 × 49,5 cm
Galina Balaschowa, Moskau
Abb. S. 92

197
Galina Balaschowa (*1931)
Innengestaltung des Wohnbereichs des Raumschiffs Sojus mit der Unterschrift des Chefkonstrukteurs Sergei Koroljow, 1964
Bleistift, Tempera, Aquarell, 50,7 × 78,7 cm
Galina Balaschowa, Moskau
Ohne Abb.

198
Galina Balaschowa (*1931)
Entwurf des Kommunikationsgeräts zur Verbindung zwischen Sojus und der Erde, 1960er Jahre
Bleistift, Tempera, Aquarell, 58,5 × 78,5 cm
Galina Balaschowa, Moskau
Ohne Abb.

199
Galina Balaschowa (*1931)
Farbstudie für den Wohnbereich des Raumschiffs Sojus-M, 1970–1974
Bleistift, Tempera, Aquarell, 53 × 74 cm
Galina Balaschowa, Moskau
Ohne Abb.

200
Galina Balaschowa (*1931)
Vorläufiger Entwurf des Innenraums einer Orbitalkapsel, vor 1970
Bleistift, Tempera, Aquarell, 79 × 58,5 cm
Galina Balaschowa, Moskau
Abb. S. 198

201
Galina Balaschowa (*1931)
Entwurf für den Innenraum des Raumschiffs Sojus 19 für den sowjetisch-amerikanischen Kooperationsflug im Juli 1975, vor 1975
Bleistift, Tempera, Aquarell, 59 × 79 cm
Galina Balaschowa, Moskau
Abb. S. 198

202
Galina Balaschowa (*1931)
Innenraum des Arbeitsbereichs in der Raumstation MIR, Entwurfsvariante, 1960er Jahre
Bleistift, Tempera, Aquarell, 69 × 49,5 cm
Galina Balaschowa, Moskau
Abb. S. 199

203
Galina Balaschowa (*1931)
Schnittzeichnung durch die Raumstation MIR, 1960er Jahre
Bleistift, Tempera, Aquarell, 50 × 80 cm
Galina Balaschowa, Moskau
Ohne Abb.

LICHT UND SCHATTEN

204
Max Ernst (1891–1976)
Moonmad, 1944
Eines von 10 nicht nummerierten Exemplaren
Bronze, 92,6 × 32,1 × 29,8 cm
Fondation Beyeler, Riehen
Inv. Nr. 97.6
Abb. S. 210

205
Max Ernst (1891–1976)
Die Erde von der Maximiliana aus gesehen, 1963
Öl auf Glas, 35 × 27 cm
Pinakothek der Moderne, Bayerische Staatsgemäldesammlung, München
Inv. Nr. 16256
Abb. S. 88

206
Max Ernst (1891–1976)
Maximiliana oder die widerrechtliche Ausübung der Astronomie, Paris, März 1964
Titelblatt aus 30 ungebundenen Bögen
Farbradierung, 41,6 × 61,1 cm
Max Ernst Museum Brühl des LVR
Ohne Abb.

207
Max Ernst (1891–1976)
Maximiliana oder die widerrechtliche Ausübung der Astronomie, Paris, März 1964
Blatt 5 aus 30 ungebundenen Bögen
Farbradierung, 41,6 × 61,1 cm
Max Ernst Museum Brühl des LVR
Abb. S. 209

208
Max Ernst (1891–1976)
Maximiliana oder die widerrechtliche Ausübung der Astronomie, Paris, März 1964
Blatt 12 aus 30 ungebundenen Bögen
Farbradierung, 41,6 × 61,1 cm
Max Ernst Museum Brühl des LVR
Abb. S. 209

209
Peter Schamoni (1934–2011)
Maximiliana – oder die widerrechtliche Ausübung der Astronomie, Deutschland 1967
DVD-Projektion
Ohne Abb.

210
Adolf Luther (1912–1990)
Mondprojekt, 1976
Konkave Spiegel, Prismenstäbe aus Plexiglas, 29 × 32 × 3 cm
Adolf Luther Stiftung, Krefeld
Abb. S. 208

211
Adolf Luther (1912–1990)
Mondprojekt, 1983
Foto, konkaver Hohlspiegel, Kunststoff, Holz, 120 × 120 × 20 cm
Adolf Luther Stiftung, Krefeld
Abb. S. 208

212
Johannes Hevelius (1611–1687)
Selenographia sive lunae descriptio : atque accurata tam macularum ejus quam motuum diversorum aliarumque omnium vicissitudinum Phasiumque telescopii ope deprehensarum delineatio ; in quâ simul cæterorum omnium planetarum nativa facies variæque observationes præsertim autem macularum solarium atque jovialium tubospicillo acquisitæ [...] sub aspectum ponuntur ; nec non quamplurimæ astronomicæ opticæ physicæque quæstiones proponuntur atque resolvuntur, 1647
40 Blätter mit Mondansichten
Buch, Folio, 34,2 × 22,5 × 6 cm
Universitäts- und Stadtbibliothek Köln
Inv. Nr. N4/107
Abb. S. 207

213
Julius Grimm (1842–1906)
Ansicht des vollen Mondes, 1895
Öl auf Leinwand, 220 × 220 cm
Eberhard Karls Universität, Tübingen
Abb. S. 211

214
Fa. Steinheil
Tischteleskop, 1882
Messing, Leder, Glas, 95 × 115 × 38 cm
Eberhard Karls Universität, Tübingen
Abb. S. 211

215
Modell 1:3 des ORION Multi Purpose Crew Vehicle mit seinem von Astrium gebauten Raumschiff
Diverse Materialien, 242 × 204 cm
Airbus Defence and Space, Bremen
Abb. S. 213

216
Max Ernst (1891–1976)
The Twentieth Century, 1955
Öl auf Leinwand, 50,8 × 61 cm
Max Ernst Museum Brühl des LVR
Abb. S. 210

217
Max Ernst (1891–1976)
Eclipse (Verfinsterung), 1955
Öl auf Kupfer, 50 × 56 cm
Max Ernst Museum Brühl des LVR
Abb. S. 210

218
Max Ernst (1891–1976)
Le lit d'Holopherne, 1961
Öl auf Leinwand, 26,7 × 35 cm
Max Ernst Museum Brühl des LVR
Abb. S. 210

219
James Nasmyth (1808–1890) und James Carpenter (1840–1899)
The Moon: considered as a planet, a world and a satellite, 1885
Buch, 23 × 17,5 cm
Museum DKM, Duisburg
Ohne Abb.

220
Douglas Gordon (*1966)
August 12 1999, 2011
1 *Times* from August 12
2 *Mail* from August 12
3 *Express* from August 12
4 *Herald* from August 12
5 *Guardian* from August 12
6 *Sun* from August 12
7 *Mirror* from August 12
8 *Record* from August 12
9 *Independent* from August 12
10 *Telegraph* from August 12
Bilder der Sonnenfinsternis vom 12. August 1999 aus verschiedenen Zeitungen
10-teilig, Edition von 24
Offsetlithografien, je 54 × 74 cm
Sammlung zeitgenössischer Kunst der Bundesrepublik Deutschland, Bonn
Abb. S. 205

221
Björn Dahlem (*1974)
Sonne, 2012
Holz, Aluminium, Lampen, Glühbirnen, Ø 170 cm
Sammlung Philara, Düsseldorf
Abb. S. 204

222
Gianni Motti (*1958)
Big Crunch Clock, 1999
Edition: Auflage von 5 Exemplaren
Digitales Uhrwerk, Solarpanel, Plexiglasgehäuse, Metallrahmen, Netzadapter, 10,5 × 84,5 × 5,5 cm
Migros Museum für Gegenwartskunst, Zürich
Abb. S. 204

223
Äquatorialsonnenuhr, Anfang 20. Jahrhundert
Messing, gepunzt, graviert, lackiert, Bindfaden, 17 × 17,1 × 17,1 cm (Nachbau)
Staatliche Kunstsammlungen Dresden
Inv. Nr. D I 69
Abb. S. 206

224
Johann Gottfried Zimmer (tätig im 18. Jh.) und Hans Löser (1704–1763)
Äquatoreale Sonnenuhr, Reinharz, um 1760
Messing, vergoldet, versilbert, gepunzt, graviert, Glas, Stahl, teils gebläut, 17 × 11,5 × 9,8 cm
Staatliche Kunstsammlungen Dresden
Inv. Nr. D I 7
Ohne Abb.

225
Horizontal-Sonnenuhr mit Mittagskanone, vermutl. Frankreich, um 1780
Messing, Marmor, graviert, geschwärzt, Glas, 20 × 20 cm
Staatliche Kunstsammlungen Dresden
Inv. Nr. D I 92
Abb. S. 206

226
Edward Troughton (1753–1835)
Spiegelkreis, London, um 1795
Holz, Glas, Messing, Eisen, Blei, Silbereinlage, 72 × 51 × 44 cm, Ø 46 cm
Staatliche Kunstsammlungen Dresden
Inv. Nr. C III c 8
Abb. S. 206

227
Ringsonnenuhr mit Etui, vermutl. England, 19. Jahrhundert
Messing, gepunzt, Stahletui mit Samtfutter, Ø 25,4 cm
Staatliche Kunstsammlungen Dresden
Inv. Nr. D I 137
Ohne Abb.

228
Michael Benson (*1962)
Die Sonne, halb verdeckt durch den Erdschatten, Solar Dynamic Observatory, 2. April 2011, 2012
Auflage von 3
C-Print auf Dibond, 183 × 183 cm
NASA/SDO; Michael Benson; Kinetikon Pictures, Boston
Abb. S. 204

23°

229
Karl Friedrich Schinkel (1781–1841)
Von Schinkel überarbeiteter Entwurf der Bonner Sternwarte, 1838
Graphit, Aquarell auf Papier, 40 × 60 cm
Argelander-Institut für Astronomie der Universität Bonn
Abb. S. 216

230
Lithografieplatte der erweiterten Bonner Durchmusterung durch Eduard Schönfeld (1828–1891), 1886
Solnhofener Kalkstein, ca. 100 × 75 cm
Argelander-Institut für Astronomie der Universität Bonn
Abb. S. 32, 216

231
Das erste Bonner Universitätsfernrohr von Carl Dietrich Münchow (1778–1836), 18./19. Jahrhundert
Messing, Holz, Glas, H. ca. 250 cm
Argelander-Institut für Astronomie der Universität Bonn
Abb. S. 216

232
Hendrick Goudt (um 1583–1648) nach Adam Elsheimer (1578–1610)
Die Flucht nach Ägypten, 1613
Kupferstich und Radierung, 29,8 × 39,7 cm
Wallraf-Richartz-Museum & Fondation Corboud, Köln
Abb. S. 49, 217

233
Film und Detailaufnahmen zu Adam Elsheimers *Flucht nach Ägypten*
DVD-Projektion
Ohne Abb.

234
Dornier System GmbH, Aeronomie-Satellit AEROS-B (Prototyp) zur Erforschung der oberen Erdatmosphäre mit Präsentationsgestell, 1972
Diverse Materialien, 202 × 225,5 × 164 cm, Ø 105 cm
Deutsches Museum, München
Inv. Nr. 1994-0170
Abb. S. 105, 218

235
Opferstockengel, sog. Nickengel, Ende 19. Jahrhundert
Holz, farbig gefasst, H. 45 cm
Engelverein Engelskirchen e.V., Engelskirchen
Abb. S. 218

236
Schutzengelkissen
Malerei auf Samt, 38 × 47 cm
Engelverein Engelskirchen e.V., Engelskirchen
Ohne Abb.

237
Verkündigungsengel, 19. Jahrhundert
Chromolithografie, ca. 55 × 45 cm
Engelverein Engelskirchen e.V., Engelskirchen
Abb. S. 218

238
Galileo Galilei (1564–1642)
Sidereus Nuncius, Venedig 1653
Buch, 17 × 11 cm
Universitäts- und Landesbibliothek Bonn
Inv. Nr. T 2009/60
Abb. S. 220

239
Friedrich Karl Hausmann (1825–1886)
Galileo Galilei vor dem Konzil der Dominikaner, 1852
Öl auf Leinwand, 63,5 × 91,5 cm
Wallraf-Richartz-Museum & Fondation Corboud, Köln
Inv. Nr. WRM 1130
Abb. S. 220

240
Michael Benson (*1962)
Der vulkanische Jupitermond Io, mit zwei sichtbaren Vulkanausbrüchen, auf der Basis einer Aufnahme der Sonde Galileo, 3. Juli 1999, 2010
Auflage von 8
C-Print auf Dibond, 127 × 127 cm
NASA/JPL; Michael Benson, Kinetikon Pictures, Boston
Abb. S. 221

241
William Pether (um 1738–1821) nach
Joseph Wright of Derby (1734–1797)
Ein Philosoph unterrichtet im Planetarium,
publiziert von John Boydell, 20. Mai 1768
Mezzotinto, 44,6 × 58 cm
Derby Museum and Art Gallery
Inv. Nr. DBYMU 1954-219/9
Abb. S. 222

242
Ralph Morse (*1913)
Der Astronaut John Glenn (r.) und nicht identifizierte Person am Himmelsmodell,
Dezember 1961
Fotografie, Silbergelatine, 31,6 × 22,7 cm
Fotomuseum WestLicht, Wien
Inv. Nr. PC03387
Abb. S. 223

243
John Bird (1709–1776)
Passage-Instrument, London, um 1750
Messing, Stahl, Glas, 138,5 × 65,5 cm
Staatliche Kunstsammlungen Dresden
Inv. Nr. C II 7
Abb. S. 222

244
Trevor Paglen (*1974)
Lacrosse/Onyx V Radarbild-Aufklärungssatellit beim Überqueren der Mondscheibe (USA 182), 2007
C-Print, 88,9 × 88,9 cm
Galerie Thomas Zander, Köln
Abb. S. 219

245
Trevor Paglen (*1974)
DMSP 5B/4F von der Pyramide Lake Indian Reservation (Militärischer Wetterbeobachtungssatellit; 1973-064A),
2009
C-Print, 95,3 × 76,2 cm
Galerie Thomas Zander, Köln
Abb. S. 219

246
Alexander Calder (1898–1976)
Tanzende Sterne, 1940/45
Lack auf Metall, 60 × 90 × 90 cm
Neue Nationalgalerie, Staatliche Museen zu Berlin – Stiftung Preußischer Kulturbesitz,
Berlin
Inv. Nr. FNG 2/78
Abb. S. 224

247
Thomas Ruff (*1958)
16h 30m/-55°, 1989
Fotografie, C-Print, 260 × 188 cm
Thomas Ruff, Düsseldorf
Abb. S. 225

248
August Strindberg (1849–1912)
Celestografien, 1893/94
Digitaldruck auf Kupfer, je 12 × 8 cm
(Reproduktionen, Originale: Fotografien)
Abb. S. 37, 224

SCHWEBEN UND STÜRZEN

249
Yves Klein (1928–1962)
Rocket pneumatique
(maquette Tallon-Technès), 1962
Metall, bemalt und verchromt, Gummi,
bemalt, 82 × 65 × 77 cm
Privatsammlung
Nicht in der Ausstellung

250
Susan Hiller (*1940)
Levitations: Hommage to Yves Klein, 2008
150 Digitaldrucke in 25 Rahmen,
170 × 170 cm
Herbert Grönemeyer, Berlin
Abb. S. 229

251
Yves Klein (1928–1962)
Monochrome bleu sans titre (IKB 89), 1959
Kunstharz und Farbpigment auf Gaze,
auf Holz aufgezogen, 92 × 73 cm
Museum Morsbroich, Leverkusen
Inv. Nr. 3020
Abb. S. 228

252
Die Mercury-Kapsel Liberty Bell 7 lag 38 Jahre lang auf dem Meeresgrund, 1961
Diverse Materialien, 244 × 221 × 353 cm
Kansas Cosmosphere & Space Center,
Hutchinson
Abb. S. 230, s. auch Abb. S. 81, 82

253
Modell der Mercury-Kapsel Liberty Bell 7 auf dem Meeresgrund
Diverse Materialien, Metall, Kunststoff,
H. ca. 50 cm
Hermann-Oberth-Raumfahrt-Museum e.V.,
Feucht
Ohne Inv. Nr.
Ohne Abb.

254
Virgil Grissom besteigt die Mercury-Kapsel Liberty Bell, Juli 1961
Fotografie, Silbergelatine, 24,2 × 19,1 cm
Fotomuseum WestLicht, Wien
Inv. Nr. LS02540/35
Abb. S. 230, s. auch Abb. S. 81

255
Virgil Grissom bei Ausrüstungstests,
Juli 1961
Fotografie, Silbergelatine, 24,3 × 19 cm
Fotomuseum WestLicht, Wien
Inv. Nr. LS02540/34
Abb. S. 230

256
Modell des SpaceLiner
Diverse Materialien, 200 × 123 × 278 cm
Deutsches Zentrum für Luft- und Raumfahrt,
Köln
Abb. S. 112, 231

257
Andrijan Nikolajew bei einem Parabel-Übungsflug, Missionen Wostok 3 und 4,
1962
Fotografie, Silbergelatine, 18,2 × 23,8 cm
Fotomuseum WestLicht, Wien
Inv. Nr. PC03332
Abb. S. 231

258
Der Astronaut Bruce McCandless II,
Spacewalk-Test einer Fortbewegungseinheit,
7. Februar 1984
Fotografie, Farbe auf PE-Papier,
Fotomuseum WestLicht, Wien
Inv. Nr. PC00172
Ohne Abb.

259
Challenger, Außenbordeinsatz, 7. Februar
1984
Fotografie, Farbe auf PE-Papier,
19,4 × 19,1 cm
Fotomuseum WestLicht, Wien
Inv. Nr. LS00113
Abb. S. 231

RICHTKRÄFTE

260
Björn Dahlem (*1974)
Die Lokale Gruppe (Coma, Virgo, Sculptor),
2010
Holz, Kupfer, Metall, Aluminium, Vase,
Porzellanteller, Flasche, Hygrometer,
Marmorstatuette, Rotwein, Firnis,
188 × 175 × 60 cm
Sammlung Südhausbau
Abb. S. 234

261
Björn Dahlem (*1974)
The Expanding Universe, 2010
Holz, Kupfer, Stahl, Uhr, Einmachgläser,
Fichtenstämme, Billardkugel, Teller,
Glühbirne, Cocktailkirschen, Heidelbeeren,
Lack, 140 × 155 × 55 cm
Galerie Guido W. Baudach, Berlin
Abb. S. 235

262
Lee Bontecou (*1931)
o.T., 1960
Stahl, Leinwand, Pergament, Kunststoff,
Samt, 140 × 300 cm
Neue Nationalgalerie, Staatliche Museen zu Berlin – Stiftung Preußischer Kulturbesitz,
Berlin
Inv. Nr. B 1321
Abb. S. 237

263
Johann Palisa (1848–1925) und Max Wolf
(1863–1932)
Sternkarten, 180 Bromsilberkopien der
österreichischen Fotografischen Gesellschaft,
1905–1907
Papier, je 28 × 22 cm
Galerie Thomas Zander, Köln
Abb. S. 115, 236

264
Oliver van den Berg (*1967)
Starprojector, 2005
Birkenholz, 450 × 400 cm
Galerie Kuckei + Kuckei, Berlin
Abb. S. 238

265
Katie Paterson (*1981)
All the dead stars, 2009
Aluminium, laminiert, 200 × 300 cm
Katie Paterson, Berlin
Abb. S. 237

266
Katie Paterson (*1981)
The dying star letters, ab 2009
Papier, B. ca. 150 cm
Katie Paterson, Berlin
Ohne Abb.

267
Johann Gabriel Doppelmayr (1677–1750) und Johann Georg Puschner (1680–1749)
Sternensucher mit Nokturnal, Nürnberg 1730
Holz, lackiert, Elfenbein, graviert, Messing, graviert, H. 33 cm
Staatliche Kunstsammlungen Dresden
Inv. Nr. E II 5
Ohne Abb.

268
Jan Felkl (1817–1887)
Tellurium, Rostok bei Prag, Ende 19. Jahrhundert
Gusseisen, Messing, Pappmaché, Kupferstich, koloriert, Knochen, 42,5 × 60 cm
Staatliche Kunstsammlungen Dresden
Inv. Nr. E I 43
Abb. S. 117, 238

269
Peter Sauerer (*1958)
Ortlind, 2012
Holz, bemalt, 25 × 16 × 10 cm
Thomas Rehbein Galerie, Köln
Abb. S. 239

270
Peter Sauerer (*1958)
Brunhild, 2012
Holz, bemalt, 23 × 17 × 10 cm
Thomas Rehbein Galerie, Köln
Abb. S. 112

271
Peter Sauerer (*1958)
Traute, 2010
Holz, bemalt, 26 × 18 × 10 cm
Privatsammlung Köln
Abb. S. 239

TRIEBWERK UND TIERKREIS

272
Haupttriebwerk der Ariane 4, Viking 5c
Diverse Materialien, 360 × 175 cm, Ø 200 cm
Airbus Defence and Space, Bremen
Abb. S. 242

273
Andreas Cellarius (1596–1665)
Harmonia macrocosmica sev [seu] atlas universalis et novus totius universi creati cosmographiam generalem et novam exhibens. in quâ omnium totius mundi orbium harmonica constructio secundum diversas diversorum authorum opiniones ut & vranometria seu totus orbis coelestis ac planetarum theoriæ & terrestris globus tàm planis & scenographicis iconibus quàm descriptionibus novis ab oculos ponuntur ; Opus novum antehac nunquam visum cujuscunque conditionis Hominibus utilissimum jucundissimum maximè necessarium & adornatum, J. Janssonius: Amsterdam 1661
Buch, handkoloriert, 50 × 70 cm
Aufgeschlagen Taf. 19
Universitäts- und Landesbibliothek Bonn
Inv. Nr. Max 907
Abb. S. 68, 117, 243

274
Eva Aeppli (*1925)
Le Zodiaque, Die 12 Sternzeichen (Steinbock), 1979/80
Bronze, patiniert, H. je ca. 40 cm
Moderna Museet, Stockholm
Inv. Nr. MOMSK 207
Abb. S. 27, 274

KOLLISION

275
20 000 Days in Space. Space debris, Animation der TU Braunschweig
Medienprojektion
Abb. S. 246/247

276
Weltraumschrott
Metall, Textil, L. ca. 50 cm
Sammlung Andreas Schütz, Berlin
Ohne Abb.

277
Modell 1:3 des Roboters DEOS
Diverse Materialien, 260 × 170 × 180 cm
Airbus Defence and Space, Bremen
Ohne Abb.

278
William Turner of Oxford (1789–1862)
Der Komet Donati, 1859
Wasserfarbe, Gouache, 25,7 × 36,5 cm
Yale Center for British Art, New Haven
Inv. Nr. B1975.4.1767
Abb. S. 250

279
Modell 1:10 des Raumschiffs Rosetta
Diverse Materialien, 27 × 20 × 40 cm
Airbus Defence and Space, Bremen
Ohne Abb., s. auch Abb. S. 104

280
Modell 1:1 des Rosetta-Landers Philae
MDF, Gips, Aluminium, 140 × 125 × 125 cm
Deutsches Zentrum für Luft- und Raumfahrt, Köln
Abb. S. 250

281
Ferdinand Quénisset (1872–1951)
Serie von acht Fotografien des Kometen Morehouse, 1908
Fotografien auf Leinen, je 21 × 15 cm
Société astronomique de France, Fonds Camille Flammarion, Paris/Juvisy-sur-Orge
Ohne Inv. Nr.
Abb. S. 250

282
Ferdinand Quénisset (1872–1951)
Serie von acht Fotografien des Kometen Daniel, 1907
Fotografien auf Leinen, 49,9 × 22,3 cm
Société astronomique de France, Fonds Camille Flammarion, Paris/Juvisy-sur-Orge
Ohne Inv. Nr.
Ohne Abb.

283
Ferdinand Quénisset (1872–1951)
Fotografie des Kometen Brooks, 25. September 1911
Fotografie, 23,5 × 18 cm
Société astronomique de France, Fonds Camille Flammarion, Paris/Juvisy-sur-Orge
Ohne Inv. Nr.
Ohne Abb.

284
Jesse Ramsden (1735–1800)
Kometensucher, London, um 1780
Mahagoni, Messing, Holz, 20 × 75 × 65 cm
Staatliche Kunstsammlungen Dresden
Inv. Nr. C I f 6
Ohne Abb.

285
Meteorit, sog. Pallasit, gefunden 1749 in Krasnojarsk, Sibirien
Geschenk des russischen Zaren Alexander I. an den preußischen König Friedrich Wilhelm III. im Jahr 1803
Eisen, B. 11 cm
Museum für Naturkunde, Institut für Mineralogie der Humboldt Universität, Berlin
Abb. S. 90, 249

286
Meteorit, herabgefallen am 22. Mai 1808 in Mähren (Moravia)
Aus der Sammlung des deutschen Physikers und Astronomen Ernst Florens Friedrich Chladni (1756–1827)
Mineralisch, B. 6 cm
Museum für Naturkunde, Institut für Mineralogie der Humboldt Universität, Berlin
Abb. S. 249

287
Platte und Messer, gefertigt aus dem Eisenmeteoriten von Elbogen (Böhmen), gefunden um 1400
Geschenk von Alois Beckh von Widmanstätten (1754–1849) an Ernst Florens Friedrich Chladni (1756–1827)
Eisen, B. 8,4 cm
Museum für Naturkunde, Institut für Mineralogie der Humboldt Universität, Berlin
Abb. S. 249

288
Trevor Paglen (*1974)
Tsiklon Rocket Body in Boötes (Debris from COSMOS 192 Navigation Satellite), 2013
Auflage von 5 Exemplaren
C-Print, 152,4 × 121,9 cm
Galerie Thomas Zander, Köln
Abb. S. 248

289
Sven Reile (*1967)
Phobos, 2009
Öl auf Leinwand, 180 × 400 × 3 cm
Besitz des Künstlers, Berlin
Abb. S. 247

290
Deep core driller space suit des Leutnant Gruber aus *Armageddon*, 1998
Getragen von Grayson McCouch
Diverse Materialien, H. ca. 200 cm
Société ScienceFictionArchives.com, Serris
Inv. Nr. #43
Ohne Abb.

291
Katapultsitz Suchoi 22 MK36
Diverse Materialien, 170 × 80 cm
Kommando Einsatzverbände Luftwaffe, Köln-Wahn
Abb. S. 251

292
Katapultsitz Phantom F 4 Martin-Baker Mk. 7
Diverse Materialien, 170 × 80 cm
Kommando Einsatzverbände Luftwaffe, Köln-Wahn
Abb. S. 251

293
Katapultsitz Tornado PA 200 Martin-Baker Kk. 10A
Diverse Materialien, 170 × 80 cm
Kommando Einsatzverbände Luftwaffe, Köln-Wahn
Abb. S. 251

INSTALLATIONEN

Mondgänse

294
Agnes Meyer-Brandis (*1973)
The Moon Goose Analogue: Lunar Migration Bird Facility (Mondgänse), 2011/12
Installation
Agnes Meyer-Brandis, Berlin
Abb. S. 255

The man who flew into space from his apartment

295
Ilja Kabakow (*1933)
The man who flew into space from his apartment/L'Homme qui s'est envolé dans l'espace depuis son appartement, 1985
Diverse Materialien, 280 × 613 × 244 cm
Musée National d'Art Moderne Centre Georges Pompidou, Paris
Inv. Nr. AM1990-97 achat en 1990
Abb. S. 254

AUSSEN-INSTALLATIONEN

296
ESA PHOENIX Demonstrator für den Raumtransporter Hopper, European Space Shuttle, selbst startendes und landendes Raumfahrzeug (Ms 1:7)
Diverse Materialien, 256 × 384 × 690 cm
Airbus Defence and Space, Bremen
Abb. S. 97

297
Modell 1:5 der Ariane 5
Diverse Materialien, H. 1216 cm
Airbus Defence and Space, Bremen
Abb. S. 24

298
Ballon-Astronaut der ESA
Kunststoff, H. ca. 1000 cm
European Astronaut Center, Köln
Ohne Abb.

299
Tom Sachs (*1966)
The Crawler, 2003
Schaumpappe, Heißkleber, Holz, Metallrahmen, 300 × 200,7 × 171,5 cm
Galerie Thaddaeus Ropac, Salzburg
Inv. Nr. TSA 2122
Abb. S. 39

300
Modell 1:24 der Internationalen Raumstation ISS
Kunststoff, Aluminium, 300 × 263 × 452 cm
Deutsches Zentrum für Luft- und Raumfahrt, Köln
Abb. S. 71

KÜNSTLERBIOGRAFIEN

Aeppli, Eva (*1925, Zofingen, Schweiz) Die Schweizer Künstlerin lotet in ihren Zeichnungen, Skulpturen und Gemälden Urfragen menschlicher Existenz aus: Liebe, Verletzlichkeit und Tod spielen im Werk der in Frankreich lebenden Aeppli eine zentrale Rolle. In den 1970er Jahren begann sie sich mit Astrologie zu beschäftigen und fertigte ab 1979 zwölf Köpfe, die die Tierkreiszeichen symbolisieren (Abb. S. 27, 243).

Balaschowa, Galina (*1931, Kolomna, Russland) Die studierte Architektin begann 1957 im OKB-1 zu arbeiten, dem heutigen russischen Raumfahrtkonzern Energija. Sie war ab 1963 als Innenarchitektin für das sowjetische Raumfahrtprogramm tätig und entwarf sowohl die Innenausstattungen für Woschod, Sojus und MOS (Moon Orbital Spaceship) als auch die der Raumstation MIR (Abb. S. 41–43, 92), die als Vorlage für die Gestaltung der ISS diente. 1990 wurde sie pensioniert. Ihre Tätigkeit unterlag strikter Geheimhaltung.

Benson, Michael (*1962, München) Der in den USA lebende Autor, Filmemacher und Fotograf begann Mitte der 1990er Jahre Aufnahmen aus NASA- und ESA-Archiven zu nutzen und sie in großformatige Fotografien von Landschaften zu übersetzen, die der Mensch niemals betreten wird (Abb. S. 72, 177, 204, 221).

Berg, Oliver van den (*1967, Essen) Der in Berlin lebende Künstler demontiert in seinen bildhauerischen Arbeiten den Mythos von Produkten der Hochleistungstechnologie wie Raketen, Sternenprojektoren, Kameras oder Mikrofonen und setzt den Originalen individuelle Nachbauten aus verschiedenen Materialien entgegen (Abb. S. 143, 238).

Bontecou, Lee (*1931, Providence, Rhode Island) Die amerikanische Künstlerin gilt als eine der wichtigsten Vertreterinnen der abstrakten Nachkriegskunst der USA. In den 1960er Jahren, der Zeit des Space Age, war sie fasziniert von Raumfahrt und neuen wissenschaftlichen Erkenntnissen und schuf aus Industriematerialien und Alltagsgegenständen dreidimensionale Reliefs und Wandarbeiten. Ihre jüngeren, im Raum hängenden Keramikarbeiten erinnern an explodierende Galaxien oder extraterrestrische Landschaften (Abb. S. 237).

Calder, Alexander (*1898, Lawnton, Pennsylvania; †1976, New York) Der US-amerikanische Künstler übersetzte abstrakte Elemente der Moderne in raumgreifende Arbeiten. Nach einem Besuch im Pariser Planetarium Anfang der 1930er Jahre entstanden erste bewegliche Skulpturen, seine »Mobiles«. Später stellte er ihnen als Gegenpol monumentale unbewegliche Konstruktionen, die »Stabiles« gegenüber (Abb. S. 224).

Cellarius, Andreas (* um 1596, Neuhausen; †1665, Horn, Niederlande) Der Astronom und Kosmograf veröffentlichte 1660 die *Harmonia Macrocosmica*, einen reich bebilderten Himmelsatlas, der als einer der Höhepunkt des goldenen Zeitalters der Kartografie gilt (Abb. S. 68,243).

Dahlem, Björn (*1974, München) In seinen Installationen und Objekten bezieht sich der in Berlin lebende Künstler auf komplexe Fragestellungen aus den Bereichen Kosmologie, Astronomie, Physik, Science Fiction, Philosophie und Kunstgeschichte. Ohne wissenschaftlich korrekte Anschauungsmodelle entwerfen zu wollen, baut er aus Alltagsmaterialien und Fundstücken poetische Konstruktionen, die das Unbegreifliche des Universums auf die Erde holen (Abb. S. 204, 234, 235).

Darger, Henry (*1892, Chicago, †1973, Chicago) Darger, der zurückgezogen von der Gesellschaft lebte und einer Hilfstätigkeit in einem Krankenhaus nachging, schuf über 40 Jahre lang ein komplexes Œuvre aus Schriften und Illustrationen. Sein Hauptwerk umfasst mehr als 15000 Seiten: *The Story of the Vivian Girls, in What is known as the Realms of the Unreal, of the Glandeco-Angelinian War Storm, Caused by the Child Slave Rebellion*. Darin erzählt er die Geschichte der Vivian Girls, sieben Prinzessinnen, die auf einem fremden Planeten mit mehreren Monden, von denen einer die Erde ist, den Kampf von Kindersklaven gegen ihre Peiniger unterstützen (Abb. S. 171, 172). Sein Werk wurde erst kurz vor seinem Tod entdeckt.

Ernst, Max (*1891, Brühl, †1976, Paris) Der deutsche Künstler war Mitbegründer der Kölner Dada-Gruppe und einer der bedeutendsten Vertreter des Surrealismus. In seinen Collagen, Gemälden und Skulpturen verwendete er ungewöhnliche Techniken und setzte alltägliche Gegenstände und Naturphänomene in surreale Zusammenhänge (Abb. S. 12, 88, 210). Ab den 1940er Jahren beschäftigte er sich verstärkt mit kosmologischen Themen. Höhepunkt dieser Auseinandersetzung ist das 1964 entstandene Mappenwerk *Maximiliana oder die widerrechtliche Ausübung der Astronomie*, das zu den schönsten Künstlerbüchern des 20. Jahrhunderts gehört (Abb. S. 209).

Gordon, Douglas (*1966, Glasgow) Der schottische Multimediakünstler ist bekannt für seine Videoarbeiten, Performances und komplexen Installationen. Er analysiert Filme und Bilder des kollektiven Gedächtnisses und beschäftigt sich mit Fragen der Wahrnehmung. In der zehnteiligen Serie einer Sonnenfinsternis vom 12. August 1999 zeigt er unterschiedliche Aufnahmen dieses Naturspektakels, die in britischen Zeitungen abgedruckt wurden, und untersucht so die Frage von Wirklichkeit und ihrer Repräsentation (Abb. S. 205).

Goudt, Hendrick (*1580, Utrecht, †1648, Utrecht) Der niederländische Maler und Radierer arbeitete eng mit Adam Elsheimer in Rom zusammen und schuf nach seinem Vorbild Radierungen und Federzeichnungen (Abb. S. 49, 217).

Grimes, Ken (*1947, Cheshire, Connecticut) Der amerikanische Künstler beschäftigt sich seit Anfang der 1970er Jahre mit Außerirdischen, SETI, UFOs und den Möglichkeiten interstellarer Kommunikation. In seine oft textbasierten Schwarz-Weiß-Arbeiten fließen aktuelle Themen der extraterrestrischen Forschung ein (Abb. S. 189).

Grimm, Julius (*1842, Innsbruck, †1906, Offenburg) Der Offenburger Fotograf fertigte wissenschaftliche Fotografien für Hochschulen an und hatte ein eigenes astronomisch-fotografisches Observatorium. Im Jahre 1895 schuf Grimm ein großes Ölgemälde der Mondoberfläche (Abb. S. 211).

Hausmann, Friedrich Karl (*1825, Hanau, †1886, Hanau) Nach Studienjahren in Antwerpen und Paris wurde der Maler Direktor der Hanauer Zeichenakademie. 1852 hielt er den Schlussakt des Prozesses der Inquisitionsbehörde gegen Galileo Galilei in einem Ölgemälde fest (Abb. S. 220).

Hevelius, Johannes (*1611, Danzig, †1687, Danzig) Der Astronom gilt als Begründer der Kartografie des Mondes. Von seiner Sternwarte in Danzig aus beobachtete er den Nachthimmel. 1647 erschien seine Publikation *Selenographie oder die Beschreibung des Mondes*, ein Meilenstein in der Geschichte der Mondkartografie (Abb. S. 207). Die hohe Qualität seiner Mondkarten machte ihn weit über die Grenzen Danzigs hin bekannt. 1935 wurde der Mondkrater Hevelius nach ihm benannt.

Hiller, Susan (*1940, Tallahassee, Florida) Die US-amerikanische Künstlerin und studierte Anthropologin, die seit Anfang der 1960er Jahre in London lebt, widmet sich in ihrem multimedialen Werk oftmals paranormalen Phänomenen und beschäftigt sich mit Grenzbereichen der Psychologie. Mit ihren Skulpturen, Installationen, Fotografien, Performances und Zeichnungen gilt sie als eine der einflussreichsten Künstlerinnen ihrer Generation (Abb. S. 229).

Janke, Karl Hans (*1909, Kolberg, Pommern, †1988, Wermsdorf) Der Künstler und Erfinder hat 50 Jahre lang geforscht, erfunden, konstruiert und gezeichnet. Den Großteil dieser Zeit verbrachte er in der Psychiatrie der ehemaligen DDR, im Schloss Hubertusburg, Wermsdorf. Er entwarf u. a. ein Navigationssystem für Flugzeuge, dachte über die friedliche Nutzung von Kernenergie nach, fertigte präzise Konstruktionszeichnungen von Raketen und Raumschiffen für den interstellaren Raumflug (Abb. S. 141). Er hielt Vorträge, korrespondierte mit Unternehmen und verfasste Theorien über den Ursprung des Universums und die Entwicklungsgeschichte der Menschheit. Ursprünglich umfasste sein Gesamtwerk über 3000 Zeichnungen und Modelle, etwa die Hälfte davon blieb erhalten.

Jones, Ronald (*1952, Fort Belvoir, Virginia) Der interdisziplinär arbeitende amerikanische Künstler, Kritiker, Kurator und Designprofessor setzt in seinen konzeptuellen Werken Objekte, wie z. B. Betten oder Tische, mit Hilfe von Titeln in einen komplexen Bedeutungszusammenhang, der die Arbeit historisch verortet und narrativ auflädt (Abb. S. 163).

Kabakow, Ilja (*1933, Dnjepropetrowsk, Ukraine) Der vielfach ausgezeichnete russische Konzeptkünstler zählte während seiner Zeit in der Sowjetunion zu den Künstlern des Moskauer Konzeptualismus. Mit subversiver Ironie und einer kritischen Haltung setzte er sich mit der Lebenswirklichkeit in der UdSSR auseinander. 1985 wurde sein Werk erstmals im Westen ausgestellt, nach einem dreimonatigen Stipendium in Graz kehrte er nicht mehr seine Heimat zurück, sondern siedelte 1988 mit seiner Frau Emilia nach New York über. Seit 1989 arbeiten sie zusammen und beschäftigen sich in ihren multimedialen Installationen oftmals mit dem Scheitern des sozialistischen Ideals (Abb. S. 254).

Klein, Yves (*1928, Nizza, †1962, Paris) Der französische Künstler hat zahlreiche Tendenzen der Kunst wie Happening, Performance, Konzeptkunst, Land- und Body-Art vorweggenommen und gilt als einer der Begründer des Nouveau Réalisme. In seiner kurzen, intensiven Schaffenszeit wurde er vor allem durch seine Arbeiten in monochromem Ultramarinblau bekannt. 1960 ließ er sich diese Farbe als International Klein Blue (I.K.B.) patentieren (Abb. S. 228). Klein sah im Blau eine Metapher für die Immaterialität der Kunst und ein Symbol für die Überwindung irdischer Grenzen. Mit seinen Werken wollte er die Sensibilität des Betrachters steigern.

Lässig, Erik Theodor (*1928, München) Der deutsche Grafik- und Industriedesigner spezialisierte sich ab Anfang der 1950er Jahre auf die grafische Gestaltung von Luft- und Raumfahrtthemen und Energietechnik (Abb. S. 121, 146, 147, 148). Von 1958 bis 1991 arbeitete er bei MBB und später bei der DASA, einem der führenden internationalen Unternehmen der Luft- und Raumfahrt. Lässig illustrierte zahlreiche Bücher u.a. für Hermann Oberth, Wernher von Braun und Eugen Sänger.

Laffoley, Paul (*1940, Cambridge, Massachusetts) Der in Boston lebende Künstler destilliert in seinen komplexen Anschauungstafeln Wissen aus unterschiedlichsten Gebieten: Philosophische, literarische und spirituelle Quellen fließen ebenso in seine streng komponierten Arbeiten ein wie naturwissenschaftliche Theorien. Seit Mitte der 1960er Jahre kreist sein Werk um phantastische Theorien über Zeitreisen, Schwarze Löcher sowie kosmologische oder mathematische Fragen zur 4. und 5. Dimension (Abb. S. 189).

Lang, Fritz (*1890, Wien, †1976, Beverly Hills, Kalifornien) Der gebürtige österreichische Filmregisseur und Drehbuchautor gab 1919 sein Regiedebüt und avancierte in den kommenden Jahren zu einem der prägendsten Filmemacher seiner Zeit. Seine Stummfilme wie *Dr. Mabuse, der Spieler* oder *Metropolis* haben Filmgeschichte geschrieben, ebenso sein letzter Stummfilm *Frau im Mond* von 1929. Dieser Film war der erste wissenschaftlich fundierte Film des Science-Fiction-Genres, Lang hatte dafür den Raketenpionier Hermann Oberth als wissenschaftlichen Berater engagiert (Abb. S. 96). 1934 emigrierte Fritz Lang in die USA und war einer der Begründer der Hollywood Anti-Nazi League.

Lewandowsky, Via (*1963, Dresden) Der in Berlin lebende Künstler arbeitet in seinem vielschichtigen, multimedialen Werk oftmals an der Schnittstelle von Fiktion und Realität. Er spielt mit Bedeutungsebenen und untersucht Sprachbilder auf ihre kommunikative Fähigkeit hin. In seiner Installation *Last Call* (Abb. S. 169) hat er einen Gedächtnisraum für den russischen Kosmonauten Wladimir Komarow geschaffen, der 1967 bei einer Weltraummission ums Leben kam.

Luther, Adolf (*1912, Uerdingen; †1990, Krefeld) Der Licht- und Objektkünstler experimentierte in seinem Werk mit Spiegeln, Hohlspiegeln, Glas, Linsen und Laserstrahlen und war von der Idee fasziniert, Licht, unabhängig von Materie, sichtbar zu machen. Er beschäftigte sich mit interstellarem Licht und entwickelte in den 1970er Jahren das Mondprojekt (Abb. S. 208). Hier sollte mit Hilfe eines Parabolspiegels ein Lichtkegel auf die dunkle Seite des Mondes geworfen werden. Luther stand in engem Kontakt zur NASA. Das Projekt schien technisch realisierbar, ist dann aber aus finanziellen Gründen gescheitert.

Masuyama, Hiroyuki (*1968, Tsukuba, Japan) Der in Düsseldorf lebende Fotograf und Medienkünstler setzt sich in seinem Werk oftmals mit kunsthistorischen Vorbildern wie William Turner oder Caspar David Friedrich auseinander. Fragen nach Zeit und Raum, Natur und dem Erhabenen beschäftigen den Künstler in seinem multimedialen Werk, so auch in einer begehbaren Kapsel, die den Besucher das Firmament des Sternenhimmels erleben lässt (Abb. S. 91, 172).

Meyer-Brandis, Agnes (*1973, Aachen) Die in Berlin lebende Künstlerin arbeitet an der Schnittstelle von Kunst und Wissenschaft. In ihrem multimedialen Werk erforscht sie die Grenzen zwischen Fakt und Fiktion, Mythos und Technologie. Bezug nehmend auf Francis Godwins Science-Fiction-Roman *The Man in the Moone* aus dem 17. Jahrhundert, in dem der Held mit Hilfe von »Mondgänsen« eine Reise zum Mond unternimmt, betreibt Meyer-Brandis ihr eigenes Raumfahrtprogramm: So wurden elf Mondgänse großgezogen und mit ihnen Flugtraining absolviert, um sie auf die Reise in den Weltraum vorzubereiten (Abb. S. 255).

Michailow, Iwan (*1981, Nowotscheboksarsk, Russland) Der in Moskau lebende Künstler arbeitet seit 2001 als Fotograf. In seinen fotografischen Serien untersucht er die Alltagswirklichkeit im modernen Russland zwischen Nostalgie und Kapitalismus. In seiner Serie *Playground* (Abb. S. 144) zeigt er die Einflüsse des Space Race, die bis heute den öffentlichen Raum prägen.

Morse, Ralph (*1917, New York) Der amerikanische Fotograf arbeitete über 30 Jahre für *LIFE Magazine*. Er war zunächst als Kriegsfotograf tätig und begleitete später das Weltraumprogramm der NASA mit seiner Kamera (Abb. S. 160, 223).

Motti, Gianni (*1958, Sondrino, Italien) Der in Genf lebende Künstler arbeitet in seinem subversiven Œuvre in unterschiedlichen Medien und beschäftigt sich mit politisch und gesellschaftlich relevanten Fragen. Als Aktionskünstler sprach er im Namen des indonesischen Volkes vor der UNO-Menschenrechtskommission, in Kolumbien wollte er den Regierungschef mittels telepathischer Kräfte zum Rücktritt bewegen. Motti will aber kein Hofnarr sein, sondern agiert als Aktivist, der Funktionsweisen von Systemen aufzeigt. Er arbeitet an der Schnittstelle von Rationalem und Irrationalem, Fakt und Fiktion. Sein Countdown *Big Crunch Clock* (Abb. S. 204) zeigt die noch verbleibende Zeit bis zum Kollaps der Sonne in 5 Billionen Jahren.

Paglen, Trevor (*1974, Maryland) Der in New York lebende Künstler, Autor und Geograf deckt mit langwierigen Recherchen und der Kamera Zusammenhänge auf, die nicht öffentlich sind. So interessieren ihn ebenso geheime Spionage- und Militäroperationen wie Weltraumschrott, den er mit Spezialobjektiven aus dem Bereich der Astrofotografie einfängt (Abb. S. 219, 248). 2012 schickte Paglen selbst ein Werk mit einem Satelliten in den Orbit: eine Siliziumscheibe mit einem Archiv von 100 Bildern. Diese »Last Pictures« werden die letzten Artefakte unserer Zivilisation sein, wenn das Leben auf der Erde erloschen ist.

Palisa, Johann (*1848, Troppau, Österreichisch-Schlesien, †1925, Wien) Der österreichische Astronom wurde durch die Entdeckung von 123 Asteroiden und die Herausgabe von Sternatlanten bekannt. Gemeinsam mit dem deutschen Astronomen Maximilian Wolf veröffentlichte er den ersten Sternatlas zur Suche und Identifikation neu entdeckter Himmelskörper. Später entstanden die fotografischen Wolf-Palisa-Sternkarten in 210 Blättern (Abb. S. 115, 236).

Paterson, Katie (*1981, Glasgow) Die in Berlin lebende Künstlerin bewegt sich an der Schnittstelle von Kunst und Naturwissenschaft. Sie arbeitet eng mit Wissenschaftlern aus den Bereichen der Astrophysik, Ökologie oder Geologie zusammen, um komplexe Naturphänomene oder kosmische Vorgänge mit künstlerischen Mitteln in konzeptuelle Installationen, Objekte oder Multimedia-Arbeiten zu übersetzen (Abb. S. 237).

Pepperstein, Pawel (*1966, Moskau) Der in Moskau lebende Künstler und Schriftsteller stammt aus der Schule der Moskauer Konzeptualisten. In seinen Aquarellen und Zeichnungen setzt er sich immer wieder kritisch mit der Geschichte und Kunst seiner Heimat auseinander und zitiert ebenso aktuelle Weltereignisse wie den Suprematismus (Abb. S. 176). Er fertigt utopische Architekturentwürfe an und entwirft Szenarien über technische Innovationen, meteorologische Phänomene oder religiöse Rituale der Zukunft.

Pether, William (* um 1738, Carlisle, † 1821, Bristol) Der britische Maler und Kupferstecher schuf zahlreiche Porträts und arbeitete nach Vorlagen berühmter Künstler wie Rembrandt oder Joseph Wright of Derby (Abb. S. 222).

Redon, Odilon (*1840, Bordeaux, † 1916, Paris) Der französische Maler und Grafiker zählt zu den Vertretern des Symbolismus. Sein Werk bewegt sich zwischen Tradition und Innovation. In surrealen, zum Teil alptraumhaften Szenen erkundet er Bereiche des Traums und Unbewussten (Abb. S. 179). Er gilt als Wegbereiter der Moderne.

Reile, Sven (*1967, Braunschweig) Der in Berlin lebende Künstler erkundet malerisch die Oberfläche von Monden, Planeten und Asteroiden (Abb. S. 247). Dabei lotet er die Grenzen von Wissenschaft und Mythos aus und findet zu einer eigenen Art von Landschaftsmalerei.

Rubens, Peter Paul (*1577, Siegen, †1640, Antwerpen) Der flämische Maler gilt als einer wichtigsten Künstler des Barock. In seiner durch starke Farbigkeit und Hell-Dunkel-Kontraste geprägten Malerei verarbeitet er oft religiöse oder mythologische Szenen. Die *Geburt der Milchstraße* (Abb. S. 137) zeigt die Göttermutter Juno, die den kleinen Herkules stillt. Aus ihrer Brust spritzt die Milch an den nächtlichen Himmel und bildet so die Milchstraße.

Ruff, Thomas (*1958, Zell am Harmersbach) Der in Düsseldorf lebende Künstler ist einer der Vertreter der Becher-Schule. In seinem fotografischen Werk arbeitet er in Serien. So entstanden ungeschönte Porträts oder Aufnahmen von Straßenarchitektur, gleichzeitig verwendete er Bildern aus dem Internet oder öffentlichen Archiven wie der NASA, ESA oder Roskosmos. Fasziniert vom Weltraum, schuf er mehrere Serien mit astronomischen Motiven wie dem Nachthimmel oder Marslandschaften (Abb. S. 225).

Sachs, Tom (*1966, New York) Der in New York lebende Bildhauer, Installationskünstler und Maler untersucht in seinen Arbeiten Lebensweise und Errungenschaften der amerikanischen Gesellschaft. Er fertigt seine Werke aus einfachen Materialien, aber auch aus hochwertiger Bronze. Immer wieder hat sich Sachs intensiv mit der Raumfahrt auseinandergesetzt: 2006 re-inszenierte er die Mondlandung, 2012 spielte er in New York eine Marsmission durch (Abb. S. 39).

Sardou, Victorien (*1831, Paris, † 1908, Paris) Der französische Dramatiker (u.a. *Patrie*, *Tosca*, *Madame Sans-Gêne*) begann sich im Alter von 26 Jahren für Spiritismus zu interessieren. Unter Führung der Geister von Mozart und Bernard Palissy entstanden automatistische Zeichnungen, die ihre Häuser und Gärten auf dem Planeten Jupiter zeigen (Abb. S. 192).

Sauerer, Peter (*1958, München) In seinen miniaturhaften Holzskulpturen bildet der in Bayern lebende Künstler die Welt nach und richtet seine Aufmerksamkeit ebenso auf historische Ereignisse, bekannte Architekturen oder Unfälle wie auf das Universum in der Nussschale (Abb. S. 112, 136, 239). Seine Kleinplastiken faszinieren durch ihre Mischung aus Perfektion und Bricolage und ihre hintergründige Sicht auf die Dinge.

Schinkel, Karl Friedrich (*1781, Neuruppin; † 1841, Berlin) Der preußische Architekt, Maler, Grafiker und Bühnenbildner war ein bedeutender Vertreter des Klassizismus. Seine Architektur prägt bis heute das Bild der Berliner Innenstadt. Bekannt wurde er auch durch seine Bühnenbilder, etwa dem, das er 1816 zu Mozarts *Zauberflöte* schuf. Sie fanden teilweise auch in zeitgenössischen Inszenierungen Verwendung. Schinkel überarbeitete auch den Entwurf der Bonner Sternwarte und korrigierte den Plan des Universitätsbaumeisters Peter Josef Leydel an Fassade und Dach (Abb. S. 216).

Shelley, Ward (*1950, Auburn, New York) Der in Brooklyn lebende Künstler arbeitet sowohl im Bereich von Installation und Performance als auch zeichnerisch. Er fertigt großformatige, diagrammartige Zeichnungen, in denen er komplexe Zusammenhänge wie die Geschichte von Science Fiction oder der Avantgarde visualisiert (Abb. S. 182).

Strindberg, August (*1849, Stockholm, † 1912, Stockholm) Der bedeutende schwedische Schriftsteller, Dramatiker und Künstler, Autor von Werken wie *Fräulein Julie* oder *Ein Traumspiel*, beschäftigte sich auch mit Malerei, Fotografie, Naturwissenschaften, Alchemie und Okkultismus. Ab Beginn der 1890er Jahre experimentierte er mit fotografischen Platten und Entwicklerflüssigkeit, um die Bewegung des Mondes und des Sternenhimmels festzuhalten. Seine *Celestografien* (Abb. S. 37, 224) sind Fotogramme, die heute in der in Königlichen Bibliothek zu Stockholm aufbewahrt werden.

Tansey, Mark (*1949, San José, Kalifornien) Der in New York lebende Künstler arbeitet seit den späten 1970er Jahren figurativ. Auf den ersten Blick wirken seine monochromen Gemälde wie fotografiert. Grundlage der Werke sind Bildmontagen, die auf der Basis von Schwarz-Weiß-Fotokopien entwickelt werden und grundsätzliche Fragen über das Verhältnis zur Wirklichkeit und der Erkenntnisfunktion von Kunst stellen (Abb. S. 140).

Turner of Oxford, William (*1789, Blackbourton, † 1862, Oxford) Der britische Landschaftsmaler, der ab 1808 Mitglied »Society of Painters in Water Colours« war, zog zu Beginn der 1830er Jahre nach Oxford. Daraus wurde sein Beiname abgeleitet, um ihn von dem prominenteren Josef Mallard William Turner zu unterscheiden. 1858 beobachtete er den Kometen Donati, der zwischen Mitte August und Mitte November mit bloßem Auge zu sehen war, und fertigte ein Gemälde dieses spektakulären Himmelsereignisses an (Abb. S. 250).

Wolf, Maximilian Franz Joseph Cornelius (*1863, Heidelberg, † 1932, Heidelberg) Der deutsche Astronom, der ab 1896 den Lehrstuhl für Astronomie in seiner Heimatstadt inne hatte, war einer der Pioniere der Astrofotografie. Er entdeckte zahlreiche Asteroiden. Gemeinsam mit dem österreichischen Astronom Johann Palisa veröffentlichte er den ersten Sternatlas zur Suche und Identifikation neu entdeckter Himmelskörper. Später entstanden die fotografischen Wolf-Palisa-Sternkarten in 210 Blättern (Abb. S. 115, 236).

Künstlerbiografien von Claudia Dichter

PERSONENREGISTER

Bildnachweis

Airbus Defence and Space, Foto: Julio Piatti, 2008 S. 20, 24 links/ Astrium 2014 S. 213, 242
akg-images Album / WARNER BROS. S.62
Alte Pinakothek, München S. 49
Foto Stephan Andreae S. 186
Archiv der Lietz-Schulen S.33
Argelander-Institut für Astronomie der Universität Bonn S.32 links unten, 216
bpk / Skulpturensammlung, SMB, Kaiser Friedrich-Museums-Verein, Foto: Jörg P. Anders; S.28 unten rechts, 136 unten rechts / Staatsbibliothek zu Berlin, Foto: Ruth Schacht; S.46 / RMN – Grand Palais, Foto: Arnaud Loubry S.172 links oben / Nationalgalerie, SMB, Sammlung Scharf-Gerstenberg, Foto: Volker-H. Schneider S.179 unten / Hamburger Kunsthalle, Foto: Elke Walford S.222 oben / Nationalgalerie, SMB, Foto: Jens Ziehe S. 224 oben / Nationalgalerie, SMB S.237 unten
Bundesarchiv, Bild 146-1978-Anh. 024-02 S.149 oben links / Bild 146-1992-093-13A, Foto: Hanns Hubmann S.149 oben rechts / Bild 146-1978-Anh.024-03 S.149 oben Mitte / Bild141-1880 S.149 links unten / Bild 141-1875A S.149 rechts unten
Deutsches Historisches Museum, Berlin S. 55 links oben
Foto Deutsches Museum S.105 oben, 114, 121 links, 146 unten, 147, 148 unten, 218 links
Courtesy of the artist, Foto: MJC, 2010 S. 237 oben
Courtesy the artist, Galerie Guido W. Baudach, Berlin; Sies + Höke Galerie, Düsseldorf, Fotograf: Achim Kukulies, Düsseldorf S. 204 rechts oben
Courtesy the artist and Sfeir-Semler Gallery, Beirut / Hamburg S.179 links oben
Courtesy the artist and tempest gallery, Cologne S. 182
Courtesy Galerie Guido W. Baudach, Berlin, Foto: Roman März S.106, 234
Courtesy Galerie Guido W. Baudach, Berlin / Galeria Heinrich Erhardt, Madrid, Foto: Roman März S.235
Courtesy Galerie Loevenbruck, Paris, Foto: Fabrice Gousset S.192
Courtesy Thomas Rehbein Galerie, Köln S. 122 rechts, 136 links oben, 239 links
Courtesy Galerie Thaddaeus Ropac Paris, Salzburg S.39
Courtesy Galerie Sfeir-Semler S.91 links, 172 unten
Courtesy Galerie Susanne Zander / Delmes&Zander, Köln S.141 links
Courtesy Galerie Thomas Zander, Köln S.115 links unten, 236
Deutsches Museum S.35 unten
Deutsche Raumfahrtausstellung Morgenröthe-Rautenkranz e.V. S.162 links oben und unten, 201 Mitte
By DLR German Aerospace Center (http://www.flickr.com/photos/dlr_de/9216083814/) [CC-BY-2.0 (http://creativecommons.org/licenses/by/2.0)], via Wikimedia Commons S.44
Deutsches Zentrum für Luft- und Raumfahrt, Köln S.51 rechts Mitte, 56 rechts unten, 83 links unten, 93 links unten, 97 links und rechts unten, 112, 164, 167 links oben, 231 links unten, 250 links unten
Sammlung Peter Dubois S.189 links unten
Engelverein Engelskirchen e.V. S.218 rechts oben und unten
ESA S.31 rechts Mitte, 51 links oben
GCT / CCC BY-SA3.0 S.115 links oben
Essay Alexander C. T. Geppert:
Heinz Gartmann, Flug in den Weltenraum, Westermanns Monatshefte 91, März 1951, 21–28, hier S.27, Katalog S.124 rechts
Hermann Oberth, Menschen im Weltraum: Neue Projekte für Raketen- und Raumfahrt, Berlin 1957, S.128, Katalog S.124 links
Zeichnung der Gebrüder Hans und Botho von Römer, München n.d., Deutsches Museum, Archiv, LR10040, Katalog S.125 oben
Heinz Gartmann, Station zum Mond, Westermanns Monatshefte 94, August 1953, S.49–54, hier S.53, Katalog S.125 unten
Harry E. Ross, Orbital Bases, Journal of the British Interplanetary Society 8, Januar 1949, S.1–19, hier S. 9, Katalog S.126 links
Getty Images S. 223
Foto Glaz Gallery, Moskau S.144
Douglas Gordon, Foto: Courtesy Niels Borch Jensen Galerie, Berlin
Haus der Geschichte, Bonn S.152 links, 195, 201 unten
Historisch-Technisches Museum Peenemünde, Foto: Kai Hampel S.145
INAF-Osservatorio Astronomico di Brera S. 220 unten
By Jean & Nathalie (originally posted to Flickr as Moscow: Gorky Park) [CC-BY-2.0 (http://creativecommons.org/licenses/by/2.0)], via Wikimedia Commons S.32 rechts unten
Courtesy of Kansas Cosmosphere and Space Center S.153 rechts oben, S.167 unten, S.230 rechts oben
Ralf Kaspers, 2014 S.162
Kent Fine Art LLC S.189 links oben und rechts unten
Courtesy Kewenig, Berlin und Copyright Simon Vogel, Köln S.176
Yves Klein/VG Bild-Kunst, Bonn, 2014/ADAGP, Paris 2014 S.228 links
Yves Klein/VG Bild-Kunst, Bonn, 2014/ADAGP, Paris 2014/Foto: Museum Morsbroich, Leverkusen S.228 rechts oben
Kunst- und Ausstellungshalle der Bundesrepublik Deutschland, Foto: David Ertl, Köln S.84, 85, 153 rechts Mitte, 163 oben, 167 Mitte, 173, 174, 175, 179, 184, 201 oben, 21 rechts oben, 250 rechts unten
Kommando Einsatzverbände Luftwaffe, Köln-Wahn S.251
KZ-Gedenkstätte Mittelbau-Dora, Nordhausen S.148 oben
Landesamt für Denkmalpflege und Archäologie Sachsen-Anhalt, Foto: Juraj Lipták S.70 oben, 136 links unten
Barbara und Tomasz Lem 2014 S.108
Agnes Meyer-Brandis, VG Bild-Kunst, Bonn, 2014 S. 255
Moderna Museet, Stockholm S. 27, 243 oben
The Montreal Museum of Fine Arts, Foto: Brian Merrett S.144
Gianni Motti, Foto: Stefan Rohner, St. Gallen, Sammlung Migros Museum für Gegenwartskunst S.204 unten
Museo Nacional del Prado, Madrid S.137
Hwa Ja Götz, Museum für Naturkunde Berlin S.90 rechts Mitte, 249
Museum der Universität Tübingen MUT S.211 oben / Gemäldesammlung, Foto: V. Marquardt S.211 unten
NASA Cover, S.19 oben, 21 links oben und unten, 22 links oben, 22 rechts unten, 26 links Mitte, 26 rechts unten, 28 rechts oben, 29 links oben, 29 rechts oben, 31 links unten, 37 links oben, 37 rechts, 38 Mitte und unten, 50 rechts oben und unten, 55 links unten, 61 links, 66, 71 links, 73 links unten, 76, 77, 81, 83 rechts unten, 89 rechts, 90 unten, 93 links oben, 93 rechts, 94 links oben und unten, 97 links oben, 99 rechts oben 101, 110, 111 links, 113 links, 122 links, 130
NASA, ESA, and C.R. O'Dell (Vanderbilt University) News Release Number: STScI-2004-32, via Wikimedia Commons S.30
NASA / ESA / JHU / R. Sankrit & W. Blair S.115 rechts unten
NASA / ESA / Richard Massey, via Wikimedia Commons S.48 rechts
NASA GPN-2003-00093 S.126 rechts
NASA JPL / Michael Benson, Kinetikon Pictures S. 72 rechts, 177 unten, 178, 221
NASA SDO / Michael Benson, Kinetikon Pictures S. 204 links oben
NASA / JPL / Galileo / NSSDC S. 26 rechts oben
NASA / Marshall Space Flight Center S. 19 unten
NASA / WMAP Science Team S. 48 links
Nationalbibliothek Schweden S. 37 links unten, 224 unten
The National Gallery, London 2014 S. 25
Collection of Peter Norton S.163 unten
Hermann-Oberth-Raumfahrt-Museum e.V., Feucht S.142
The Ohio State University Radio Observatory and the North American Astro-Physical Observatory (NAAPO) S.129 rechts Mitte
Trevor Paglen, courtesy Galerie Thomas Zander, Köln / Altman Siegel Gallery, San Francisco / Metro Pictures, New York S. 219, 248
PD-USGOV-NASA S.100 links

Regine Petersen S. 51 links oben, 136 Mitte links
PHL©UPR Arecibo (phl.upr.edu) May 18, 2014 S. 67
picture alliance / Bildagentur-online / Saurer S. 98 unten / dpa, Foto: Balazs Mohai S. 99 links unten / dpa, Foto: NASA / Chandra X-Ray Observatory C S. 99 rechts unten / Quagga Illustrations S. 95 links oben / Foto: Bianchetti / Leemage S. 121 rechts / Foto: Science Photo Library S. 98 oben
Privatsammlung S. 229
Privatsammlung, Köln, Foto: Simon Vogel S. 239 rechts
Rheinisches Bildarchiv Köln S. 217 / Foto: Rheinisches Bildarchiv Köln, rba_c004582 S. 220 oben
By RWTH Aachen (RWTH Aachen, Prof. Dr. S. Schael) [CC-BY-SA-2.0-de hhttp://creativecommons.org/licenses/by-sa/2.0/de/deed.en)], via Wikimedia Commons S. 22 rechts oben
Ricco / Maresca Gallery, New York S. 189 rechts oben
Dietmar Röttler S. 23, 24 rechts, 38 oben, 56 links, 82, 118
Thomas Ruff & ESO / VG Bild-Kunst, Bonn 2014 S. 225
By Russian Federal Space Agency, via Wikimedia Commons S. 104 links
Scherl / Süddeutsche Zeitung Photo S. 111 rechts
Dr. G. Schmitz – Eigenes Werk. Lizenziert unter Creative Commons Attribution-Share Alike 3.0 über Wikimedia Commons – http://commons.wikimedia.org/wiki/File:Radioteleskop_20110820.jpg#mediaviewer/Datei:Radioteleskop_20110820.jpg S. 100 rechts
ScienceFictionArchives.com, Foto: Benjamin Taguemount S. 183, 186, 187, 188
IanShazell (Eigenes Werk) [Public domain], via Wikimedia Commons S. 104 rechts
Smithsonian Institution Archives S. 22 links Mitte, 71 rechts
Staatliche Kunstsammlungen Dresden, Mathematisch-Physikalischer Salon, Foto: Michael Lange S. 69, 117 links, 172 rechts oben, 206, 222 unten, 238 oben
Foto Tanja von Stegmann S. 123 rechts, 136 rechts oben
Sammlung Südhausbau S. 234
Sunset Boulevard / Corbis S. 63 oben rechts
Technik Museum Speyer S. 152 rechts, 153 links, 200
TU Braunschweig S. 246 / 247
ullstein bild S. 35 oben, 36, 63 oben links, 105 oben, 119 / ADN-Bildarchiv S. 72 links / AP S. 70 unten / CARO / Frank Sorge S. 83 links oben / COLOR-VISION S. 54 / dpa S. 51 links unten, 96 links / The Granger Collection S. 21 rechts unten, 61 rechts, 73 rechts unten, 95 rechts / Heritage Images / The Print Collector S. 94 rechts / Emil Otto Hoppe S. 123 links / IBERFOTO S. 120 links unten / Imagno; S. 55 rechts oben / NMSI / Science Museum S. 73 links, 96 rechts, 120 oben, 128 / Nowosti S. 31 rechts oben, 74, 129 links unten, 131 rechts / Reuters S. 113 unten / Robert Sennecke S. 89 links / Stark-Otto S. 91 rechts / Telebunk S. 103 / Roger-Viollet / Albert Harlingue S. 52
Universitätsbibliothek Basel S. 29 rechts unten, 131 links, 193
Universiteit Utrecht S. 68, 117 rechts, 243 unten
USB Köln, Sign.: N4 / 107 S. 207
U.S. Space and Rocket Center S. 34
VG Bild-Kunst, Bonn, 2014 S. 12, 190/191, 247 rechts / Foto: Philipp Meuser S. 41–43, 92, 198, 199 / Foto: bpk / Bayerische Staatsgemäldesammlungen S. 88 / Foto: Harald Blondiau S. 209 / Foto: Jürgen Vogel S. 210 rechts / Foto: Marcus Schwier S. 208 unten / Foto: Fondation Beyeler, Riehen / Basel, Sammlung Beyeler, Peter Schibli, Basel S. 210 links / Foto: Thomas Bruns, Berlin Courtesy Kuckei + Kuckei, Berlin S. 143 unten, 238 unten / Foto: bpk / CNAC-MNAM, Philippe Migeat S. 254 / Foto: Archiv Adolf-Luther-Stiftung, Krefeld S. 208 oben / Foto: courtesy Niels Borch Jensen Galerie, Berlin S. 205 / Foto: Rosengarten e.V., Wermsdorf S. 141 rechts / Foto: Thomas Bruns S. 169 oben rechts und Mitte rechts
Foto Olga Winogradowa S. 40
Fotomuseum WestLicht, Wien S. 78, 129 links oben, 143 oben, 146 oben, 154 rechts, 155, 156, 157, 158, 159, 160, 161, 165, 166, 168, 169 oben links und Mitte, 169 unten, 179 oben rechts, 212 links und unten rechts, 230 links und unten rechts, 231 oben und rechts
By X-ray: NASA / CXC / J.Hester (ASU); Optical: NASA / ESA / J. Hester & A. Loll (ASU); Infrared: NASA / JPL-Caltech / R. Gehrz (Univ. Minn.) [Public domain], via Wikimedia Commons S. 95 links unten
Yale Center for British Art, Paul Mellon Collection S. 250 oben
Isaac Newton, De Mundi systemate 1687 (Zentralbibliohek Zürich) S. 63 unten
Foto Jens Ziehe, Berlin S. 64
Foto Wolfgang Krause Zwieback S. 65

Textnachweis Zitate

Alexei Tolstoi, Auszug aus *Aelita*, Katalog S. 19f., aus: Alexei N. Tolstoi, *Aelita*, Roman, aus dem Russischen von Hertha von Schulz, Aufbau-Verlag, Berlin 1977, S. 193–196, © Aufbau Verlag GmbH & Co. KG, Berlin 1957 (für die Übersetzung)
Stanislaw Lem, Auszug aus *Fiasco*, Katalog S. 25f. und S. 107, aus: Stanislaw Lem, *Fiasco*, Roman, aus dem Polnischen von Hubert Schumann, S. 298–300 und S. 152–154, © 1986 by Stanislaw Lem, © der deutschen Ausgabe Insel Verlag, Frankfurt a.M. und Leipzig 1991, Courtesy Lem Estate, Krakau, 2014
Roland Barthes, Auszug aus Mythen des Alltags, Katalog S. 27f., aus: Roland Barthes, *Mythen des Alltags, Astrologie*, vollständige Ausgabe, aus dem Französischen von Horst Brühmann, S. 216–219, © Éditions du Seuil, Paris 1957, © der deutschen Ausgabe Suhrkamp Verlag, Berlin 2010
Rainer Schönhammer, Auszug aus *Fliegen, Fallen, Flüchten – Psychologie intensiver Träume*, Katalog S. 52, aus: Rainer Schönhammer, *Fliegen, Fallen, Flüchten – Psychologie intensiver Träume*, dgvt-Verlag, Tübingen 2004, S. 23–25
Paul Virilio, Auszug aus *Fluchtgeschwindigkeit*, Katalog S. 53f. und 240, aus: Paul Virilio, *Fluchtgeschwindigkeit*, aus dem Französischen von Bernd Wilczek, Carl Hanser Verlag, Berlin 1996, S. 9–13, mit freundlicher Genehmigung des Carl Hanser Verlag
Albrecht Koschorke, Auszug aus *Die Geschichte des Horizonts: Grenze und Grenzüberschreitung in literarischen Landschaftsbildern*, Katalog S. 74ff., aus: Albrecht Koschorke, *Die Geschichte des Horizonts: Grenze und Grenzüberschreitung in literarischen Landschaftsbildern*, 3. Der Lanzenwurf ins All, Suhrkamp, Frankfurt a.M. 1990, S. 23–26, alle Rechte für Albrecht Koschorke, bei © Albrecht Koschorke
Interview mit dem Astrophysiker Matthias Steinmetz, »Das Universum läuft uns davon«, Katalog S. 79f., aus: *Frankfurter Allgemeine Zeitung*, 14. April 2013, Nachdruck eines Interviews von Sonja Süß
August Strindberg, Auszug aus *Verwirrte Sinneseindrücke: Schriften zu Malerei, Fotografie und Naturwissenschaften*, Katalog S. 108 ff. und 215, aus: August Strindberg, Verwirrte Sinneseindrücke: Schriften zu Malerei, Fotografie und Naturwissenschaften, Ein Blick zum Weltraum, aus dem Schwedischen und Französischen von Angelika Gundlach, Verlag der Kunst, Amsterdam/Dresden 1998, S. 101–106, © Philo Fine Arts, Hamburg, 2009
Stanislaw Lem, Auszug aus Solaris, Katalog S. 116, aus: Stanislaw Lem, Solaris, aus dem Polnischen von Irmtraud Zimmermann-Gölheim, Berlin 2006, S. 162–163, © Claassen Verlag in der Ullstein Buchverlage GmbH, Courtesy Lem Estate, Krakau 2014
Camille Flammarion, Auszug aus Urania, Katalog S. 119, aus: Camille Flammarion, Urania, Lüneburg 2006, S. 50–51, © Dieter von Reeken, Lüneburg
Zitat Peter Sloterdijk, Katalog S. 170/171, aus: Peter Sloterdijk, *Sphären*, Bd. I, Frankfurt a. M. 1998, S. 17

Trotz intensiver Recherche war es nicht in allen Fällen möglich, die Rechteinhaber der Abbildungen und Texte ausfindig zu machen. Berechtigte Ansprüche werden selbstverständlich im Rahmen der üblichen Vereinbarungen abgegolten.